"十二五"职业教育国家规划教材

经全国职业教育教材审定委员会审定

冲压模具设计项目教程

第 2 版

主　编　袁小江　刘进明
副主编　于　丹　周　昇　赵　灵
参　编　甘　辉　朱云开　华鸣伟

机械工业出版社

本教材为"十二五"职业教育国家规划教材，经全国职业教育教材审定委员会审定。

本教材主要针对冲压成形工艺与模具设计，较为全面、系统地阐述了冲压成形工艺的基本原理以及相应的模具结构设计。本教材主要内容包括安装板冲裁成形工艺与模具设计、连接棒弯曲成形工艺与模具设计、变流漏斗拉深成形工艺与模具设计、端盖零件成形工艺与模具设计、卷收器齿片连续冲压成形工艺与模具设计，以及大型模具与气动模具应用六个项目。本教材在保证冲压成形工艺与模具设计知识完整性和系统性的同时，突出体现了成形工艺与模具技术的应用，以项目为载体将知识连接起来，以实用性、针对性和拓展性为原则，注重知识、技能与应用之间的关系。每个项目都是企业真实的产品，都经过了生产实践的验证。通过实践验证项目实施的过程，将理论知识贯穿起来，重点体现知识的应用。同时增加了拓展项目，扩大了知识的应用面，具有较强的实用性和指导性。

本教材是高等职业教育模具类的专业教材，也可作为相关工程技术人员的参考书。

本教育配有电子课件，凡使用本书作为教材的教师可登录机械工业出版社教育服务网 www.cmpedu.com 下载。咨询信箱：cmpgaozhi@ sina.com。咨询电话：010-88379375。

图书在版编目（CIP）数据

冲压模具设计项目教程/袁小江，刘进明主编. 2 版.
—北京：机械工业出版社，2015.12（2024.9 重印）
"十二五"职业教育国家规划教材
ISBN 978-7-111-52306-2

Ⅰ. ①冲… Ⅱ. ①袁…②刘… Ⅲ. ①冲模-设计-高等职业教育-教材 Ⅳ. ①TG385.2

中国版本图书馆 CIP 数据核字（2015）第 295936 号

机械工业出版社（北京市百万庄大街 22 号 邮政编码 100037）
策划编辑：于奇慧 责任编辑：于奇慧
封面设计：陈 沛 责任校对：刘秀丽
责任印制：常天培
固安县铭成印刷有限公司印刷
2024 年 9 月第 2 版·第 5 次印刷
184mm×260mm·12.25 印张·298 千字
标准书号：ISBN 978-7-111-52306-2
定价：39.00 元

电话服务   网络服务
客服电话：010-88361066   机 工 官 网：www.cmpbook.com
　　　　　010-88379833   机 工 官 博：weibo.com/cmp1952
　　　　　010-68326294   金 书 网：www.golden-book.com
封底无防伪标均为盗版   机工教育服务网：www.cmpedu.com

第 2 版前言

国内模具技术水平正飞速发展，随着冲压工艺与模具技术的深入研究和发展，新技术、新工艺得到大量应用。为了更好地满足高等职业教育教学改革与发展的需要，根据原有教材内容和形式比较陈旧、实用性不强的情况，编者借鉴了国内外职业教育研究的成果，整理、总结了教学资料，创新了教学方法、手段和培养模式，编写了本教材。

本教材为"十二五"职业教育国家规划教材，经全国职业教育教材审定委员会审定。

为适应高等职业教育人才的培养，本教材在保证科学性、理论性和系统性的同时，重点突出了实用性、针对性和综合性，侧重于对成形工艺与模具设计的实际应用能力的培养。通过企业实际产品的生产，以项目教学的形式，将知识在项目实施过程中进行展现。

本教材共设六个项目。项目一为安装板冲裁成形工艺与模具设计，项目二为连接棒弯曲成形工艺与模具设计，项目三为变流漏斗拉深成形工艺与模具设计，项目四为端盖成形工艺与模具设计，项目五为卷收器齿片连续冲压成形工艺与模具设计，项目六为大型模具与气动模具应用。本教材以企业真实、典型的零件成形工艺与模具设计项目为载体，由简单到复杂、由浅入深地讲解了冲压成形的主要工艺过程与模具结构设计。

全书由无锡科技职业学院袁小江和南京铁道职业技术学院苏州校区刘进明担任主编；由无锡技师学院于丹，南通职业大学周昇、赵灵担任副主编；江苏信息职业技术学院甘辉、江苏城市职业学院南通校区朱云开和无锡科技职业学院华鸣伟参加了本教材的编写工作。全书由袁小江负责统稿和整理。

在本教材的编写过程中，得到了无锡模具工业协会众多理事单位的支持和帮助，同时也得到了很多兄弟院校的支持和帮助，以及无锡科技职业学院各级领导的关怀和支持，在此表示衷心的感谢。

由于编者水平有限，错误和不妥之处在所难免，敬请读者批评指正。

编　者

目　　录

绪　　论

冲压是指建立在金属塑性变形的基础上，在常温下利用安装在压力机上的模具对材料施加压力，使其产生分离或塑性变形，从而获得一定形状、尺寸和性能的零件加工方法。冲压属于压力加工范畴。随着工艺和技术的发展，冲压工艺中也常采用加热材料的工艺方法进行加工，所以"在常温下"只是一个相对的概念。冲压模具是冲压工艺加工中必不可少的工艺装备，没有先进的模具技术，先进的冲压工艺就无法实现。

冲压模具是指通过加压使金属、非金属板料或型材产生分离或塑性变形等工艺过程，从而得到制件（产品）的工艺装备。从生产操作流程来看，冲压模具不是最终的产品，冲压模具是否合格通常不是从其本身来判断（或验收）的，而是通过冲压模具生产的制件（产品）合格与否，来验收模具是否合格。

现代工业生产中广泛采用各种模具进行产品的生产，模具是铸造、锻造、冲压、塑料、橡胶、玻璃、粉末冶金、陶瓷等行业的重要工艺装备。模具的设计和制造水平在很大程度上反映和代表了一个国家机械工业的综合制造能力和水平。冲压模具在模具行业生产总值中约占50%，特别是在汽车、家电、仪器、仪表和日用五金等产品中，冲压模具产品占有更大的比例。

1. 冲压加工的特点

冲压的应用范围很广，不仅可以冲压金属材料，而且可以冲压非金属材料；不仅可以冲压出很小的仪表零件产品，而且可以制造如汽车覆盖件等的大型零件；不仅可以制造一般精度和形状的零件，而且可以制造精密且形状复杂的零件。冲压加工与其他加工方法相比，主要具有以下特点：

1）冲压不仅能尽量做到少废料或无废料生产，而且其边角余料也可以充分利用，避免浪费，节约材料。

2）冲压制品有较好的互换性。冲压件的尺寸公差完全由模具保证，且一般无需进一步的机械加工，所以同一产品的尺寸具有较高的精度和较好的一致性，因而具有较好的互换性。

3）冲压可以加工壁薄、重量轻、形状复杂、表面质量好、刚性好的零件。

4）冲压生产率较高，普通压力机进行冲压加工，每分钟可达数十件；用高速压力机生产，每分钟可达数百件，适用于批量零件的生产。

5）冲压工艺设备操作简单，便于组织生产，易于实现机械化与自动化。

6）由于冲压生产率高、材料利用率高，故产品成本较低。

2. 冲压技术与模具的发展

随着技术的不断进步和工业生产的迅速发展，冲压工艺和模具技术也在不断革新与发展，主要表现在以下几个方面：

1）深入工艺与材料的研究，拓展冲压工艺的应用研究，开发更优、更好的冲压件材料及模具材料，不断改善及研制出冲压性能良好的冲压件材料，发展和完善冲压成形工艺与理论，以更好地指导生产实际；改进生产工艺，提高冲压件（产品）的质量和生产率；提高模具的使用寿命，采用新型模具材料和热处理新工艺。

2）采用现代化的工艺分析计算方法。如采用有限变形的弹塑性有限元法，对复杂成形件（如汽车覆盖件）的成形过程进行应力应变分析的计算机模拟，以预测某个工艺方案对零件成形的可能性和会发生的问题，并将结果显示在图形终端上，供设计人员进行修改和选择。这样不但可以节省模具试制费用，缩短新产品的试制周期，而且可以逐步建立一套能结合生产实际的先进设计方法，既促进了冲压工艺的发展，也可加强塑性成形理论对生产实际的指导作用。通过有限元法的模拟冲压工艺分析，并结合工程技术人员的实际经验，往往可以收到事半功倍的效果。目前应用较多的冲压有限元模拟软件有 AutoFORM、FASTFORM、DynaFORM等。

3）推广应用现代化模具计算机辅助设计和制造，采用 CAD/CAM/CAE 进行产品及模具的设计、制造及成形工艺分析，最终实现模具 CAD/CAM/CAE 一体化。当前国内部分企业对引进的软件进行了二次开发，已逐步应用到模具生产中。应用这项技术不仅可以缩短模具制造周期，还可以提高模具质量，减少设计和制造人员的重复劳动，使设计人员把精力集中在创新开发上。

4）加强由计算机控制的现代化全自动冲压加工系统的研究与应用，使冲压生产达到高度机械化与自动化，从而减轻劳动强度和提高生产率。为了满足产品快速更新换代和小批量生产的需要，发展了一些新的成形工艺，如简易模具（软模和低熔点合金模等）、数控冲压设备和冲压柔性制造技术（FMS）、快速成形与快速制模等。这样可以使冲压生产适应多品种、小批量的生产需要。

5）进一步提高冲压模具的标准化程度，这样有利于提高模具制造的效率，降低模具成本，缩短模具制造周期。目前国内的模具标准化程度已达到了一定的规模，盘起工业有限公司、米思米等多家大型、专业的标准件生产企业，能够提供多种质量好、精度高的模具用零件（包括标准件和非标准件）。

3. 本课程的学习目的

本课程是模具专业的主要专业课之一，在有些院校也作为模具专业的一个分专业方向。冲压模具是一门理论和实际经验相结合的课程。本教材共设置了六个项目，在了解冲压材料与设备的基础上，按照冲压成形工艺由简单到复杂的工序将项目划分为冲裁、弯曲、拉深、成形、级进等成形工艺与模具，每个项目都是按照企业的生产流程进行工艺分析与模具结构设计，同时增加了较为新颖的冲压工艺与模具结构介绍。

学习本课程的目的是让学生通过参与实践项目的实施过程，能够分析简单冲压零件的成形工艺，掌握典型冲压模具的结构设计；参照项目的实施过程，掌握模具设计的一般步骤和方法，能够独立进行分析与设计一般复杂程度的冲压成形工艺与模具结构。

项目一　安装板冲裁成形工艺与模具设计

项 目 目 标

1）了解冲压成形工艺的基本特点和应用。
2）了解冲压件常用原材料与冲压设备。
3）了解冲压成形的基本工序。
4）能分析并划分简单冲裁件的工艺与工序。
5）能确定合理的常用冲压材料的冲裁间隙、刃口搭边值等参数。
6）能计算冲裁模的凸凹模刃口尺寸与冲裁力、压力中心等参数。
7）能设计简单冲压件的单工序冲裁模与复合冲裁模的结构。
8）能设计简单的侧向冲裁冲压模具的结构。

项 目 分 析

1. 项目介绍

安装板是一款典型的汽车零部件冲裁产品，其结构尺寸如图 1-1 所示。安装板零件的材料为热轧冷成形用钢板 SPHC，材料厚度为 2mm。安装板零件的结构并不复杂，具有冲压产品冲裁成形工艺的典型特点，零件有比较规则的外形轮廓，有两个直径为（$\phi9 \pm 0.2$）mm、中心距为（52 ± 0.3）mm 的孔。安装板产品的尺寸既有公差要求的尺寸，又有未注公差的尺寸。项目载体零件比较简单，便于初学者掌握冲裁工艺的基本知识。

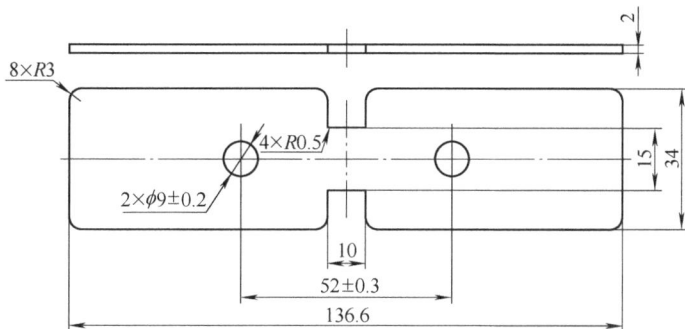

图 1-1　安装板零件图

2. 项目基本流程

根据安装板零件的结构特点，零件的冲裁成形工艺包括冲孔和落料两道工序。模具结构可采用单工序模具结构的形式，也可采用复合工序的模具结构形式。通过理论知识的学习，并结合目前相关企业的实际生产状况，选择比较合理的模具结构实现安装板零件的成形工艺与模具设计。

通过安装板零件冲裁成形工艺分析与模具结构设计的结合，了解冲压件常用材料及通用的冲压设备；分析冲压基本工序及冲裁成形工艺的常规应用；确定安装板零件的合理冲裁间隙、刃口搭边尺寸等参数；计算出冲裁成形工艺的刃口尺寸、冲裁力、压力中心等参数，设计典型冲裁件的冲裁成形工艺的模具结构；并基于复合模具的成形结构，学习单工序落料、冲孔模具的结构。

理 论 知 识

一、常用冲压材料

冲压件所使用的材料通常取决于产品设计及其功能性的要求，同时，冲压材料还必须具有良好的冲压工艺性、强度和刚度等。冲压材料是影响产品质量、模具寿命的重要因素。冲压件通常由板材加工而成，在选择冲压件材料时，要科学合理地评估材料的冲压性能，正确掌握板材冲压性能与冲压成形工艺的关系，要求既能发挥冲压材料的特性，又能在降低材料成本的同时保证冲压模具生产的稳定性。常用冲压材料见表1-1。

表 1-1　常用冲压材料

材料类型	材 料 牌 号	抗拉强度 R_m/MPa	下屈服强度 R_{eL}/MPa	屈强比（%）	伸长率（%）	备　　注
热轧钢	SPHC	360	260	73	>27	无退火热轧钢
	SPHD	350	250	71	>30	冲压用
	SPHE	360	250	69	>31	深冲压用
冷轧钢	SPCC	330	228	67	45	一般商业等级钢
	SPCD	320	200	61	46	拉深用钢
	SPCE	310	180	57	47	深拉深用钢
不锈钢	SUS301-CSP 1/2H	1030	560	74	18	奥氏体系列
	SUS301-CSP 3/4H	1240	820	77	12	
	SUS301-CSP FH	1460	1130	75	9	
	SUS304-CSP 1/2H	860	518	60	—	
	SUS304-CSP 3/4H	1030	734	71	—	
	SUS304-CSP FH	1240	970	78	—	
	SUS316	630	280	44	—	铁素体系列
	SUS430	500	330	66		
铜	C1100 R-O	237	58	24		一般纯铜
	C2200 R-O	279	104	37	—	9/1 红铜
	C2600H	453	496	—	21.6	黄铜
	C2680 1/2H	420	250	60	47.0	
	C5191 H	580	490	84	35.6	磷青铜
铝	A1100-H14	128	117	91	12.8	纯铝
	A1050-H14	119	110	92	7.8	
	A1050P-H14	123	115	93	13.8	
	A5005-H34	160	146	91	2.2	铝镁合金

1. 热轧钢板

热轧钢是一种优质碳素结构钢，其碳的质量分数为 0.10% ~0.15%，属于低碳钢。与冷轧钢板相比，热轧钢板价格便宜，板厚、强度较高，因此在冲压领域有较广泛的适用性，特别是在汽车冲压件中，热轧钢板占有相当大的比例，常用于横梁、纵梁、底盘结构件、支承件与制造成形性要求较高的零部件。

热轧冷成形用钢板按用途可分为一般用、冲压用和深冲压用三类，其特点见表1-2。

表1-2　热轧冷成形用钢板分类

用　途	特　点	牌号示例
一般用	具有足够的塑性，能向任何方向弯曲180°，适用于制造简单成形、弯曲或焊接加工的零部件	SPHC
冲压用	具有比一般用热轧冷成形钢板更大的塑性，适用于制造冲压成形及复杂变形加工的零部件	SPHD
深冲压用	具有比冲压用热轧冷成形钢板更大的塑性，适用于制造深冲压成形及复杂、剧烈变形加工的零部件	SPHE

在表1-2中，牌号示例的含义为：SPHC——S为钢（Steel）的缩写，P为板（Plate）的缩写，H为热（Heat）的缩写，C为商业（Commercial）的缩写，整体表示一般用热轧钢板及钢带；SPHD表示冲压用热轧钢板及钢带；SPHE表示深冲压用热轧钢板及钢带。

热轧结构用钢板及钢带可保证良好的力学性能（强度、伸长率、冲击韧度等）及工艺性能（弯曲），并具有良好的焊接性能，适用于简单加工后焊接或铆接制造的构件，可用作汽车的一些承载结构件。

2. 冷轧钢板

冷轧钢板的分类方法比较多，按脱氧方式可分为沸腾钢、镇静钢和半镇静钢；按钢种与合金成分可分为低碳钢、低合金高强度钢、加磷钢、超低碳无间隙原子钢等；按强度级别可分为普通强度级和高强度级；按冲压级别（或用途）可分为一般用、冲压用、深冲压用、特深冲压用、超深冲压用，其特点见表1-3。

表1-3　冷轧钢板按冲压级别分类

用　途	特　点	牌号示例
一般用	具有足够的塑性，适用于简单成形、弯曲或焊接加工	SPCC
冲压用	具有比一般用冷轧钢板更大的塑性，适用于制造冲压成形及复杂变形的零部件	SPCD
深冲压用	具有比冲压用冷轧钢板更大的塑性和更为均匀的性能，适用于制造深冲压成形及复杂变形的零部件	SPCE
特深冲压用	具有比深冲压用冷轧钢板更大的塑性和更为均匀的性能，适用于制造特深冲压成形及复杂变形的零部件	St15
超深冲压用	具有比特深冲压用冷轧钢板更大的塑性，适用于制造超深冲压成形及变形极为复杂的零部件	BSC3、St16

冷轧钢也是一种优质碳素结构钢，其碳的质量分数为 0.08% ~0.12%，属于低碳钢。冲压用的冷轧钢有下列三种：SPCC是冷轧钢的代表钢种，SPCD的拉深性能优于SPCC的拉深性能，SPCE的拉深性能优于SPCD的拉深性能。

3. 不锈钢

不锈钢是指铬的质量分数达到 11% 以上的高合金钢，其主要的特征是具有较高的耐蚀性及耐热性，具有不锈性与表面光辉性。在冲压成形中应用的不锈钢有铁素体型不锈钢、奥氏体型不锈钢及马氏体型不锈钢。铁素体型不锈钢的冲压性能接近于冷轧钢板，在这种不锈钢板生产过程中也可利用热轧、冷轧与退火的方法获得织构组织，具有良好的拉深性能。但是它的硬化指数约为 92，伸长率为 25% ~ 30%，均小于奥氏体型不锈钢，所以它的伸长类冲压成形性能较差。其中可用于冲压成形的有以 SUS430 为代表的铁素体型不锈钢和以 SUS304 为代表的奥氏体型不锈钢。

不锈钢具有下列特性：

1）硬度及抗拉强度高于软钢板的 2 倍。

2）热传导性不佳，热膨胀系数大。

3）深冲压加工会产生时效割裂。

4）表面容易被模具刮伤。

4. 涂镀层钢板

为防止各种酸性或碱性的空气、湿气、水、油等物质对冲压件的腐蚀，美国、日本等国家提出了汽车车体表面耐蚀五年、耐穿孔锈蚀十年的目标，开发出了新的镀层钢板。目前国内的大部分汽车也要求采用不同规格数量的镀层钢板。

涂镀层钢板在冲压成形中的抗粉化剥落性会影响其冲压成形性。镀层剥落有两种类型：第一种是由于镀层内部失效而形成颗粒物，颗粒尺寸一般小于镀层厚度，以粉末形式脱落，称为粉化；第二种是由于镀层与基板之间的附着失效而形成的片状颗粒，颗粒的尺寸一般与镀层相近或大于镀层的厚度，以鳞片状脱落，称为剥落。镀层粉化、剥落量的大小及形式与镀层成分、性能、结构、厚度及成形条件等因素有关。涂镀层钢板的品种见表1-4。

表1-4　涂镀层钢板的品种

种　　类	涂镀材料	制造方法	名　　称
镀锌板	Zn	热镀	热镀锌钢板
		电镀	电镀锌钢板
	Zn-Al	热镀	热镀锌铝合金钢板
	Zn-Fe	热镀	合金化热镀锌钢板
		电镀	合金电镀锌钢板
		电镀锌 + 退火	
	Zn-Ni、Zn-其他	电镀	
镀铝钢板	Al	热镀	镀铝钢板
镀铅钢板	Pb-Sn	热镀、电镀	镀铅钢板
镀锡钢板	Sn	电镀	镀锡钢板
镀铬钢板	Cr、CrO$_x$	电镀	TFS（镀铬板）
涂层钢板	有机树脂	涂层 + 烘烤	彩涂板
	树脂（ + 导电剂）	涂层 + 烘烤	可焊接彩涂板

二、常用冲压设备

冲压加工中常用的压力机属于锻压机械，锻压机械的基本型号由一个汉字拼音的大写字母和多个阿拉伯数字组成，汉字拼音字母代表压力机的类别，其分类见表1-5。按其结构形式和使用条件不同，压力机主要有曲柄压力机、摩擦压力机和油压机三类，其中曲柄压力机和摩擦压力机属于机械压力机，并以曲柄压力机最为常用。冲压设备根据自动化程度可分为普通压力机、数控压力机、自动压力机等。

表 1-5　锻压机械的分类

类 别 名 称	拼 音 代 号	类 别 名 称	拼 音 代 号
机械压力机	J	锻机	D
液压机	Y	剪切机	Q
自动锻压机	Z	弯曲校正机	W
锤	C	其他	T

例如 JA31-160A 曲柄压力机型号的意义是：

J——第一类机械压力机；

A——参数与基本型号不同的第一种变型；

3——第三列；

1——第一组；

160——公称吨位为 160t；

A——结构和性能对原型做了第一次改进。

1. 剪板机

剪板机用于冷剪板料，常用于下料工序，即将尺寸较大的板料或成卷的带料按零件排样尺寸的要求裁剪成所需宽度的条料。剪板机分为平刃和斜刃两类，其中平刃剪板机的应用较多，如图1-2所示。平刃剪板机是特殊的曲柄压力机，工作时，其上、下刀片的整个刀刃同时与板材接触，工作时所需的剪切力较大，剪切质量较好。

剪板机的代号为 Q，其规格型号按所能剪裁的板料宽度和厚度来表示。如 Q11—6×2000 剪板机，表示可剪裁板料的最大尺寸（厚×宽）为 6mm×2000mm。

2. 曲柄压力机

曲柄压力机是指以曲柄连杆机构作为主传动结构的机械

图 1-2　平刃剪板机

压力机，它是冲压加工中应用最广泛的一种，能完成各种冲压工序，如冲裁、弯曲、拉深、成形等。常用曲柄压力机根据床身的结构又可分为开式压力机和闭式压力机两类。图 1-3 所示为开式单点压力机，图 1-4 所示为闭式双点压力机。

（1）曲柄压力机的工作原理　以开式压力机为例，其压力机的工作原理如图1-5所示。其工作原理为：电动机 1 通过 V 带把运动传递给大带轮 3，再经过小齿轮 4、大齿轮 5 传递给曲轴 7。连杆 9 上端装在曲轴上，下端与滑块 10 连接，把曲轴的旋转运动变为滑块的直线往复运动。滑块运动的最高位置称为上死点，最低位置称为下死点。冲压模具的上模 11

装在滑块上，下模12装在垫板13（或工作台14）上。当板料放在上、下模之间时，滑块向下移动进行冲压，即可获得工件。在使用压力机时，电动机始终不停地运转，但由于生产工艺的需要，滑块有时运动有时停止，因此装有离合器6和制动器8。普通压力机在整个工作周期内进行工艺操作的时间很短，大部分是无负荷的空行程时间。为了使电动机的负荷均匀、有效地利用能量，可安装飞轮。图1-5中大带轮3可同时起到飞轮的作用。

图1-3 开式单点压力机

图1-4 闭式双点压力机

（2）曲柄压力机的主要类型

1）按照床身结构可分为开式压力机和闭式压力机。开式压力机床身前面、左面和右面三个方向完全敞开，具有安装模具和操作方便的特点，但床身呈C字形，刚性较差。闭式压力机床身两侧封闭，只能在前后方向操作，机床刚性好，适用于一般要求的大中型压力机和精度要求较高的轻型压力机。

2）按照连杆数目可分为单点压力机、双点压力机和四点压力机。单点压力机只有一个连杆，双点压力机和四点压力机分别有两个连杆和四个连杆。

3）按照滑块数目可分为单动压力机、双动压力机和三动压力机。双动压力机和三动压力机主要用于复杂工件的拉深。

4）按照传动方式可分为上传动和下传动。

5）按照工作台结构可分为固定式压力机、可倾式压力机和升降台式压力机，其中固定式压力机最为常用。

6）按照滑块行程是否可调可分为曲柄压力机和偏心压力机，二者的不同之处在于其滑块行程可否调节。

曲柄压力机是使用最广泛的一种冲压设备，

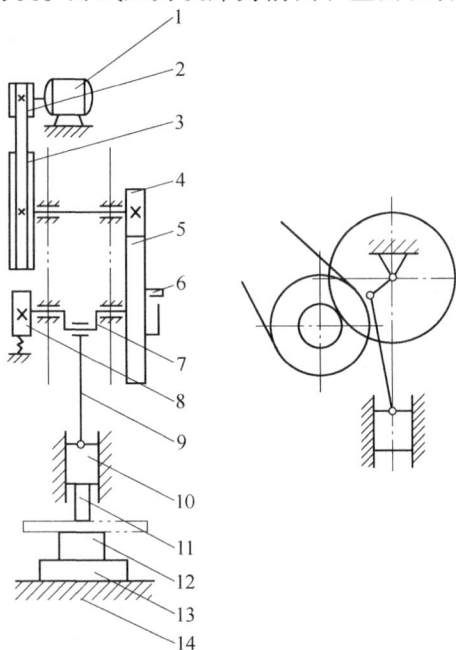

图1-5 曲柄压力机工作原理图

1—电动机 2—小带轮 3—大带轮 4—小齿轮
5—大齿轮 6—离合器 7—曲轴 8—制动器
9—连杆 10—滑块 11—上模 12—下模
13—垫板 14—工作台

具有精度高、刚性好、生产率高、工艺性能好、操作方便、易实现机械化和自动化生产等多种优点。在曲柄压力机上几乎可以完成所有冲压工序。因此，各国均大力发展曲柄压力机，新型压力机不断涌现。将数控技术引入压力机操纵控制系统，使其操作更加方便，自动化程度大大提高。但由于曲柄压力机的机身是敞开式结构，其机床刚性较差，故一般适用于公称压力小于1000kN的小型压力机。而公称压力为1000~3000kN的中型压力机和3000kN以上的大型压力机，大多采用闭式结构。闭式压力机的机床刚性较大，精度较高。

（3）曲柄压力机的主要技术参数　常用开式双柱可倾式压力机的规格型号与技术参数见表1-6。

表1-6　开式双柱可倾式压力机的规格型号与技术参数

型　号	公称压力 /kN	滑块行程 /mm	行程次数 /（次/min）	最大闭合高度/mm	连杆调节长度/mm	工作台尺寸（前后×左右）/（mm×mm）	电动机功率/kW	模柄孔尺寸
J23-10A	100	60	145	180	35	240×360	1.1	φ30mm×50mm
J23-16	160	55	120	220	45	300×450	5.5	
J23-25	250	65	55/105①	270	55	370×560	2.2	φ50mm×70mm
JD23-25	250	10~100	55	270	55	370×560	2.2	
J23-40	400	80	45/90①	330	65	460×700	5.5	
JC23-40	400	90	65	210	50	380×630	4	
J23-63	630	130	50	360	80	480×710	5.5	
JB23-63	630	100	40/80①	400	80	570×860	7.5	
JC23-63	630	120	50	360	80	480×710	5.5	
J23-80	800	130	45	380	90	540×800	7.5	φ60mm×75mm
JB23-80	800	115	45	417	80	480×720	7	
J23-100	1000	130	38	480	100	710×1080	10	
J23-100A	1000	16~140	45	400	100	600×900	7.5	
JA23-100	1000	150	60	430	120	710×1080	10	
JB23-100	1000	150	60	430	120	710×1080	10	
J23-125	1250	130	38	480	110	710×1080	10	
J23-160	1600	200	40	570	120	900×1360	15	φ70mm×80mm

①　此种形式表示该机床有两种规格的行程次数。

曲柄压力机主要有以下技术参数：

1）公称压力。曲柄压力机的公称压力是指当滑块距下死点为某特定距离或曲柄旋转到离下死点为某特定角度时，滑块上所允许承受的最大作用力。例如J31-315型压力机的公称压力为3150kN，它是指滑块离下死点为10.5mm或曲柄旋转到离下死点为20°时，滑块上所允许承受的最大作用力为3150kN。公称压力是压力机的一个主要技术参数，我国压力机的公称压力现已系列化。

2）滑块行程。它是指滑块从上死点到下死点所经过的距离，其大小随工艺用途和公称压力的不同而不同。例如，冲裁用的压力机行程较小，拉深用的压力机行程较大。

3）行程次数。它是指滑块每分钟从上死点到下死点，然后再回到上死点所往复的次数。一般小型压力机和用于冲裁的压力机行程次数较多，大型压力机和用于拉深的压力机行程次数较少。

4）闭合高度。它是指滑块位于下死点时，滑块下平面到工作台上平面的距离。当闭合高度调节装置将滑块调整到最高位置时，闭合高度最大，称为最大闭合高度；当滑块调整到最低位置时，闭合高度最小，称为最小闭合高度。闭合高度从最大到最小可以调节的范围称为闭合高度调节量。

5）装模高度。当工作台面上装有工作垫板，并且滑块位于下死点时，滑块下平面到垫板上平面的距离称为装模高度。最大闭合高度状态时的装模高度称为最大装模高度，最小闭合高度状态时的装模高度称为最小装模高度。装模高度与闭合高度之差为垫板厚度。

6）连杆调节长度。连杆调节长度又称为装模高度调节量。曲柄压力机的连杆通常做成两部分，使其长度可以调整。通过改变连杆长度可以改变压力机的闭合高度，以适应不同闭合高度模具的安装要求。

除上述主要参数外，还有工作台尺寸、模柄孔尺寸等。

3. 摩擦压力机

摩擦压力机是利用螺杆与螺母的相对运动原理工作的，具有结构简单、制造容易、维修方便、生产成本低等特点。摩擦压力机工作时灵活性大，其作用力的大小可以根据需要通过操作进行调节。超负荷时，摩擦轮打滑而不会损坏模具及设备，适用于弯曲大且厚的工件以及校正，压印，成形和温、热挤压等冲压工序。其缺点是飞轮轮缘磨损大，生产率和精度较低。

图1-6所示为摩擦压力机的结构简图。其传动原理为：电动机通过带传动使轴3带动两摩擦盘高速转动；轴3既可以带动两摩擦盘转动，又可以带动两摩擦盘作轴向移动。由于两摩擦盘间的距离比飞轮4的直径稍大，操纵手柄14则可以控制两摩擦盘中的一个与飞轮边缘接触，利用摩擦力带动飞轮4和螺杆6旋转，根据螺杆与螺母的相对运动原理，使滑块16向上（或向下）运动，完成冲压工序。图1-7所示为摩擦压力机的外观。

4. 油压机

图1-8所示为常见的万能油压机。其工作原理为电动机带动液压泵向液压缸输送高压油，推动活塞或柱塞带动活动横梁作上下方向的往复运动。模具安装在活动横梁和工作台上，能够完成弯曲、拉深、翻边、整形等冲压工序。油压机工作行程长，在整个行程中都能承受公称载荷，但其工作效率低，如果不采取特殊措施，一般不能用于冲裁工序。

5. 其他类型压力机

（1）高速压力机 高速压力机的行程次数一般是普通相同公称压力机的5～10倍，但目前对"高速"还未有统一的衡量标准。高速压力机是一种以连续式

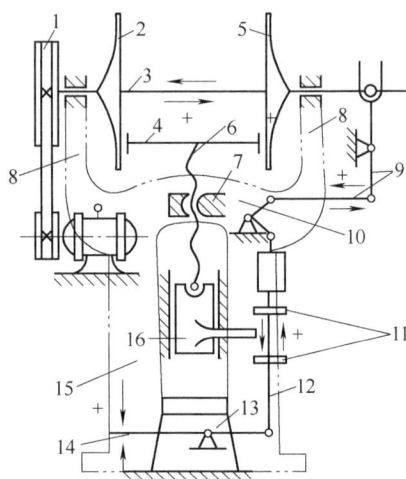

图1-6 摩擦压力机结构简图
1—带轮 2、5—摩擦盘 3—轴 4—飞轮
6—螺杆 7—圆螺母 8—支架 9、12—传
动杆 10—横梁 11—挡块 13—工作台
14—手柄 15—机身 16—滑块

高速冲压为目的的自动压力机。滑块运动具有极高的运转精度，既能大批量地生产精度佳、质量优的产品，又能使模具长期保持良好的精度。用高强度合金钢铸造机身，经热时效处理，具有刚性好、减振性好、变形小的优点。

图1-7　摩擦压力机外观

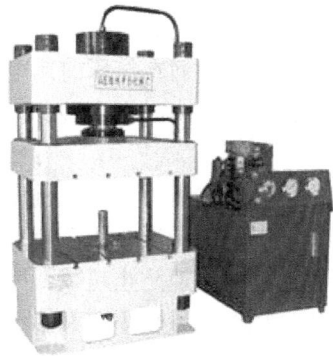

图1-8　万能油压机

高速压力机按床身结构可以分为开式和闭式，按连杆数目可以分为单点和双点，按传动系统的布置方式可以分为上传动和下传动。上传动开式单点压力机和闭式双点压力机的应用较普遍。

一般高速压力机主要适用于带料的级进冲压，要求有较宽的工作台面，并配有自动送料装置。由于滑块和上模高速往复运动会产生很大的惯性力，因此，高速压力机都设有滑块平衡装置，并减轻往复运动部件的重量。目前，国产25t、60t、160t等高速压力机每分钟能实现约350次的冲程。

（2）精冲压力机　精冲压力机是精冲工艺的专用设备，分为机械传动和液压传动两种形式。小型精冲压力机大都采用机械传动，适用于冲裁尺寸小、厚度薄的精冲件。液压精冲压力机特别适用于大中型精冲件，以及多工序的复杂模具。机械式和液压式精冲压力机的压边和反压系统均采用液压方式。为了降低压力机的重心，采用下传动。为了提高冲件质量和模具寿命，冲裁速度一般为5～50mm/s，回程时速度则较高，以利于提高生产率。由于精冲压力机承受偏心载荷，机身应有较高的刚性，滑块必须有可靠的导向。为了控制凸模进入深度，精冲压力机的主滑块在终点位置设有精确的闭锁限位装置；为了能对卷料进行连续冲压，精冲压力机配有送料装置、润滑装置、出料装置和废料剪切装置等。

（3）拉深压力机　双动拉深压力机是目前普遍使用的薄板拉深压力机。在双动拉深压力机上拉深薄板零件时，下模为凹模，上模为凸模，毛坯的压边力是由外滑块（又称压边滑块）产生的，当内滑块（又称拉深滑块）进行拉深时，外滑块压紧毛坯的周边。复杂形状的拉深零件沿周边变形是不均匀的，这就需要在不同的压边区段设置拉深筋，形成金属均匀流动的变形条件。

在双动拉深压力机上压边开始时，外滑块已处于极限位置，因此接触比较平稳，没有冲击引起的动载荷。双动压力机的下模（凹模）固定在工作台上，毛坯易于放置和定位。双动拉深压力机的外滑块回程稍滞后于内滑块回程，以保证拉深结束时工件从凹模中顶至下模平面上。

（4）冷挤压机　冷挤压时，挤压力很大，而且挤压的行程较长，因此冷挤压行程图近似为矩形，这就要求冷挤压机必须有很大的功率。为了获得精度较高的冷挤压件和提高模具的使用寿命，冷挤压机具有较高的刚度和较好的导向精度，并且要求压力机具有较高的空行程向下和回程速度，而在挤压前速度迅速下降，挤压过程中速度尽可能保持均匀。冷挤压后挤压件会滞留在模具内，因此冷挤压机须设置顶出机构，顶出力一般约为压力机公称压力的 10%。

通用的闭式单点压力机由于机床床身刚度较大，在冷挤压工作行程不长的情况下也可用于冷挤压工艺。通用液压机由于其工作行程较长，并且在整个工作行程中能达到其公称压力，液压系统能有效地防止超载，因此，在采用合适的限位装置后，液压机也可用于冷挤压工艺，特别适用于批量较小的大中型挤压件。

6. 冲压设备的选用

冲压设备的选择主要包括选择压力机的类型和确定压力机的规格。

（1）设备类型的选择　冲压设备的类型较多，其刚度、精度、用途各不相同，应根据冲压工艺的性质、生产批量、模具大小、制件精度等正确选用。

对于中小型冲裁件、弯曲件或拉深件的生产，主要应采用开式机械压力机。虽然开式压力机的刚性差，在冲压力的作用下床身的变形能够破坏冲裁模的间隙分布，降低模具的寿命或冲裁件的表面质量，但由于它提供了极为便于操作的条件和易于安装机械化附属装置的特点，使它成为目前中小型冲压设备的主要形式。

对于大中型冲裁件的生产，多采用闭式结构形式的机械压力机，其中有一般用途的通用压力机，也有台面较小而刚性大的专用挤压压力机、精压机等。在大型拉深件的生产中，应尽量选用双动拉深压力机，因为其所使用的模具结构简单，调整方便。

在小批量生产中，尤其是在大型厚板冲压件的生产中，多采用液压机。液压机没有固定的行程，不会因为板料厚度变化而超载，而且在需要很大的施力行程加工时，与机械压力机相比具有明显的优点。但液压机的速度慢，生产率低，而且零件的尺寸精度有时因受到操作因素的影响而不十分稳定。

摩擦压力机具有结构简单、造价低廉、不易发生超负荷损坏等特点，所以在小批量生产中常用来完成弯曲、成形等冲压工作。但摩擦压力机单位时间内的行程次数较少，生产率低，而且操作也不太方便。在大批量生产或形状复杂的大量生产中，应尽量选用高速压力机或多工位自动压力机。

（2）设备规格的选择　确定压力机的规格时应遵循如下原则：

1）压力机的公称压力必须大于冲压工序所需的压力，当冲压行程较长时，还应注意在全部工作行程中，压力机许可压力曲线应高于冲压变形力曲线。

2）压力机滑块行程应满足制件在高度上能获得所需的尺寸，并在冲压工序完成后能顺利地从模具上取出来。对于拉深件，行程应大于制件高度两倍以上。

3）压力机的行程次数应符合生产率和材料变形速度的要求。

4）压力机的闭合高度、工作台尺寸、滑块尺寸、模柄孔尺寸等都能满足模具正确安装

要求。对于曲柄压力机,模具的闭合高度与压力机闭合高度之间应满足

$$H_{max} - H_1 - 5mm \geqslant H \geqslant H_{min} - H_1 + 10mm$$

式中　H——模具的闭合高度;

　　　H_{max}——压力机的最大闭合高度;

　　　H_{min}——压力机的最小闭合高度;

　　　H_1——压力机的垫板厚度。

工作台尺寸一般应大于模具下模座 50~70mm,以便于安装。垫板孔径应大于制件或废料的投影尺寸,以便于漏料。模柄尺寸(或加衬套)应与模柄孔尺寸相符。

三、冲压基本工序

冲压工序是指一个人或一组人,在一个工作地点对同一个或同时对几个冲压件所连续完成的那一部分冲压工艺过程。一个冲压件往往需要经过多道冲压工序才能完成,由于冲压件的形状、尺寸、精度、生产批量、原材料等的不同,其冲压工序也是多样的,但大致可分为分离工序和成形工序两大类。

分离工序是指在冲压过程中,使板料沿一定的轮廓线与坯料分离的工序。例如冲槽、切断、落料、冲孔等。

成形工序(也称塑性成形)是指材料在不破裂的条件下产生塑性变形,从而获得一定形状、尺寸和精度要求的零件的工序。例如弯曲、拉深、成形、冷挤压等。

在冲压的一次行程过程中,只能完成一道冲压工序的模具称为单工序模。

在冲压的一次行程过程中,在不同的工位上同时完成两道或两道以上冲压工序的模具称为级进模。

在冲压的一次行程过程中,在同一工位上完成两道以上冲压工序的模具称为复合模。

常用冲压工序的名称及特点见表1-7和表1-8。

表1-7　分离工序的名称及特点

工序名称	工序简图	特点与应用
落料	 废料　　零件	将材料沿封闭轮廓分离,被分离下来的部分大多是平板形的零件或工序件
冲孔	 零件　　废料	将废料沿封闭轮廓从材料或工序件上分离下来,从而在材料或工序件上获得所需要的孔
切断	 零件	将材料沿敞开轮廓分离,被分离的材料成为零件或工序件
冲槽、冲缺口	 废料	将材料从工件外围周边上分离出废料,获得工件所需要的槽或缺口形状

（续）

工序名称	工序简图	特点与应用
切口	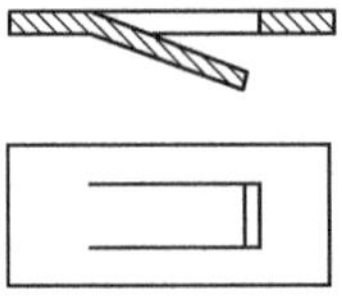	将材料沿敞开轮廓局部而不是完全分离,并使被局部分离的部分达到工件所要求的一定位置,不再位于分离前所处的平面上
修边（切边）	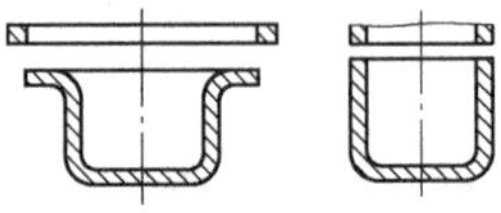	利用冲模修切成形工序件的边缘,使之具有一定直径、一定高度或一定形状
剖切	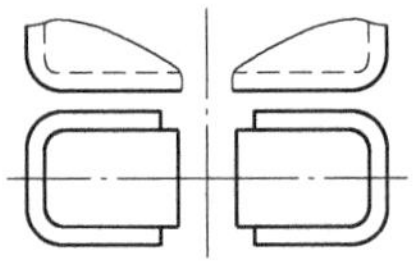	用剖切模将成形工序件一分为几,主要用于不对称零件的成双或成组冲压成形之后的分离

表1-8　成形工序的名称及特点

工序名称	工序简图	特点与应用
弯曲	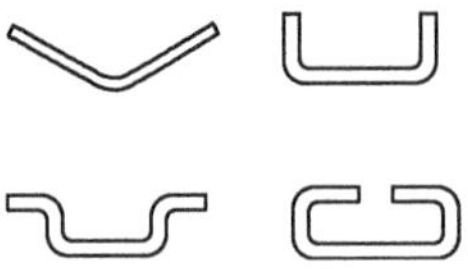	用弯曲模使材料产生塑性变形,从而弯曲成一定曲率、一定角度的零件。它可以加工各种复杂的弯曲件
卷圆	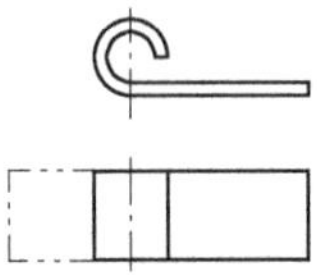	将工序件边缘卷成接近封闭圆形,用于加工类似铰链的零件
拉弯	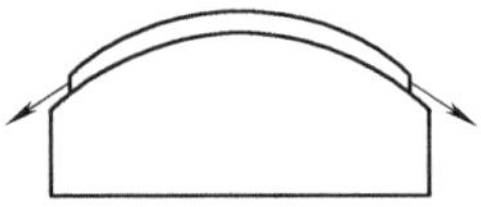	在拉力与弯矩共同作用下实现弯曲变形,使坯料的整个弯曲横断面全部受拉应力作用,从而提高弯曲件的精度
拉深	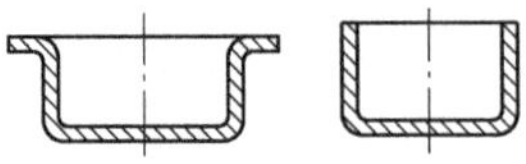	将平板形的坯料或工序件变为开口空心件,或把开口空心工序件进一步改变形状和尺寸成为开口空心件
变薄拉深	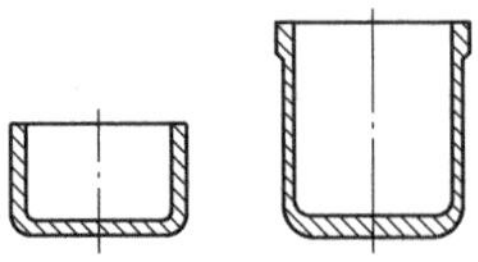	将拉深后的空心工序件进一步拉深,使其侧壁减薄,高度增大,以获得底部厚度大于侧壁的零件

（续）

工序名称	工序简图	特点与应用
翻孔		沿内孔周围将材料翻成竖边,其直径大于原内孔直径
翻边		沿外形曲线周围翻成侧立短边
胀形		将空心工序件或管状件沿径向往外扩张,形成局部直径较大的零件
缩口、扩口		对空心工序件或管状件口部或中部加压,使其直径缩小,形成口部或中部直径较小的零件。或将空心工序件或管状件敞开处向外扩张,形成口部直径较大的零件
整形		整形是依靠材料的局部变形,少量改变工序件形状和尺寸,以保证工件的精度
旋压		用旋轮使旋转状态下的坯料逐步成形为各种旋转体空心件

四、冲裁件的工艺性

冲裁件的工艺性是指冲裁件对冲压成形工艺的适应性。冲裁件的几何形状、尺寸与精度对冲压工艺影响很大。冲裁件具有良好的工艺性,则有利于节省材料,减少产品的工序数,提高模具的寿命和产品质量,降低模具以及产品的成本。

随着社会分工的细化,客户对产品的要求越来越高,冲裁件的工艺性属于产品工艺性,而模具及冲裁工艺是根据产品进行设计的,也就是说冲裁件一般由专业的产品设计师进行设计,冲裁件的工艺性也由产品设计师确定,之后才进入到模具设计阶段,实际生产过程中已经进行了分工。现在模具设计的工艺性主要是由产品工艺性决定的,在模具设计中不能随意更改产品的结构与工艺,即模具设计时必须严格遵循产品的工艺性。

冲裁件（产品）的工艺性要求其本身能够通过常规的工艺进行生产，并且要考虑生产过程中的相关工艺性。冲裁件的工艺性要求主要有以下几个方面。

1. 最小冲孔尺寸

受到冲裁模凸模强度等条件的限制，冲孔时孔的尺寸不宜过小；如果凸模采用增加保护套的结构后，增加了凸模工作部分的稳定性，冲裁件上的冲孔尺寸可以趋于减小。自由凸模（无保护套）和有保护套凸模的冲孔最小尺寸见表1-9。

表1-9　冲孔最小尺寸

材　料	自由凸模冲孔		护套凸模冲孔	
	圆孔直径	方孔短边宽	圆孔直径	方孔短边宽
硬　钢	$1.3t$	$1.0t$	$0.5t$	$0.4t$
软钢、黄铜	$1.0t$	$0.7t$	$0.35t$	$0.3t$
铝	$0.8t$	$0.5t$	$0.3t$	$0.28t$
塑料（纸）板	$0.4t$	$0.35t$	$0.3t$	$0.25t$

注：t 为材料厚度，冲孔最小尺寸一般不小于0.3mm。

2. 冲裁件凸、凹部分尺寸

冲裁件上凸出或凹入部分的宽度尺寸不宜过小，应避免过长、过细的悬臂与狭槽，以便增大相应部位的模具刃口的强度。普通冲裁件凸出和凹入部分的尺寸见表1-10。

表1-10　普通冲裁件凸出和凹入部分的尺寸

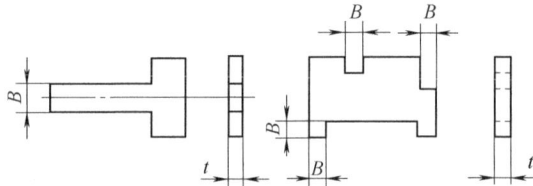

材　料	B	材　料	B
硬　钢	$(2～2.3)t$	铜、铝、锌	$(1.1～1.2)t$
软钢、黄铜	$(1.4～1.5)t$	塑料(纸)板	$(0.9～1)t$

3. 孔间距和孔壁距

冲裁件的孔间距在复合模（落料冲孔模具）中直接影响凸凹模刃口间的强度和凸模的紧固方式。在弯曲件和拉深件上冲孔时，孔的边缘与工件直壁之间应保持一定的距离，能有效地防止凸模单边受力而弯曲或断裂，孔壁距尺寸要求见图1-9。

4. 圆角半径

冲裁件由直线、曲线连接成各种形状时（即异形周边轮廓形状），连接处一般应有合适的过渡圆角半径，圆角半径过小时会增加模具加工制造的难度，模具刃口也容易损坏；在少废料、无废料排样或镶拼模具中圆角半径可不受限制；同时，产品有特定的设计需要时（即过渡处为清角），也可不设圆角。普通冲裁件的最小圆角半径见表1-11。

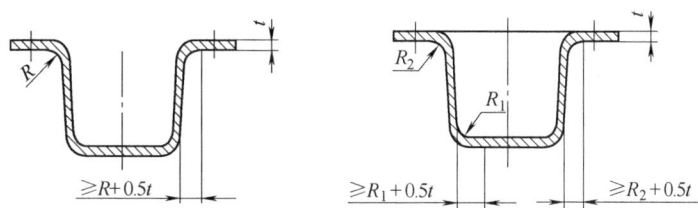

图 1-9　弯曲件和拉深件冲孔时的孔壁距尺寸

表 1-11　普通冲裁件的最小圆角半径

工件邻边间的最小夹角		材　料		
		黄铜、铝	软钢	合金钢
落　料	≥90°	0.18t	0.25t	0.35t
	<90°	0.35t	0.5t	0.7t
冲　孔	≥90°	0.2t	0.3t	0.45t
	<90°	0.4t	0.6t	0.9t

注：当冲裁件厚度 $t < 1mm$ 时，均按 $t = 1mm$ 计算。

5. 精度和尺寸偏差

冲裁件内外形的经济精度见表 1-12，冲裁件的角度极限偏差见表 1-13。在冲裁件中未注明公差的尺寸一般都会在技术要求中加以说明，或者针对某些产品企业有通用标准。

表 1-12　冲裁件内外形所能达到的经济精度

材料厚度 /mm	基 本 尺 寸 /mm				
	≤3	>3~6	>6~10	>10~18	>18~500
≤1	IT12~IT13			IT11	
>1~2	IT14	IT12~IT13			IT11
>2~3	IT14			IT12~IT13	
>3~5	—	IT14			IT12~IT13

表 1-13　冲裁件的角度极限偏差

精度等级	短边长度范围 /mm						
	≤6	>6~18	>18~50	>50~180	>180~400	>400~1000	>1000~3150
A	±1°00′	±0°50′	±0°30′	±0°20′	±0°10′	±0°05′	±0°05′
B	±1°30′	±1°00′	±0°50′	±0°25′	±0°15′	±0°10′	±0°10′
C，D	±3°00′	±2°30′	±2°00′	±1°00′	±0°30′	±0°20′	±0°20′

6. 毛刺与表面粗糙度

冲裁件的剪切断面的表面粗糙度 Ra 值一般为 12.5μm 以下，冲裁件允许的毛刺高度见表 1-14。

表 1-14 毛刺高度的极限值 　　　　　　（单位：mm）

抗拉强度/MPa	精度级别	材料厚度										
		≤0.1	>0.1~0.2	>0.2~0.3	>0.3~0.4	>0.4~0.7	>0.7~1.0	>1.0~1.6	>1.6~2.5	>2.5~4.0	>4.0~6.5	>6.5~10
>100~250	f	0.01	0.02	0.03	0.05	0.09	0.12	0.17	0.25	0.36	0.60	0.95
	m	0.01	0.03	0.05	0.07	0.12	0.17	0.25	0.37	0.54	0.90	1.42
	g	0.02	0.05	0.07	0.10	0.17	0.23	0.34	0.50	0.72	1.20	1.90
>250~400	f	0.01	0.02	0.03	0.04	0.06	0.09	0.12	0.18	0.25	0.36	0.50
	m	0.01	0.02	0.04	0.05	0.08	0.13	0.18	0.26	0.37	0.54	0.75
	g	0.02	0.03	0.05	0.04	0.11	0.17	0.24	0.35	0.50	0.73	1.00
>400~630	f	0.01	0.01	0.02	0.03	0.04	0.04	0.07	0.11	0.20	0.22	0.32
	m	0.01	0.02	0.03	0.04	0.05	0.07	0.11	0.16	0.30	0.33	0.48
	g	0.01	0.03	0.04	0.05	0.08	0.10	0.15	0.22	0.40	0.45	0.65
>630	f	0.01	0.01	0.02	0.02	0.03	0.03	0.04	0.06	0.09	0.13	0.17
	m	0.01	0.01	0.02	0.02	0.03	0.04	0.06	0.09	0.13	0.19	0.26
	g	0.01	0.02	0.02	0.03	0.04	0.05	0.08	0.12	0.18	0.26	0.35

注：f 级（精密级）适用于较高要求的冲压件，m 级（中等级）适用于中等要求的冲压件，g 级（粗糙级）适用于一般要求的冲压件。

五、冲裁

冲裁是指利用冲压模具使一部分材料与另一部分材料实现分离的冲压工序，是冲压加工方法中的基础工序，其应用广泛。冲裁工序既可以直接冲压出所需的零件，又可以为其他冲压工序制备毛坯。

冲裁分为普通冲裁和精密冲裁。普通冲裁时，在凸、凹模刃口之间的材料除了受剪切变形之外，还存在着拉、弯、横向挤压等变形，材料最终以撕裂形式实现分离。所以，普通冲裁工件的断面比较粗糙，而且有一定的锥度，精度比较低。精密冲裁是采用特殊结构的冲模，使凸、凹模刃口处的材料受三向压应力的作用，形成很大的静水压效应，抑制材料的断裂，而以塑性剪切变形状态使材料分离。精密冲裁零件的断面光洁，与板面垂直，精度较高。由于现代工业对冲压件质量的要求越来越严格，精密冲裁的应用也越来越广泛。

1. 冲裁工艺及模具分类

（1）冲裁工序分类

1）落料。落料是指从材料上沿封闭轮廓分离出工件，冲裁的目的是为获取具有一定外形轮廓和尺寸的工件。

2）冲孔。冲孔是指从工件上沿封闭轮廓分离出废料，冲裁的目的是为了获取一定形状和尺寸的内孔，则冲落部分成为废料，带孔部分即为工件。

3）切断。切断是指从材料上沿不封闭的轮廓分离出工件的工序。

4）冲槽、冲缺口。冲槽、冲缺口是指从工件外围周边上分离出废料，获得工件需要的形状的工序。

5）切口。切口是指从工件上沿敞开的轮廓局部分离材料，被分离的材料不再位于分离前的平面上的工序。

6）修边（切边）。修边是指将成形后的零件周边边缘与中间零件分离，使之达到一定尺寸或形状要求的零件。特别是一些复杂成形的零件，在成形后周边边缘的变形和偏移量很大、很不规则，所以需要进行修边以达到产品的要求。

7）剖切。剖切是指将成形后的空心工序件分离成两个或两个以上工件的工序。

（2）冲裁模具分类

1）按冲裁工序组合程度分类，可分为单工序模、复合模、级进模（连续模）、组合冲模等。

2）按模具有无导向装置分类，可分为无导向（敞开式）冲裁模、有导向冲裁模。

3）按冲裁过程变形机理的不同分类，可分为普通冲裁模、精密冲裁模、光洁冲裁模等。

4）按模具材料分类，可分为一般钢结构冲裁模、硬质合金冲裁模、聚氨酯和橡胶冲裁模、锌基合金冲裁模等。

2. 冲裁过程分析及冲裁断面特征

（1）冲裁过程分析　图 1-10 所示是无压料板装置时金属板料的冲裁变形过程，当凸、凹模间隙正常时，其冲裁过程大致可以分为以下三个阶段。

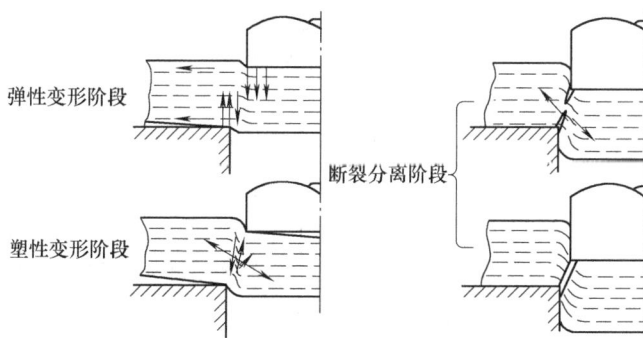

图 1-10　冲裁变形过程

1）弹性变形阶段。凸模的压力作用使材料产生弹性压缩、弯曲和拉深等变形，并略被挤入凹模型孔内。此时，凸模下的材料略呈拱形，凹模上的材料略有上翘，间隙越大则拱形和上翘越严重。在此阶段，因材料内部的应力没有超过弹性极限，处于弹性变形状态，当凸模卸载后，材料即恢复原状。

2）塑性变形阶段。凸模继续下压，材料内的应力达到屈服强度，材料开始产生塑性剪切变形；凸模挤入板料，板料挤入凹模，形成光亮的剪切断面。同时因凸、凹模间存在间隙，故伴有材料的弯曲与拉深变形（间隙越大，变形越大）。随着凸模的不断压入，材料变形抗力不断增加，硬化加剧，刃口附近产生应力集中，当达到材料抗拉强度时，塑性变形阶段结束。

3）断裂分离阶段。当刃口附近应力达到材料破坏应力时，凸、凹模间的材料先后在靠近凹、凸模刃口侧面产生裂纹，并沿最大切应力方向向材料内层扩展，使材料分离。

（2）冲裁断面特征　对普通冲裁零件的断面作进一步的分析，可以发现以下规律：零件的断面与零件平面并非完全垂直，而是带有一定的锥度；除光亮带以外，其余均粗糙无光泽，并有毛刺和塌角，如图 1-11 所示。观察所有普通冲裁零件的断面，都具有明显的区域性特征，所不同的是各个区域的大小占整个断面的比例不同。冲裁断面上各区域分别为：

1）塌角带（又称塌角）。其大小与材料塑性和模具间隙有关。

2）光亮带（又称光面）。光亮且垂直于端面，普通冲裁光面占整个断面的 1/3 以上。光面是制件测量的基准。

3）断裂带（又称毛面）。毛面粗糙且有锥度。

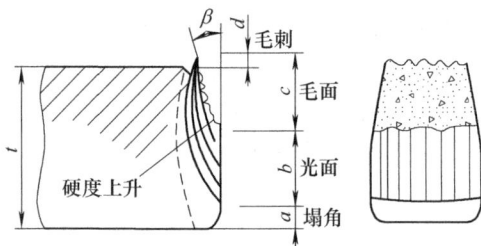

图 1-11 冲裁断面特征

4）毛刺。呈竖直状，是模具拉挤板材的结果。

对于同一种材料来说，塌角带、光亮带、断裂带和毛刺这四个部分在断面上所占的比例也不是固定不变的，它与材料本身的厚度、冲裁间隙、模具结构、冲裁速度及刃口锋利程度等因素有关，其中影响最大的因素是冲裁间隙。

（3）冲裁断面质量　根据上述冲裁件的冲裁断面情况分析，决定一个冲裁件断面质量的主要因素是光亮带的宽度、毛刺高度及平整度。针对冲裁断面质量的评判要素，一般是冲裁断面的光亮带与毛刺高度，在实际生产中冲裁断面的光亮带尺寸越大越好，毛刺高度尺寸越小越好。要得到具有良好的冲裁断面质量的冲裁件，需要兼顾冲裁件成形工艺其他方面进行优化分配。

当冲裁件断面粗糙、斜度明显、有较长毛刺时，其主要原因是凸、凹模间隙过大，可通过调整凸、凹模间隙及修磨刃口来改善；当冲裁断面一边有显著斜度和毛刺，四周断面质量不均匀时，其主要原因是凸、凹模间隙不均匀，凸、凹模中心线不重合，可通过检查间隙，提高模具装配精度来改善；当冲裁断面不平整，有凹形弧面时，其主要原因是凹模直壁刃口出现反锥度，可通过修磨凹模来调整。

3. 冲裁间隙

冲裁间隙 Z 是指冲裁模中凹模刃口尺寸 D_A 与凸模刃口尺寸 d_T 的差值，即

$$Z = D_A - d_T$$

如图 1-12 所示，Z 表示双面间隙，单面间隙用 $Z/2$ 表示，如无特殊说明，冲裁间隙均指双面间隙。Z 值可为正，也可为负，但在普通冲裁中均为正值。

（1）冲裁间隙对冲裁工艺的影响　冲裁间隙对冲裁件质量、冲裁力和模具寿命均有很大影响，是冲裁工艺与冲裁模具设计中的一个非常重要的工艺参数。

1）冲裁间隙对冲裁件质量的影响。冲裁间隙是影响冲裁件质量的主要因素之一，详见前文"冲裁过程分析"部分的内容。

2）冲裁间隙对冲裁力的影响。随着间隙的增大，材料所受的拉应力增大，材料容易断裂分离，因此冲裁力减小。通常冲裁力的降低并不显

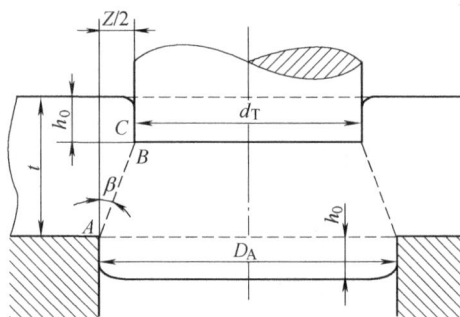

图 1-12 冲裁合理间隙的确定

著，当单边间隙为材料厚度的 5% ~20% 时，冲裁力的降低不超过 5% ~10%。间隙对卸料力、推件力的影响比较显著。间隙增大后，从凸模上卸料和从凹模里推出零件都省力，当单边间隙达到材料厚度的 15% ~25% 时，卸料力几乎为零。但若间隙继续增大，因为毛刺增大，将引起卸料力、推件力迅速增大。

3）冲裁间隙对模具寿命的影响。模具寿命受各种因素的综合影响，间隙是影响模具寿命诸因素中最主要的因素之一。在冲裁过程中，凸模与被冲孔之间以及凹模与落料件之间均有摩擦，而且间隙越小，模具作用的压应力越大，摩擦也越严重。过小的间隙对模具寿命极为不利，而较大的间隙可使凸模侧面及材料间的摩擦减小，并减缓由于受到制造和装配精度的限制出现间隙不均匀的不利影响，从而提高模具寿命。

（2）冲裁间隙值的确定 由以上分析可见，冲裁间隙对冲裁件质量、冲裁力、模具寿命等都有很大影响，但很难找到一个固定的间隙值能同时满足冲裁件质量最佳、冲模寿命最长、冲裁力最小等各方面要求。因此，在冲压实际生产中，主要根据冲裁件断面质量、尺寸精度和模具寿命这三个因素综合考虑，给间隙规定一个范围值。只要间隙在这个范围内，就能得到质量合格的冲裁件和较长的模具寿命。这个间隙范围称为合理间隙（Z），这个范围的最小值称为最小合理间隙（$Z_{\min}$），最大值称为最大合理间隙（$Z_{\max}$）。考虑到在生产过程中的磨损使间隙变大，故设计与制造新模具时应采用最小合理间隙 $Z_{\min}$。

确定合理间隙值有理论确定法、经验确定法和查表法三种。

1）理论确定法。此方法主要根据凸、凹模刃口产生的裂纹相互重合的原则进行计算。图 1-12 所示为冲裁过程中开始产生裂纹的瞬时状态，根据图中几何关系可求得合理间隙 Z 为

$$Z = 2(t - h_0)\tan\beta = 2t(1 - h_0/t)\tan\beta$$

式中　t——材料厚度；

　　h_0——产生裂纹时凸模压入材料的深度；

　　h_0/t——产生裂纹时凸模压入材料的相对深度；

　　β——剪切裂纹与垂线方向的夹角。

从上式可以看出，合理间隙 Z 与材料厚度 t、凸模压入材料的相对深度 h_0/t 及裂纹角 β 有关，而 h_0/t 又与材料塑性有关，β 又与冲裁件断面质量有关。因此，影响冲裁间隙值的主要因素是冲裁件材料性质、材料厚度和冲裁件断面质量。材料厚度越大、塑性越低的硬脆材料，其断面质量要求低，则所需合理间隙 Z 值就越大；材料厚度越薄、塑性越好的材料，其断面质量要求高，则所需合理间隙 Z 值就越小。由于理论计算法在生产中使用不方便，故目前广泛采用经验数据。

2）经验确定法。实际生产中常应用以下经验公式来确定合理间隙值，即

$$Z = mt$$

式中　m——与材料的性能及厚度相关的系数，m 的值一般根据不同的经验选取。

①对于软钢、黄铜、纯铜，取 $m = 1/20$；对于中硬钢，取 $m = 1/16$；对于硬钢，取 $m = 1/14$，对于极硬钢，取 $m = 1/12 \sim 1/10$。

②当材料较薄时，对于软钢、纯铁，取 $m = 6\% \sim 9\%$；对于铜、铝合金，取 $m = 6\% \sim 10\%$；对于硬钢，取 $m = 8\% \sim 12\%$。当材料厚度 $t > 3mm$ 时，可以适当放大系数 m；当断面质量没有特殊要求时，m 可以放大 1.5 倍。

3）查表法。查表法是企业中设计模具时普遍采用的方法之一。表 1-15 是一个经验数据表，表中Ⅰ类冲裁间隙适用于冲裁件剪切面、尺寸精度要求高的场合；Ⅱ类冲裁间隙适用于冲裁件剪切面、尺寸精度要求较高的场合；Ⅲ类冲裁间隙适用于冲裁件剪切面、尺寸精度要求一般的场合，因残余应力小，能减小破裂现象，适用于继续塑性变形的工件的场合；Ⅳ类冲裁间隙适用于冲裁件剪切面、尺寸精度要求不高时，应优先采用较大间隙，以利于提高冲模寿命；Ⅴ类冲裁间隙适用于冲裁件剪切面、尺寸精度要求较低的场合。由于各类间隙值之间没有绝对的界限，因此还必须根据冲裁件尺寸与形状、模具材料和加工方法，以及冲压方法、速度等因素酌情增减间隙值。

表 1-15　金属板料冲裁间隙值

材　　料	初始间隙（单边间隙）（% t）				
	Ⅰ类	Ⅱ类	Ⅲ类	Ⅳ类	Ⅴ类
低碳钢 08F、10F、10、20、Q235-A	1 ~ 2	3 ~ 7	7 ~ 10	10 ~ 12.5	21
中碳钢 45、不锈钢 1Cr18Ni9Ti、40Cr13、膨胀合金 4J29	1 ~ 2	3.5 ~ 8	8 ~ 11	11 ~ 15	23
高碳钢 T8A、T10A、65Mn	2.5 ~ 5	8 ~ 12	12 ~ 15	15 ~ 18	25
纯铝 1060、1050A、1035、1200，铝合金（软）3A21，黄铜（软）H62，纯铜（软）T1、T2、T3	0.5 ~ 1	2 ~ 4	4.5 ~ 6	6.5 ~ 9	17
黄铜（硬）H62，铅黄铜 HPb59-1，纯铜（硬）T1、T2、T3	0.5 ~ 2	3 ~ 5	5 ~ 8	8.5 ~ 11	25
铝合金（硬）2A12，锡青铜 QSn4-4-2.5，铝青铜 QAl7，铍青铜 QBe2	0.5 ~ 1	3.5 ~ 6	7 ~ 10	11 ~ 13.5	20
镁合金 M2M、ME20M	0.5 ~ 1	1.5 ~ 2.5	3.5 ~ 4.5	5 ~ 7	16
电工硅钢 D21、D31、D41	—	2.5 ~ 5	5 ~ 9		

对金属板料的普通冲裁而言，生产中常用冲裁间隙的取值范围为板料厚度的 3% ~ 15%。选取冲裁间隙时，需根据实际生产要求综合考虑多种因素的影响，主要依据应在保证冲裁件尺寸精度和满足剪切面质量要求前提下，考虑模具寿命、模具结构、冲裁件尺寸与形状、生产条件等因素所占的权重综合分析后确定。

由于冲裁间隙对冲裁工艺的重大影响，我国制定了相应的国家标准 GB/T 16743—2010《冲裁间隙》。

表 1-15 所列冲裁间隙值适用于厚度为 10mm 以下的金属板料，考虑到料厚对间隙的影响，实际选用时可将料厚分成 ≤1.0mm、>1.0 ~ 2.5mm、>2.5 ~ 4.5mm、>4.5 ~ 7.0mm、>7.0 ~ 10.0mm 五档。当料厚 ≤1.0mm 时，各类间隙取其下限值，并以此为基数，随着料厚的增加逐档递增；对于双金属复层板料，应以抗剪强度高的金属层厚度为主来选取冲裁间隙。

凸、凹模的制造偏差和磨损均使间隙变大，故新模具的初始间隙应取最小合理间隙。

落料时，凹模尺寸为工件要求尺寸，间隙值由减小凸模尺寸获得；冲孔时，凸模尺寸为工件孔要求尺寸，间隙值由增大凹模尺寸获得。

对下列情况，应酌情增减冲裁间隙值：

a）在同样条件下，可根据不同零件的质量要求，依据生产实践把握，使冲孔间隙比落料间隙适当增加。

b）冲小孔（一般为孔径小于料厚）时，凸模易折断，间隙应取大值。但这时要采取有效措施，防止废料回升。

c）硬质合金冲裁模应比钢模的间隙大 30% 左右。

d）复合模的凸凹模壁单薄时，为防止胀裂，根据不同产品质量要求，实践把握放大冲孔凹模间隙。

e）硅钢片随含硅量增加，间隙相应取大些，由实验确定放大间隙量。

f）采用弹性压料装置时，间隙可大些，放大间隙量根据不同弹压装置的实际应用测定。

g）高速冲压时，模具容易发热，间隙应增大，如果行程次数超过每分钟 200 次，间隙应增大 10% 左右。

h）电加工模具刃口时，间隙应考虑变质层的影响。

i）加热冲裁时，间隙应减小，减小间隙量由实际情况测定。

j）凹模为斜壁刃口时，应比直壁刃口间隙小。

k）对需攻螺纹的孔，间隙应取小些，间隙减小量由实际情况测定。

4. 冲裁件的排样与搭边

（1）冲裁件的排样　根据材料的经济利用程度，排样方法可分为有废料排样、少废料排样和无废料排样三种。根据制件在条料上的布置形式，排样又可分为直排、斜排、直对排、斜对排、混合排、多排等多种形式。

1）有废料排样。如图 1-13a 所示，沿制件的全部外形轮廓冲裁，在制件之间及制件与条料侧边之间都有工艺余料（或称搭边）存在。因留有搭边，所以制件质量和模具寿命较高，但材料的利用率有所降低。

2）少废料排样。如图 1-13b 所示，沿制件的部分外形轮廓切断或冲裁，只在制件之间（或制件与条料侧边之间）留有搭边。

3）无废料排样。无废料排样法就是无工艺搭边的排样，制件直接由切断条料获得，或称为无废料冲裁。图 1-13c 所示是步距为两倍制件宽度的一模两件的无废料排样。

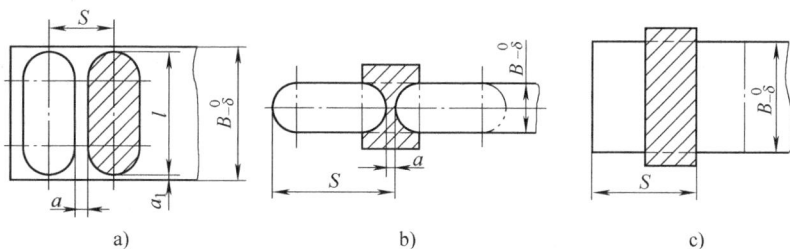

图 1-13　排样方式

a）有废料排样　b）少废料排样　c）无废料排样

有废料、少废料、无废料的排样方式各有优缺点。在实际生产中，需要根据具体情况选用。如采用少废料、无废料排样法，材料利用率高，不但有利于一次冲程获得多个制件，而且可以简化模具结构、降低冲裁力，但是由于条料本身的公差以及条料导向与定位所产生的误差影响，冲裁件的公差等级较低；同时，因模具单面受力（单边切断时），不但会加剧模具的磨损，降低模具的寿命，而且也会直接影响冲裁件的断面质量。为此，排样时必须统筹兼顾、全面考虑。排样还可进一步按冲裁件在条料上的布置方法加以分类，其主要形式见表1-16。

表1-16　其他排样形式

排样形式	简　图	排样形式	简　图
直排		斜对排	
斜排		混合排	
直对排		多排	

（2）冲裁件的搭边　排样时冲裁件之间以及冲裁件与条料侧边之间留下的工艺废料称为搭边。

搭边具有以下作用：

1）补偿定位误差和剪板误差，确保冲裁出合格零件。

2）增加条料刚度，方便条料送进，提高劳动生产率。

3）可避免冲裁时条料边缘的毛刺被拉入模具间隙，从而提高断面质量和模具寿命。

搭边值对冲裁过程及冲裁件质量有很大影响，因此一定要合理确定。搭边值过大，则材料利用率低；搭边值过小，则搭边的强度和刚度不够，冲裁时容易翘曲或被拉断，这不仅会增大冲裁件毛刺，有时甚至单边拉入模具间隙，造成冲裁力不均，损坏模具刃口。

搭边值的大小主要取决于以下几个方面：

1）材料的力学性能。硬材料的搭边值可小一些，软材料、脆材料的搭边值要大一些。

2）材料厚度。材料越厚，搭边值也越大。

3）冲裁件的形状与尺寸。零件外形越复杂，圆角半径越小，搭边值越需取大些。

4）送料及挡料方式。用手工送料时，有侧压装置的搭边值可以小一些；用侧刃定距的搭边值比用挡料销定距的搭边值小一些。

5）卸料方式。弹性卸料的搭边值比刚性卸料的搭边值小一些。

搭边值通常根据经验值确定，表1-17所列搭边值为普通冲裁时的经验数据。

表 1-17　搭边最小值　　　　　　　　　　（单位：mm）

材料厚度 t	圆形件及 r>2t 的工件		矩形工件边长 L<50mm		矩形工件边长 L≥50mm，或 r≤2t 的工件	
	工件间搭边值 a_1	侧搭边值 a	工件间搭边值 a_1	侧搭边值 a	工件间搭边值 a_1	侧搭边值 a
<0.25	1.8	2.0	2.2	2.5	2.8	3.0
0.25~0.5	1.2	1.5	1.8	2.0	2.2	2.5
0.5~0.8	1.0	1.2	1.5	1.8	1.8	2.0
0.8~1.2	0.8	1.0	1.2	1.5	1.5	1.8
1.2~1.6	1.0	1.2	1.5	1.8	1.8	2.0
1.6~2.0	1.2	1.5	1.8	2.0	2.0	2.2
2.0~2.5	1.5	1.8	2.0	2.2	2.2	2.5
2.5~3.0	1.8	2.2	2.2	2.5	2.5	2.8
3.0~3.5	2.2	2.5	2.5	2.8	2.8	3.2
3.5~4.0	2.5	2.8	2.8	3.2	3.2	3.5
4.0~5.0	3.0	3.5	3.5	4.0	4.0	4.5
5.0~12	0.6t	0.7t	0.7t	0.8t	0.8t	0.9t

（3）条料宽度的确定　排样方式和搭边值确定后，即可设计条料的宽度和进距。进距是指每次将条料送入模具进行冲裁的距离。进距与排样方式有关，是决定挡料销位置的依据。条料宽度的确定与模具结构有关。其确定原则是：最小条料宽度要保证冲裁时工件周边有足够的搭边值；最大条料宽度能在冲裁时顺利地将条料送进导料板之间，并有一定的间隙。

1）有侧压装置时条料的宽度。有侧压装置的模具能使条料始终沿基准导料板一侧送进，因此条料宽度的计算公式为

$$B = D + 2a$$

式中　B——条料宽度的基本尺寸；

D——条料宽度方向零件轮廓的最大尺寸；

a——侧搭边值。

2）无侧压装置时条料的宽度。无侧压装置的模具，其条料宽度应考虑在送料过程中因条料的摆动而使侧面搭边值减小。为了补偿侧面搭边值的减小部分，条料宽度应增加一个条料可能的摆动量 C，故条料宽度为

$$B = D + 2a + C$$

式中　C——条料与导料板的间隙。

不论是有侧压还是无侧压装置的条料宽度，根据实际条料生产的工艺，条料宽度的计算结果需要进行偏大圆整。例如计算得到的条料宽度为 121.24mm，则通常把条料宽度圆整为 122mm。

（4）材料利用率　冲裁件的实际面积与所使用材料面积的百分比称为材料利用率，通常一个步距内的材料利用率可表示为

$$\eta = \frac{A}{BS} \times 100\%$$

式中　A——一个步距内冲裁件的实际面积；

　　　S——送料步距（相邻两个冲裁件对应点之间的距离）；

　　　B——条料宽度。

材料利用率通常有净利用率和毛利用率两种情况。通常，当冲裁件内部的废料（冲孔冲出的废料）不作为废料计算时称为毛利用率。

5. 冲裁模凸、凹模刃口尺寸计算

在冲裁过程中，凸、凹模的刃口尺寸及制造公差直接影响冲裁件的尺寸精度。合理的冲裁间隙也要依靠凸、凹模刃口尺寸的准确性来保证。因此，正确地确定冲裁模刃口尺寸及制造公差，是冲裁模设计过程中的一项关键性工作。

在冲裁模刃口尺寸计算之前，根据生产实际应首先明确以下几个问题：

1）由于凸、凹模之间存在间隙，因此落下来的料和冲出的孔都是带有锥度的，且落料件的大端尺寸等于凹模尺寸，冲孔件的小端尺寸等于凸模尺寸。

2）在测量与使用中，落料件以大端尺寸为基准，冲孔孔径以小端尺寸为基准。即冲裁件的尺寸是以测量光亮带尺寸为基础的。

3）冲裁时，凸、凹模将与冲裁件或废料发生摩擦，凸模越磨越小，凹模越磨越大，从而导致凸、凹模间隙越用越大。

图 1-14 所示为凸、凹模刃口尺寸计算关系图。

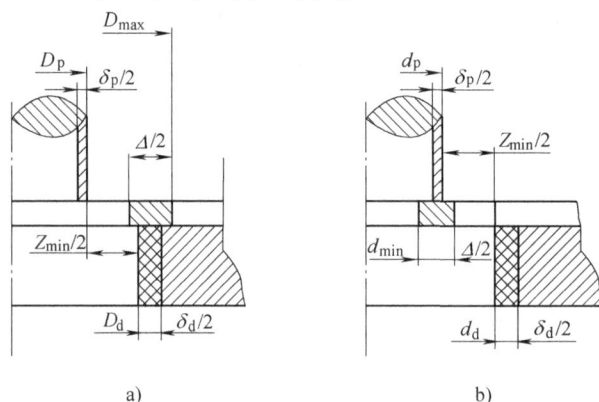

图 1-14 凸、凹模刃口尺寸计算关系

a）落料　b）冲孔

（1）凸、凹模刃口尺寸计算原则

1）落料尺寸取决于凹模尺寸，冲孔尺寸取决于凸模尺寸。设计落料模时，以凹模为基准，间隙取在凸模上，冲裁间隙通过减小凸模刃口的尺寸来获得；设计冲孔模时，以凸模为

基准，间隙取在凹模上，冲裁间隙通过增大凹模刃口的尺寸来获得。

2）根据磨损规律，设计落料模时，凹模公称尺寸应取制件尺寸公差范围内的较小尺寸；设计冲孔模时，凸模公称尺寸则应取制件孔尺寸公差范围内的较大尺寸。这样，当凸、凹模磨损到一定程度时，仍能冲出合格的制件。磨损留量用 $x\Delta$ 表示，其中 Δ 为工件的公差值，x 称为磨损系数，一般由工件的精度要求及生产批量来确定，其值可见表1-18，也可按下列原则确定：

①当冲裁件公差等级高于 IT10 或生产批量较大时，取 $x = 1.0$。

②当冲裁件公差等级为 IT11 ~ IT13 或中等生产批量时，取 $x = 0.75$。

③当冲裁件公差等级低于 IT14 或小批量生产时，取 $x = 0.5$。

表 1-18　磨损系数 x

材料厚度 t/mm	非　圆　形			圆　形	
	1	0.75	0.5	0.75	0.5
	制件公差 Δ/mm				
~1	<0.16	0.17 ~ 0.35	≥0.36	<0.16	≥0.16
>1 ~2	<0.20	0.21 ~ 0.41	≥0.42	<0.20	≥0.20
>2 ~4	<0.24	0.25 ~ 0.49	≥0.50	<0.24	≥0.24
>4	<0.30	0.31 ~ 0.59	≥0.60	<0.30	≥0.30

3）不管是落料还是冲孔，在初始设计模具时，冲裁间隙一般采用最小合理间隙值。

4）冲裁模刃口尺寸的制造偏差方向，原则上单向注向金属实体内部。即凹模（内表面）刃口尺寸制造偏差取正值（ $+\delta_d$ ）；凸模（外表面）刃口尺寸制造偏差取负值（ $-\delta_p$ ）；而对于刃口尺寸磨损后不变化的尺寸，制造偏差应取双向偏差（ $\pm\delta_d$ 或 $\pm\delta_p$ ）。对于形状简单的圆形、方形刃口，其制造偏差值可按 IT6 ~ IT7 来选取或按表1-19选取；对于形状复杂的刃口，制造偏差值可按工件相应部位公差值的 1/4 来选取；对于刃口尺寸磨损后无变化的制造偏差值，可取工件相应部位公差值的 1/8 并以 "±" 选取；如果工件没有标注公差，可认为工件的公差等级为 IT14。

5）冲裁模的加工方法不同，其刃口尺寸的计算方法也不同。冲裁模的加工方法可分为分别加工法和配合加工法两种。

表 1-19　规则形状（圆形、方形）的凸、凹模刃口制造偏差

公称尺寸/mm	凸模偏差/mm	凹模偏差/mm	公称尺寸/mm	凸模偏差/mm	凹模偏差/mm
≤18	0.020	0.020	180 ~ 260	0.030	0.040
18 ~ 30	0.020	0.025	260 ~ 360	0.035	0.050
30 ~ 80	0.020	0.030	360 ~ 500	0.040	0.060
80 ~ 120	0.025	0.035	>500	0.050	0.070
120 ~ 180	0.030	0.040			

（2）凸、凹模刃口尺寸计算方法

1）凸模与凹模分别加工时，凸、凹模刃口尺寸的计算。分别加工是指凸模和凹模分别

按图样要求加工至尺寸。这种加工主要适用于圆形或简单形状的工件，故此类工件冲裁的凸、凹模制造相对简单，精度容易保证。设计时需要在图样上分别标注凸模和凹模的刃口尺寸及制造公差。为了保证冲裁间隙在合理范围内，需满足：

$$|\delta_p| + |\delta_d| \leqslant Z_{max} - Z_{min}$$

或取

$$\delta_d = 0.6(Z_{max} - Z_{min})$$

$$\delta_p = 0.4(Z_{max} - Z_{min})$$

对于落料，有　　　　　　　　$D_d = (D_{max} - x\Delta)^{+\delta_d}_{\ \ 0}$

$$D_p = (D_d - Z_{min})^{\ \ 0}_{-\delta_p} = (D_{max} - x\Delta - Z_{min})^{\ \ 0}_{-\delta_p}$$

对于冲孔，有　　　　　　　　$d_p = (d_{min} + x\Delta)^{\ \ 0}_{-\delta_p}$

$$d_d = (d_p + Z_{min})^{+\delta_d}_{\ \ 0} = (d_{min} + x\Delta + Z_{min})^{+\delta_d}_{\ \ 0}$$

对于孔心距，有　　　　　　$L_d = (L_{min} + 0.5\Delta) \pm 0.125\Delta$

式中　　D_{max}——落料件上的极限尺寸；

　　　d_{min}——冲孔件孔的下极限尺寸；

　　　L_d——同一工步中凹模孔距公称尺寸；

　　　L_{min}——制件上孔中心距的最小尺寸；

　　　Z_{min}——凸、凹模最小双面间隙；

　　　Z_{max}——凸、凹模最大双面间隙；

　　　δ_p——凸模下极限偏差，按 IT6～IT7 选取（或查表 1-19）；

　　　δ_d——凹模上极限偏差，按 IT6～IT7 选取（或查表 1-19）；

　　　x——磨损系数，按刃口尺寸计算原则 2）中所述选取（或查表 1-18）；

　　　D_d——落料凹模公称尺寸；

　　　D_p——落料凸模公称尺寸；

　　　d_p——冲孔凸模公称尺寸；

　　　d_d——冲孔凹模公称尺寸；

　　　Δ——制件公差。

　　2）凸模与凹模配合加工时，凸、凹模刃口尺寸的计算。配合加工是指先按照工件尺寸计算出基准件凸模（或凹模）的公称尺寸及公差，然后配制另一个相配件凹模（或凸模）。这样很容易保证冲裁间隙，而且可以放大基准件的公差，也无需校核，同时还能简化模具设计的绘图工作。设计时，只要把基准件的刃口尺寸及制造公差详细注明，而另外一个相配件只需在图样上注明"凸（凹）模刃口尺寸按凹（凸）模的实际尺寸配制，保证双面间隙 Z"即可。

　　在实际生产中，对于单件生产的模具或冲制形状复杂工件的模具，其凸、凹模的加工常用配合加工法，具体计算方法如下：

　　①落料模刃口尺寸计算。图 1-15a 所示的落料件，以凹模为基准模，配制凸模。由于工件比较复杂，故凹模磨损后刃口尺寸有变大、变小和不变三种情况，如图 1-15b 所示。

凹模磨损后刃口尺寸变大，如图 1-15 中尺寸 A_1、A_2、A_3，按落料凹模尺寸公式计算。即

$$A_d = (A_{max} - x\Delta)^{+\delta_d}_0$$

凹模磨损后刃口尺寸变小，如图 1-15 中尺寸 B_1、B_2，按冲孔凸模尺寸公式计算。即

$$B_d = (B_{min} + x\Delta)^0_{-\delta_d}$$

凹模磨损后刃口尺寸大小不变化，如图 1-15 中尺寸 C_1、C_2、C_3，计算时按凹模孔距公式计算。即

$$C_d = C_a \pm 0.125\Delta$$

式中　A_d、B_d、C_d——凹模刃口尺寸；

　　　A_{max}、B_{min}、C_a——工件的最大、最小和平均尺寸。

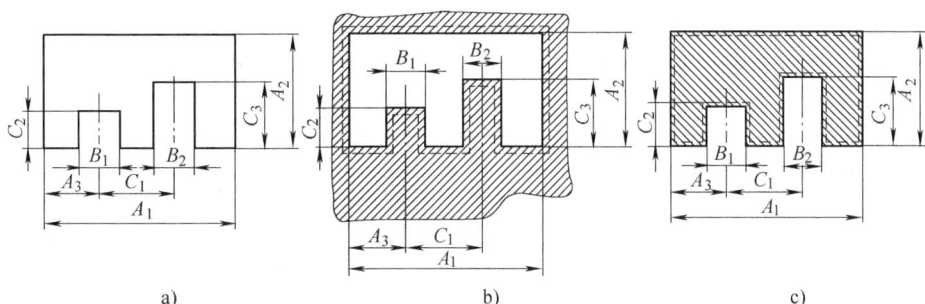

图 1-15　工件和落料凸、凹模尺寸

a) 工件尺寸　b) 落料凹模尺寸　c) 冲孔凸模尺寸

②冲孔模刃口尺寸计算。如图 1-15a 所示，把工件视为冲孔件，在计算刃口尺寸时，则首先应计算凸模的刃口尺寸，以凸模为基准件，配合加工凹模。先画出凸模磨损图，如图 1-15c 所示。分析凸模各尺寸磨损变化情况，同样存在着凸模冲孔磨损后变大、变小和不变的三种磨损情况，凸模的刃口尺寸仍可用上述配合加工的公式进行计算。

6. 冲压力

冲压力是冲裁力、卸料力、推件力和顶件力的总称。

（1）冲裁力　冲裁力的计算公式为

$$F = KLt\tau$$

式中　F——冲裁力（N）；

　　　K——系数，取 $K = 1.3$；

　　　L——冲裁件周边长度，即刃口周长（mm）；

　　　t——材料的厚度（mm）；

　　　τ——材料的抗剪强度（MPa）。

上式中的抗剪强度 τ 与材料的种类和坯料的原始状态有关，可在相关手册中查取。为了便于计算，可取材料的 $\tau = 0.8R_m$，故冲裁力又可表示为

$$F = 1.3Lt\tau \approx LtR_m$$

式中　R_m——被冲材料的抗拉强度（MPa）。

（2）卸料力、推件力、顶件力　卸料力、推件力、顶件力的计算如图 1-16 所示。

1）卸料力。卸料力是指将箍紧在凸模上的材料卸下时所需的力。即

$$F_x = K_x F$$

2）推件力。推件力是指将落料件沿冲裁方向推出凹模口时所需的力。即

$$F_t = nK_t F$$

3）顶件力。顶件力是指将落料件沿着与冲裁方向相反的方向顶出凹模刃口时所需的力。即

$$F_d = K_d F$$

图 1-16　卸料力、推件力、顶件力

式中　F_x、F_t、F_d——卸料力、推件力和顶件力；

　　　K_x、K_t、K_d——卸料力、推件力和顶件力的系数，其值见表 1-20；

　　　n——同时卡在凹模口内的冲裁件（或废料）的数量。

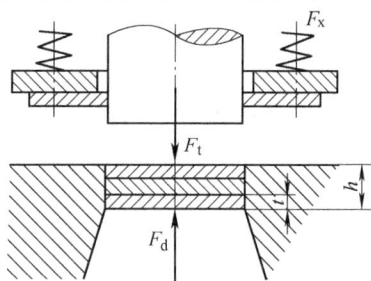

表 1-20　卸料力、推件力和顶件力的系数

材料厚度/mm		K_x	K_t	K_d
钢	≤0.1	0.06 ~ 0.09	0.1	0.14
	>0.1 ~ 0.5	0.04 ~ 0.07	0.065	0.08
	>0.5 ~ 2.5	0.025 ~ 0.06	0.05	0.06
	>2.5 ~ 6.5	0.02 ~ 0.05	0.045	0.05
	>6.5	0.015 ~ 0.04	0.025	0.03
铝、铝合金		0.03 ~ 0.08	0.03 ~ 0.07	
纯铜、黄铜		0.02 ~ 0.06	0.03 ~ 0.09	

（3）降低冲裁力的方法　当冲裁力的数值大于现有能提供使用的冲压设备的公称压力时，可以采用某些方法来降低冲裁力。这些方法主要围绕降低材料的抗剪强度，或将冲裁的断面在一次冲压行程中分散开，使瞬时冲裁力小于设备公称压力等原则，来达到降低冲裁力的目的。常用的方法有加热冲裁、斜刃冲裁和阶梯冲裁等。

1）加热冲裁。加热冲裁是基于材料在加热状态下进行冲裁时，其抗剪强度将明显下降，从而达到降低冲裁力的目的。表 1-21 所列为钢在加热状态下的抗剪强度。

表 1-21　钢在加热状态下的抗剪强度　　　　　　　　（单位：MPa）

材料牌号	材料加热到以下温度时的抗剪强度					
	200℃	500℃	600℃	700℃	800℃	900℃
Q195、Q215、10、15	360	320	200	110	60	30
Q235、20、25	450	450	240	130	90	60
Q275、30、35	530	520	330	160	90	70
Q295、40、45、50	600	580	380	190	90	70

采用将材料加热冲裁的方法来降低冲裁力时，应注意以下问题：

①应用表 1-21 时，应充分考虑加热设备与压力机间的距离，即加热的材料到实行冲裁时的热量散失通过加热温度来弥补。

②钢在加热到 700 ~ 900℃ 时，其抗剪强度很低，此时最宜进行加热冲裁；而钢在加热至 100 ~ 400℃ 时，其脆性加大，不能进行冲裁加工。

③钢在加热后会产生热胀冷缩现象，进行模具设计时，应考虑其对工件尺寸的影响。

④加热后钢材的硬度随之下降，故凸、凹模刃口间隙可适当取较小值；但加热后材料厚度会有所增加，有时表面还有氧化层，因而间隙会很快被磨大，设计模具时的选材及模具热处理应将上述因素考虑在内。

⑤加热冲裁工件表面有氧化层，因而工件表面质量差，尺寸精度低，模具磨损比较严重，且加热冲裁时工作环境差，工人劳动条件差，故加热冲裁一般只用于厚板或工件表面质量及尺寸精度要求不高的冲裁件。

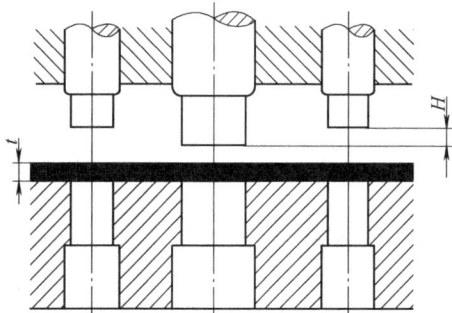

图 1-17　阶梯冲模结构示意图

2）阶梯冲裁。图 1-17 所示为阶梯冲模结构示意图。设计阶梯冲模时，应注意以下问题：

①阶梯凸模的高度差 H 应大于冲裁断面光亮带的高度。H 一般可由表 1-22 选取。

表 1-22　凸模高度差 H 与 τ 的关系

材料的抗剪强度 τ/MPa	凸模高度差 H/mm
<200	0.8t
200 ~ 500	0.6t
>500	0.4t

注：t 为材料厚度，单位为 mm。

②设计计算时，每层阶梯上数个凸模冲裁力之和应小于设备的公称压力。

③设计阶梯冲模时，应注意查阅冲裁设备说明书，注意压力机的压力行程曲线，并应特别注意压力机的公称行程。

④各阶梯凸模应对称分布，以避免压力中心偏离。

⑤阶梯凸模应按以下原则安排：先冲大孔，后冲小孔，可使小凸模高度最小，尺寸缩短，以增加模具寿命及冲裁工作的稳定性。

3）斜刃冲裁。用平刃凸（或凹）模进行冲裁时，平刃凸（或凹）模刃口的周边与材料接触并发生剪切。当冲件尺寸较大且材料较厚时，冲裁力大，同时发生的振动和噪声也大。而采用斜刃凸（或凹）模冲裁时，凸（或凹）模刃口周边为斜（或弧）线，故刃口周边不会同时与被冲材料接触并发生剪切，而是沿斜（或弧）面逐步进行冲切，从而使瞬时冲裁力小于压力机的公称压力，以此来达到降低冲裁力的目的。图 1-18 所示为斜刃冲模的结构形式。

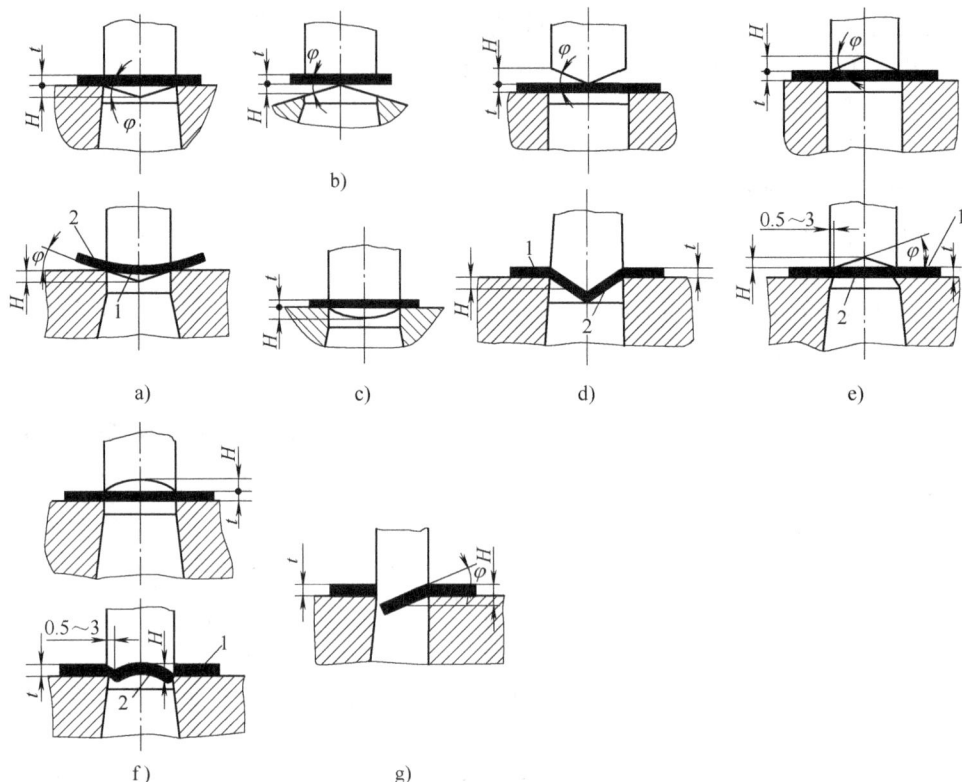

图1-18　各种斜刃冲模的结构形式

a)、b)、c) 斜刃落料模　d)、e)、f) 斜刃冲孔模　g) 切口模

1—工件　2—废料

设计斜刃冲模时，为了得到平整的工件，应遵循以下原则：

①设计落料模时，凸模为平刃，凹模为斜刃，如图1-18a～c所示。

②设计冲孔模时，凹模为平刃，凸模为斜刃，如图1-18d～f所示。

③设计斜刃时，无论是凸模还是凹模，斜刃都应对称设计，以避免冲裁时产生侧向力，损坏刃口。

斜刃冲裁时，降低冲裁力的大小取决于刃口的斜角 φ。

斜刃冲裁力 F_{xr} 的计算公式为

$$F_{xr} = KF_{pr}$$

式中　F_{xr}——斜刃冲裁力；

　　　K——斜刃减力系数，其值见表1-23；

　　　F_{pr}——平刃冲裁力。

表1-23　斜刃减力系数 K

H	$H = t$	$H = 2t$	$H = 3t$
K	0.4～0.6	0.2～0.4	0.1～0.25

注：H 为斜刃高度，单位为 mm；t 为材料的厚度，单位为 mm。

斜刃口的斜角 φ 可按经验数值选取：$t < 3\,mm$，$H = 2t$ 时，$\varphi < 5°$；$t = 3 \sim 10\,mm$，$H = t$ 时，$\varphi < 8°$；一般情况下，$\varphi \leqslant 12°$。对于大型冲裁模的斜刃，可以制成对称分布的波浪式。

7. 模具压力中心的计算

冲裁模的压力中心是指冲裁力合力的作用点。在设计冲裁模时，其压力中心要与压力机滑块中心相重合，否则冲裁模在工作中就会产生偏弯矩，使冲裁模发生歪斜，从而会加速模具导向机构的不均匀磨损，冲裁间隙得不到保证，刃口迅速变钝，将直接影响冲裁件的质量和模具的使用寿命；同时压力机导轨与滑块之间也会发生异常磨损。冲裁模压力中心的确定，对大型复杂冲裁模、无导柱冲裁模、多凸模冲孔及级进模冲裁尤为重要。因此，在设计冲裁模时必须确定模具的压力中心，并使其通过模柄的轴线，从而保证模具压力中心与压力机滑块中心重合。

（1）简单形状工件压力中心的计算

1）对称形状的零件，其压力中心位于刃口轮廓图形的几何中心上。

2）等半径圆弧段的压力中心，位于任意角 2α 的角平分线上，且距离圆心为 x_0 的点上，如图 1-19 所示。

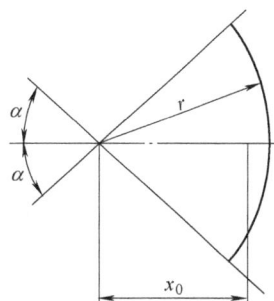

图 1-19　压力中心位于角平分线上 x_0 点

$$x_0 = r(360°/2\pi\alpha)\sin\alpha$$

式中　α——弧度角。

（2）形状复杂的工件或多凸模冲裁件压力中心的计算　可根据力学中力矩平衡原理进行计算，即各分力对某坐标轴力矩之和等于其合力对该坐标轴的力矩。复杂形状零件与多凸模冲裁件的压力中心如图 1-20 所示。

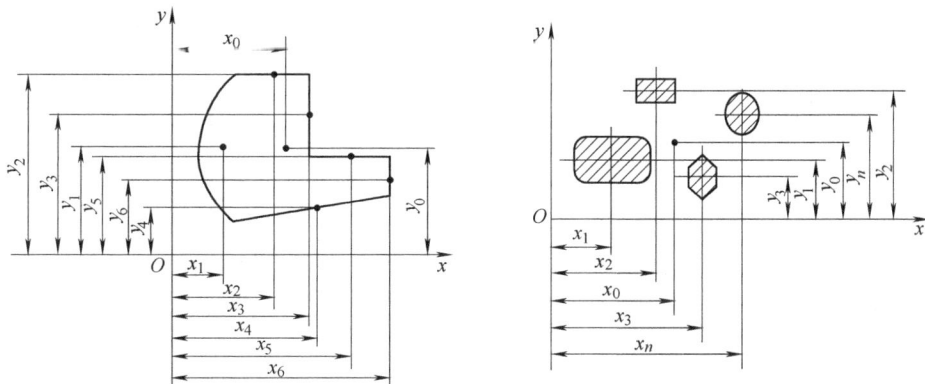

图 1-20　复杂形状零件与多凸模冲裁件的压力中心

其计算步骤如下：

1）根据排样方案，按比例画出排样图（或工件的轮廓图）。

2）根据排样图，选取特征点为原点建立坐标系 Oxy（或选取不同的坐标轴，则压力中心位置也不同）。

3）将工件分解成若干基本线段 l_1, l_2, …, l_n，并确定各线段长度（因冲裁力与轮廓线长度成正比关系，故用轮廓线长度代替 F）。

4）确定各线段长度几何中心的坐标（x_i, y_i）。

5）计算各基本线段的重心到 y 轴的距离 x_1, x_2, …, x_n 以及到 x 轴的距离 y_1, y_2, …,

y_n，则根据力矩原理可得压力中心的计算公式为

$$x_0 = (l_1x_1 + l_2x_2 + \cdots + l_nx_n)/(l_1 + l_2 + \cdots + l_n)$$
$$y_0 = (l_1y_1 + l_2y_2 + \cdots + l_ny_n)/(l_1 + l_2 + \cdots + l_n)$$

除上述模具压力中心的计算方法外，冲裁模具压力中心的确定还可以采用作图法和悬挂法等方法。

六、冲裁模主要零部件结构设计

1. 工作零件的设计

（1）凸模结构设计　凸模的结构形式主要是由冲裁件的形状、尺寸及加工工艺等条件决定的。凸模刃口截面轮廓形状通常分为规则的和不规则的，其结构形式有整体式、镶拼式、台肩式、直通式和护套式等；常用的固定方法有台阶固定、铆接固定、螺钉直接固定、销钉固定等。

由于凸模直接成形产品零件，所以凸模本身具有较高的加工精度要求，其与固定板安装通常采用 H7/m6 的过渡配合或较小的间隙配合形式。

1）台肩式凸模。台肩式凸模的刃口截面轮廓形状通常比较规则，如圆形、方形等。常见台肩式结构的凸模如图 1-21a、b 所示，一些轮廓形状比较复杂的凸模也可以设计为台肩式，但要视具体情况而定，如图 1-21c 所示。

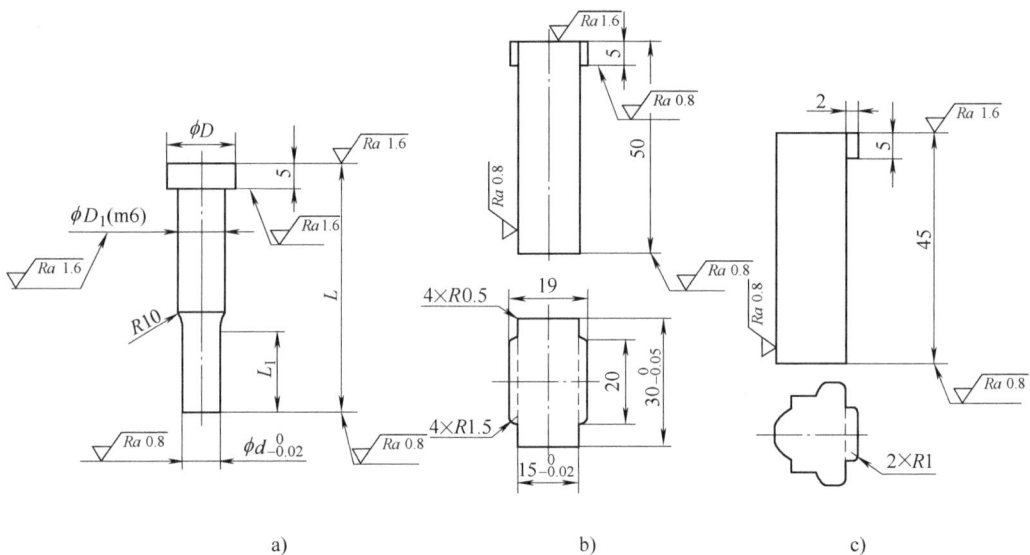

a)　　　　　　　　　　b)　　　　　　　　　c)

图 1-21　台肩式凸模

图 1-21a 所示的凸模为典型的圆形凸模结构。图中尺寸 ϕd 为凸模的刃口尺寸（需要根据产品尺寸进行计算）；ϕD_1 为凸模固定部分的尺寸，一般与孔采用 H7/m6 过渡配合，通常 $D_1 = d + (3 \sim 5)\text{mm}$；$\phi D$ 为台肩的外圆尺寸，通常 $D = D_1 + (3 \sim 5)\text{mm}$。

2）直通式凸模。通常直通式凸模的截面轮廓形状是不规则的，所以一般不将其设计为台肩式。不同结构形式的凸模其固定方式不同，加工工艺也不相同。根据凸模的截面轮廓形状与尺寸，通常截面尺寸足够大的凸模可以直接采用螺钉固定，如图 1-22a 所示；截面尺寸小的异形凸模可根据具体截面形状而定，也可以采用图 1-21c 所示的单面台肩的结构形式；

一些细长的异形截面凸模也可以采用销钉悬臂式的结构,如图 1-22b 所示。

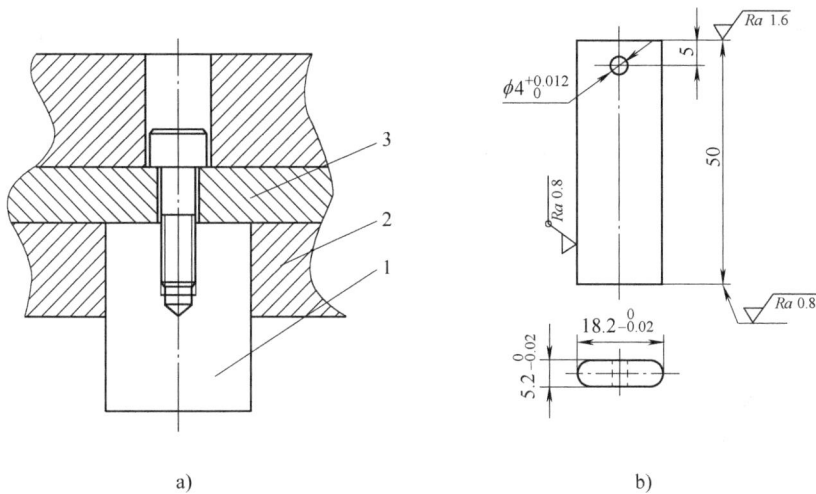

图 1-22 直通式凸模
1—直通式凸模 2—固定板 3—垫板

3) 凸模长度的确定。凸模长度应根据模具的具体结构,并考虑凸模本身的强度、修磨、固定板与卸料板之间的安全距离 (弹性卸料距离),以及装配等的需要来确定。

当采用固定板、卸料板和导料板时,如图 1-23a 所示,凸模长度的计算公式为

$$L = h_1 + h_2 + h_3 + h$$

当采用弹性卸料板时,如图 1-23b 所示,凸模长度的计算公式为

$$L = h_1 + h_2 + t + h$$

式中 h_1、h_2、h_3——凸模固定板、卸料板、导料板的厚度;

t——材料的厚度;

h——附加长度,包括凸模的修磨量、凸模进入凹模的深度及凸模固定板与卸料板间的安全距离,一般为 15~30mm。

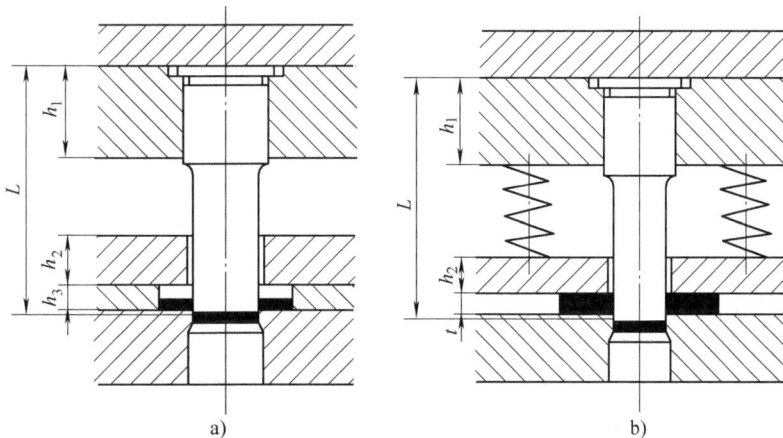

图 1-23 凸模长度的确定

凸模的刃口要求有较高的耐磨性,并能承受冲裁时较大的冲击力,因此应具有较高的硬

度与适当的韧性及耐磨性。常用的模具材料有 Cr12、Cr12MoV、SKD11（日本牌号）等材料，热处理淬火硬度一般取 58~62HRC，刃口表面粗糙度 Ra 值一般小于 $0.8\mu m$；要求高寿命、高耐磨性的凸模可选用 GCr15 等高碳铬轴承钢材料。

4）凸模的强度校核。在一般情况下，根据经验设计出的凸模，其结构强度是足够的，无需校核。但对于特别细长的凸模或产品板料厚度较大等特殊情况，应对凸模进行压应力和弯曲应力的校核，检查其危险断面尺寸和自由长度是否满足强度要求。

①压应力的校核。

圆形凸模：$\qquad\qquad\qquad\qquad\qquad d_{min} \geqslant 4t\tau/[\sigma]$

非圆形凸模：$\qquad\qquad\qquad\qquad A_{min} \geqslant F/[\sigma]$

式中　d_{min}——凸模最小直径（mm）；

$\qquad A_{min}$——凸模最小横截面的面积（mm^2）；

$\qquad t$——产品板料的厚度（mm）；

$\qquad \tau$——材料的抗剪强度（MPa）；

$\qquad F$——冲裁力（N）；

$\qquad [\sigma]$——凸模材料的许用压应力（MPa）。

②弯曲应力的校核。根据模具结构特点，凸模的抗弯能力可分为无导向装置和有导向装置两种情况。

无导向装置的圆形凸模的最大长度为

$$L_{max} \leqslant 95d^2/\sqrt{F}$$

无导向装置的非圆形凸模的最大长度为

$$L_{max} \leqslant 425\sqrt{I/F}$$

有导向装置的圆形凸模的最大长度为

$$L_{max} \leqslant 270d^2/\sqrt{F}$$

有导向装置的非圆形凸模的最大长度为

$$L_{max} \leqslant 1200\sqrt{I/F}$$

式中　L_{max}——凸模允许的最大自由长度（mm）；

$\qquad d$——凸模的最小直径（mm）；

$\qquad F$——冲裁力（N）；

$\qquad I$——凸模最小横截面的惯性矩（mm^4）。

（2）凹模结构设计

1）凹模的刃口形式。常用凹模刃口形式如图 1-24 所示。其中图 1-24a、b 所示为直筒式刃口，其特点是制造方便，刃口强度高，刃磨后工作部分尺寸不变，广泛用于冲裁公差要求较小、形状复杂的精密制件。但因废料（或制件）的聚集而增大了推件力和凹模的胀裂力，给凸、凹模的强度都带来了不利的影响。图 1-24c 所示为锥筒式刃口，在凹模内不聚集材料，侧壁磨损小；但刃口强度差，刃磨后刃口径向尺寸略有增大（如 $\alpha = 30'$ 时，刃磨 0.1mm，其尺寸增大 0.0017mm）。

凹模锥角 α、后角 β 和刃口高度 h 均随制件材料厚度的增加而增大，一般取 $\alpha = 15' \sim 1°$、$\beta = 3° \sim 5°$、$h = 5 \sim 10mm$。

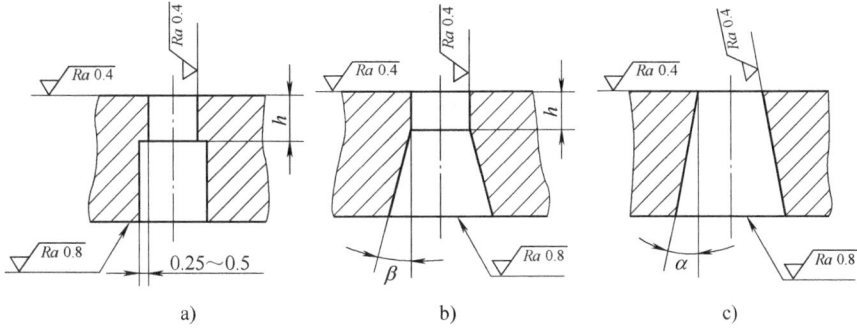

图 1-24　凹模刃口形式

2）凹模的结构及固定形式。凹模的结构与工件结构类似，常见的有镶套式和整体式两种结构形式。其固定方法如图 1-25 所示，图 1-25a 所示结构形式的凹模尺寸不大，通常直接安装在凹模固定板中，与凹模固定板过渡配合，其配合孔的尺寸及位置精度要求较高，通常主要用于冲孔、冲缺口、切口、修边等较小尺寸的冲裁工艺。图 1-25b 所示为采用螺钉和销钉直接固定在模板（座）上的整体式凹模，这种整体式凹模由销钉进行位置定位，螺钉进行紧固联接；整体式凹模采用螺钉和销钉定位联接的同时，要保证螺钉孔、螺钉沉孔（或螺纹孔）、销钉孔与凹模刃口壁间的距离不能太近，否则会影响模具寿命。

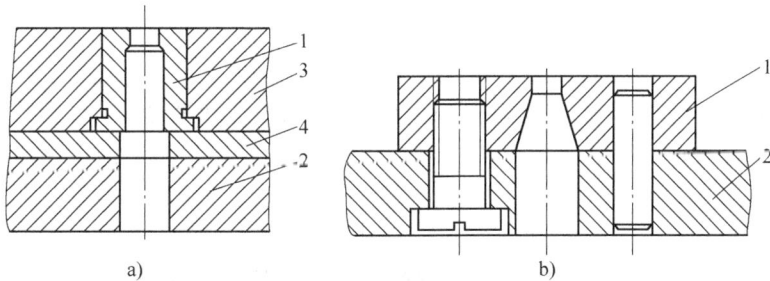

图 1-25　常见凹模结构与固定方法

1—凹模　2—模板（座）　3—凹模固定板　4—垫板

凹模的刃口要求与凸模类似，都具有较高的耐磨性，并能承受冲裁时较大的冲击力。常用的材料有 Cr12、Cr12MoV、SKD11（日本牌号）等材料，热处理淬火硬度一般取 58 ～ 62HRC，刃口表面粗糙度 Ra 值一般小于 0.8μm；要求高寿命、高耐磨性的凹模可选用 GCr15 等高碳铬轴承钢材料。通常配套使用的凹模与凸模所选用的材料及技术要求基本相同。

3）凹模外形尺寸的确定。冲裁时凹模受冲裁力和侧向挤压力的作用。由于凹模各结构形式的固定方法不同，受力情况又比较复杂，目前还不能用理论方法确定凹模轮廓尺寸。在生产中，通常根据冲裁的板料厚度、冲裁件的轮廓尺寸或凹模刃口孔壁间的距离，按经验公式来确定，如图 1-26 所示。

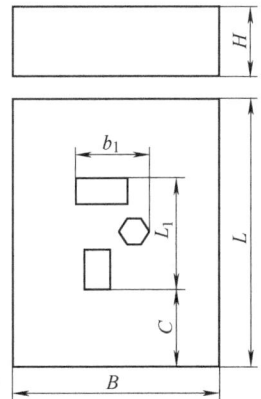

图 1-26　凹模的外形尺寸

凹模厚度 H（≥15mm）的计算公式为　$H = Kb_1$

凹模宽度 B 的计算公式为　$B = b_1 + (2.5 \sim 4)H$

凹模长度 L 的计算公式为　$L = L_1 + 2C$

式中　b_1——凹模宽度方向刃口孔壁间最大距离；

L_1——凹模长度方向刃口孔壁间最大距离；

K——系数，其值见表1-24；

C——凹模长度方向孔壁与凹模边缘的最小距离，其值可查表1-25。

表1-24　系数 K 值　　　　　　　　　　　（单位：mm）

b_1	冲裁制件材料厚度 t				
	0.5	1	2	3	>3
≤50	0.3	0.35	0.42	0.5	0.6
50~100	0.2	0.22	0.28	0.35	0.42
100~200	0.15	0.18	0.2	0.24	0.3
>200	0.1	0.12	0.15	0.18	0.22

表1-25　凹模孔壁至边缘的距离 C　　　　　　（单位：mm）

L_1	冲裁制件材料厚度 t			
	≤0.8	0.8~1.5	1.5~3.0	3.0~6.0
≤40	20	22	28	32
40~50	22	25	30	35
50~70	28	30	36	40
70~90	34	36	42	46
90~120	38	42	48	52
120~150	40	45	52	55

由以上公式计算出的凹模外形尺寸应具有足够的螺纹孔和销钉孔的位置尺寸，其孔至凹模刃口壁边缘的距离应大于孔径的1.5~2倍。对于采用螺钉、销钉定位联接的凹模，其螺钉孔（或螺纹孔）、销钉孔至凹模刃口壁边缘要有足够的尺寸距离，以保证凹模的强度及使用寿命，其最小尺寸可参考表1-26。

表1-26　螺孔、销孔之间及至刃口边缘的最小距离　　　　（单位：mm）

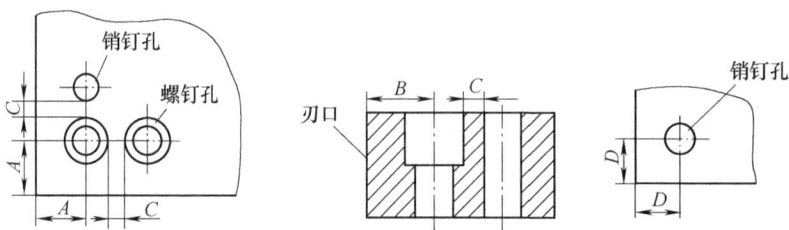

	螺钉孔	M4	M6	M8	M10	M12	M16	M20	M24
A	淬火	8	10	12	14	16	20	25	30
	不淬火	6.5	8	10	11	13	16	20	25
B	淬火	7	12	14	17	19	24	28	35
C	淬火	5							
	不淬火	3							

	销钉孔	$\phi 2$	$\phi 3$	$\phi 4$	$\phi 5$	$\phi 6$	$\phi 8$	$\phi 10$	$\phi 12$	$\phi 16$	$\phi 20$	$\phi 25$
D	淬火	5	6	7	8	9	11	12	15	16	20	25
	不淬火	3	3.5	4	5	6	8	10	13	16	20	

一般螺钉孔（或螺纹孔）、销钉孔除了保证与刃口边缘的最小距离外，还应保证其孔与凹模的外形边距为其孔径的 1.5～2 倍；通常对于凹模固定板等零件上类似的孔距，也是这样确定的。

（3）凸凹模　凸凹模是指复合模中同时具有落料凸模和冲孔凹模作用的工作零件。它的内孔和外缘均有工作刃口，内孔与外缘之间的壁厚取决于冲裁件（产品）的尺寸。从强度方面考虑，设计时冲裁件（产品）的壁厚尺寸应受最小值限制。凸凹模的最小壁厚与模具结构有关，当模具为正装结构时，内孔不积存废料，胀力小，最小壁厚可以小些；当模具为倒装结构时，若内孔为直筒形刃口形式且采用下出料方式，则内孔积存废料，胀力大，所以最小壁厚应大些。倒装式复合模与正装式复合模两种结构的比较见表 1-27。

表 1-27　倒、正装式复合模比较

比较项目		倒装复合模	正装复合模
工作零件装置位置	凸模	在上模部分	在下模部分
	凹模	在上模部分	在下模部分
	凸凹模	在下模部分	在上模部分
出件方式		采用顶板、顶杆（或打杆）自上模（凹模）内推出，下落到模具工作面上	采用弹顶器等自下模（凹模）内顶出至模具工作面上
废料排除		废料在凸凹模内积聚一定厚度后，便从下模部分的漏料孔或排出槽排出	废料不在凸凹模内积聚，压力机回程时，废料即从凸凹模内推出
凸凹模的强度和寿命		凸凹模承受的胀力较大，应严格控制凸凹模的最小壁厚，以免胀裂	受力情况比倒装模好，但凸凹模的内形尺寸易磨损增大，壁厚可比倒装的薄
生产操作性		废料自漏料孔中排出，有利于清理模具工作面，生产操作较安全	废料自上而下掉落，和工件一起汇集在模具工作面上，不利于生产操作
适应性		适应性较强，凸凹模尺寸较大时，可直接固定在下模板上，不用固定板	适合于薄料的冲裁，平整度要求较高、壁厚较小、强度较差的凸凹模

凸凹模的最小壁厚值通常根据一些经验数据确定，倒装复合模的凸凹模最小壁厚值见表 1-28。正装复合模的凸凹模最小壁厚值可比倒装的小一些。

表 1-28　倒装复合模的凸凹模最小壁厚值　　　　　（单位：mm）

简　图											
材料厚度 t	0.4	0.6	0.8	1.0	1.2	1.4	1.6	1.8	2.0	2.2	2.5
最小壁厚 δ	1.4	1.8	2.3	2.7	3.2	3.6	4.0	4.4	4.9	5.2	5.8
材料厚度 t	2.8	3.0	3.2	3.5	3.8	4.0	4.2	4.4	4.6	4.8	5.0
最小壁厚 δ	6.4	6.7	7.1	7.6	8.1	8.5	8.8	9.1	9.4	9.7	10

（4）凸模与凹模的镶拼结构

1）镶拼结构的应用场合及镶拼方法。对于大中型的凸、凹模或形状复杂、局部薄弱的小型凸、凹模，如果采用整体式结构，将给锻造、机械加工或热处理带来困难，而且当发生局部损坏时，就会造成整个凸、凹模的报废，因此常采用镶拼结构的凸、凹模。镶拼结构有镶接和拼接两种：镶接是指将局部易磨损部分另制一块（作为单独的易损零件），然后镶入凹模体或凹模固定板内的方法，如图1-27a所示；拼接是指整个凸、凹模的形状按分段原则分成若干块，分别加工后再拼接起来的方法，如图1-27b所示。

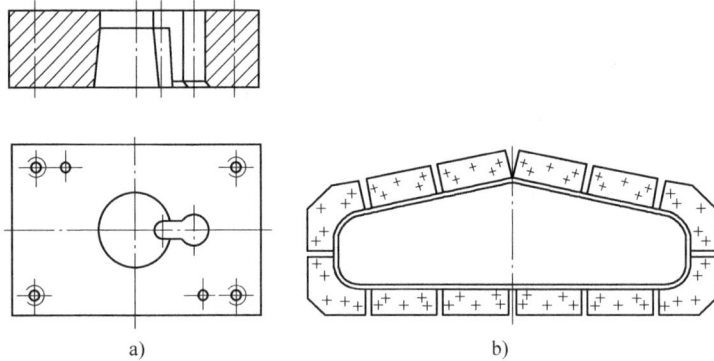

图1-27　镶拼式凹模

通常在冲裁模中，凹模零件比较大，所以镶拼式结构较多；一些较大的凸模采用镶拼式结构时，其结构与图1-27中镶拼式凹模类似。

2）镶拼结构的设计原则。凸模和凹模镶拼结构设计的依据是凸模及凹模的形状、尺寸及其受力情况，冲裁板料厚度等。镶拼结构设计的一般原则为：力求改善加工工艺性，减少钳工工作量，提高模具加工精度；便于装配调整和维修。其具体要求如下：

①尽量将形状复杂的内形加工变成外形加工，以便于切削加工和磨削，如图1-28a、b、d、g所示。

②尽量使分割后拼块的形状、尺寸相同，可以几块同时加工和磨削，如图1-28d、f、g所示，一般沿对称中心线分割可以实现此目的。

③应沿转角、尖角分割，并尽量使拼块角度大于或等于90°，如图1-28j所示。

④圆弧尽量单独分块，拼接线应在离切点4～7mm的直线处，大圆弧和长直线可以分为几块，如图1-27b所示。

⑤拼接线应与刃口垂直，而且不宜过长，一般为12～15mm，如图1-27b所示。

⑥比较薄弱或容易磨损的局部凸出或凹进部分，应单独分为一块，制成单独的易损零件。

⑦拼块之间应能通过磨削或增减垫片的方法调整其间隙或保证中心距公差，如图1-28h、i所示。

⑧拼块之间应尽量以凸、凹槽形状相嵌，便于拼块定位，防止在冲压过程中发生相对移动，如图1-28k所示。

为同时满足冲压工艺要求，提高冲压件质量，凸模与凹模的拼接线应至少错开3～5mm，以免冲裁件产生毛刺；拉深模拼接线应避开材料有增厚的部位，以免零件表面出现拉痕。为了减少冲裁力，对于大型冲裁件或厚板冲裁的镶拼模，可以把凸模（冲孔时）或凹模（落料时）制成波浪形斜刃，如图 1-29 所示。斜刃应对称，拼接面应取在最低处或最高处，每块包含一个或半个波形，斜刃高度 H 一般为 $1\sim3$ 倍的板料厚度。

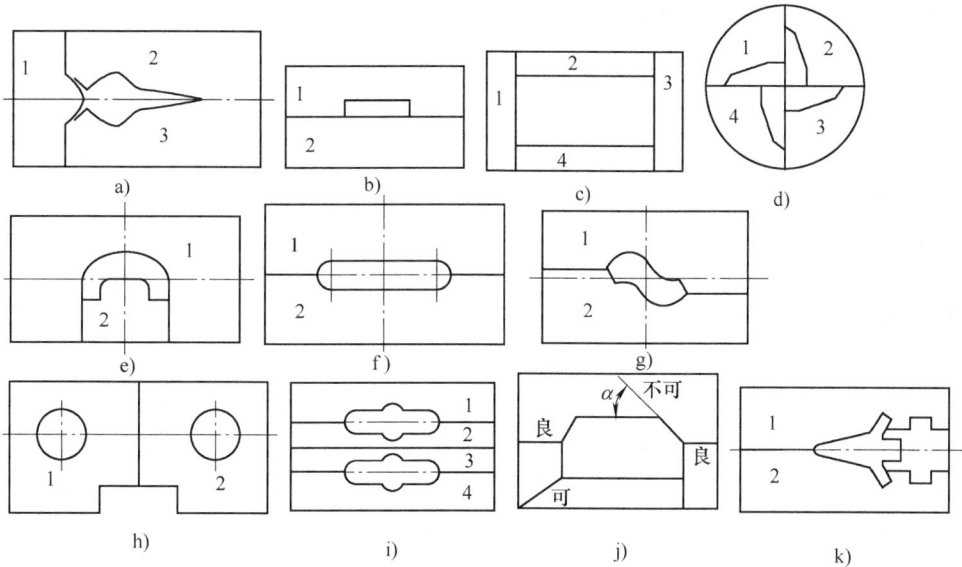

图 1-28　镶拼结构示例

3）镶拼结构的固定方法。镶拼结构的固定方法主要有以下几种：

①平面式固定。即把拼块直接用螺钉、销钉紧固定于固定板或模座平面上，如图 1-27b 所示。这种固定方法主要用于大型的镶拼凸、凹模。

②嵌入式固定。即把各拼块拼合后嵌入固定板凹槽内，如图 1-30a 所示。

③压入式固定。即把各拼块拼合后，以过盈配合压入固定板孔内，如图 1-30b 所示。

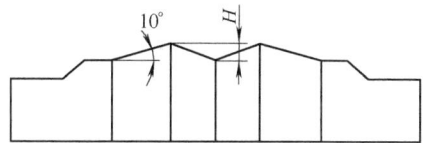

图 1-29　斜刃镶拼结构

④斜楔式固定。斜楔式固定如图 1-30c 所示。

此外，还有采用粘结剂浇注等固定方法。

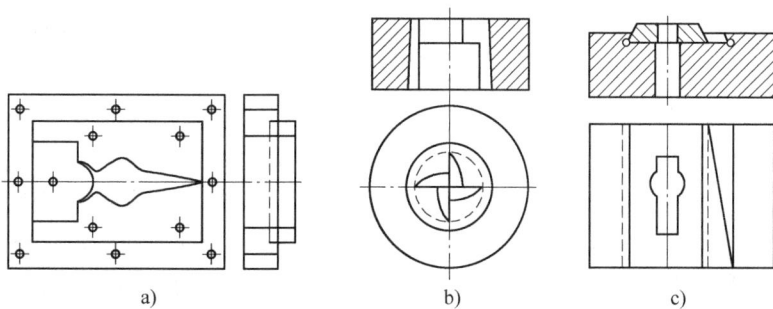

图 1-30　镶拼结构固定法

2. 定位零件的设计

冲裁模的定位零件用来保证条料的正确送进、定步距及在模具中的正确位置等功能。条料在模具的送料平面中必须有两个方向的限位：一是在与条料方向垂直的方向上的限位，保证条料沿正确的方向送进，称为送进导向；二是在送料方向上的限位，控制条料一次送进的距离（步距），称为送料定距。对于块料或工序件的定位，基本也是在这两个方向上的限位，只是定位零件的结构形式与条料的有所不同而已。

属于送进导向的定位零件有导料销、导料板、侧压装置等，属于送料定距的定位零件有挡料销、导正销、侧刃等，属于块料或工序件的定位零件有定位销、定位板等。选择定位方式及定位零件时，应考虑坯料形式、模具结构、冲件精度和生产率的要求等。冲裁模中与冲裁件（产品零件）接触的定位零件通常采用45钢，热处理后的硬度为43～48HRC。

（1）导料销、导料板　导料销或导料板是指对条料或带料的侧向进行导向，以免其送偏的定位零件。

导料销一般设有两个，并位于条料的同侧，具体位置需要根据模具结构、生产现场设备、操作人员等情况而定。导料销可设在凹模面上（一般为固定式的），也可设在弹压卸料板上（一般为活动式的）；还可设在固定板或下模座平面上（导料螺钉）。固定式和活动式的导料销可选用标准结构。导料销导向定位多用于单工序模和复合模。

导料板一般设在条料两侧，其结构通常有两种：一种是与卸料板（或导板）分开制造的分体式，如图1-31a所示；另一种是与卸料板制成整体的结构，如图1-31b所示。为使条料顺利通过，两导料板间距离应等于条料宽度加上一个间隙值（见后续排样及条料宽度计算）。导料板的厚度 H 取决于导料方式和板料厚度。如果只在条料一侧设置导料板，则其位置与导料销相同。

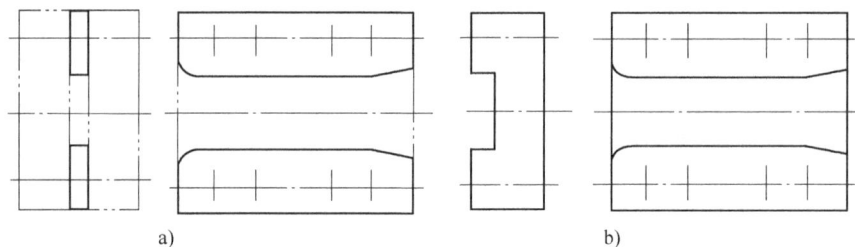

a)　　　　　　　　　　　　　　　　　　b)

图1-31　导料板

（2）侧压装置　如果条料的尺寸公差较大，为避免条料在导料板中偏摆，使最小搭边得到保证，应在送料方向的一侧装侧压装置，迫使条料始终紧靠另一侧导料板送进。

常用的侧压装置结构形式如图1-32所示。标准中的侧压装置有两种：图1-32a所示是弹簧式侧压装置，其侧压力较大，宜用于较厚板料的冲裁模；图1-32b所示为簧片式侧压装置，侧压力较小，宜用于板料厚度为0.3～1mm的薄板冲裁模。在实际生产中还有两种侧压装置：图1-32c所示是簧片压块式侧压装置，其应用场合与图1-32b相似；图1-32d所示是板式侧压装置，侧压力大且均匀，一般装在模具进料一端，适用于侧刃定距的级进模中。在一副模具中，侧压装置的数量和位置视实际需要而定。应该注意的是，板料厚度在0.3mm以下的薄板不宜采用侧压装置。另外，设有侧压装置的模具送料阻力较大，因而备有辊轴自动送料装置的模具也不宜设置侧压装置。

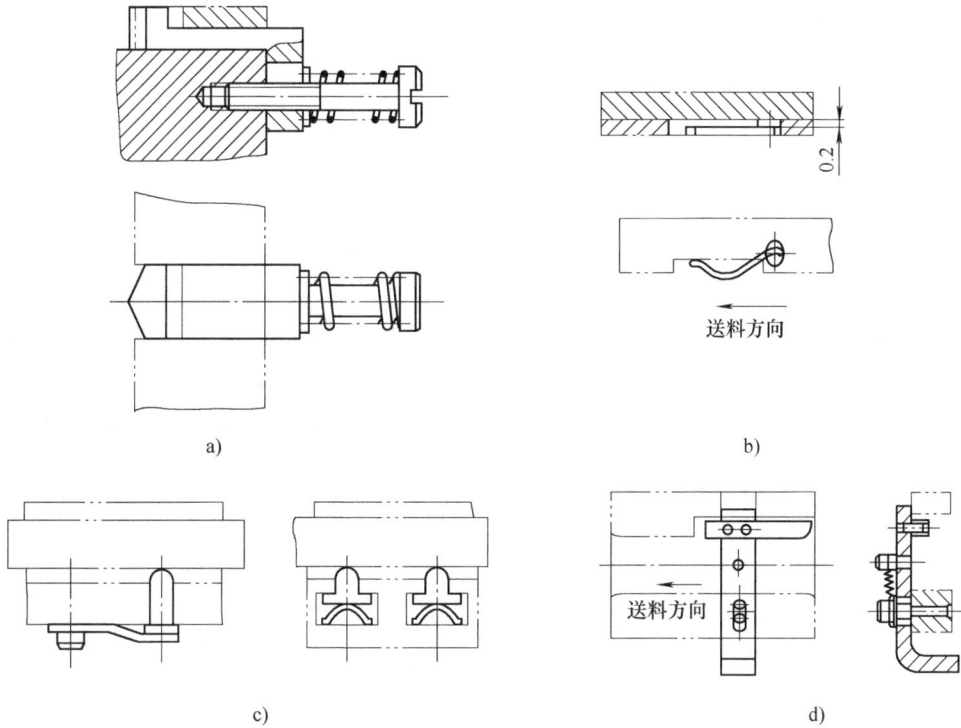

图 1-32 常用侧压装置

（3）挡料销 挡料销起定位作用，用它挡住搭边或冲件轮廓，以限定条料送进距离。

常用的有固定挡料销、活动挡料销和始用挡料销三种结构形式。

1）固定挡料销。常用固定挡料销如图 1-33a 所示，其结构简单，制造容易，广泛用于冲制中小型冲裁件的挡料定距；其缺点是销孔距凹模刃壁较近，削弱了凹模的强度。图 1-33b 所示挡料销的销孔可设计得距凹模刃壁较远一些，这样不会削弱凹模强度，但为了防止钩头在使用过程发生转动，需考虑防转。国家标准中常用固定挡料销的尺寸见表 1-29。

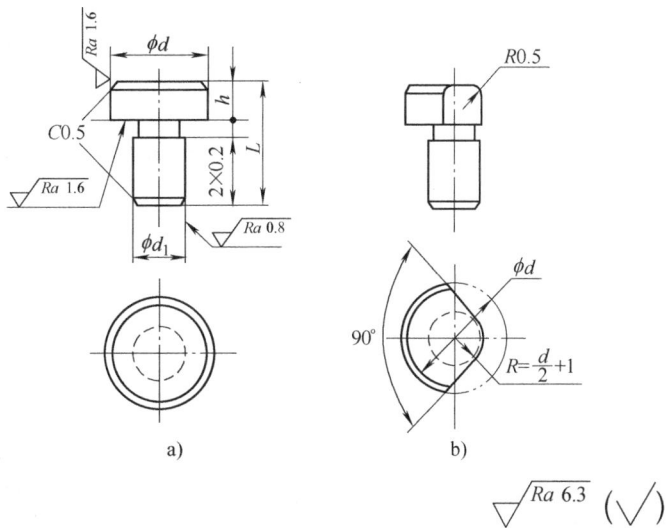

图 1-33 固定挡料销
a）A 型 b）B 型

表1-29   固定挡料销   （单位：mm）

d(h11)		d_1(m6)		h	L
公称尺寸	极限偏差	公称尺寸	极限偏差		
6	$\begin{matrix}0\\-0.075\end{matrix}$	3	$\begin{matrix}+0.008\\+0.002\end{matrix}$	3	8
8	$\begin{matrix}0\\-0.090\end{matrix}$	4	$\begin{matrix}+0.012\\+0.004\end{matrix}$	2	10
10				3	13
16	$\begin{matrix}0\\-0.110\end{matrix}$	8	$\begin{matrix}+0.015\\+0.006\end{matrix}$	3	13
20	$\begin{matrix}0\\-0.130\end{matrix}$	10		4	16
25		12	$\begin{matrix}+0.018\\+0.007\end{matrix}$	4	20

2）活动挡料销。常用的活动挡料销弹顶装置如图1-34所示，通常活动挡料销的一端与卸料板（承料板）等采用（H8/d9）的间隙配合，另一端则与弹簧的内孔配合（配合间隙较大），图中尺寸 H 根据具体的工件材料厚度而定。常用的活动挡料销与弹簧的规格尺寸参见表1-30。

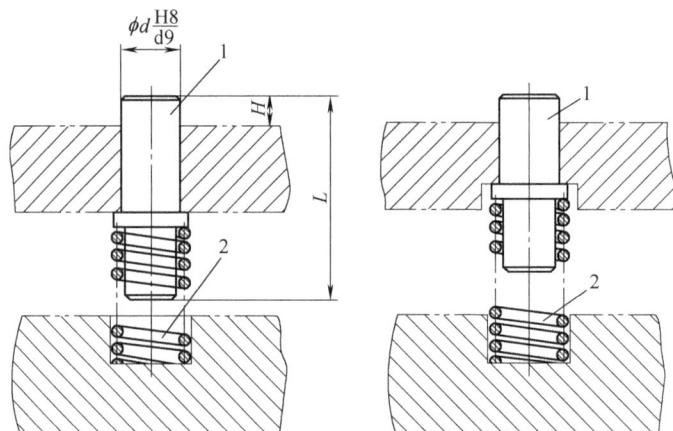

图1-34   活动挡料销弹顶装置
1—活动挡料销 2—弹簧

表1-30   活动挡料销与弹簧的规格尺寸

活动挡料销 $\dfrac{d}{mm} \times \dfrac{L}{mm}$	弹簧 $\dfrac{d}{mm} \times \dfrac{D}{mm} \times \dfrac{H_0}{mm}$	活动挡料销 $\dfrac{d}{mm} \times \dfrac{L}{mm}$	弹簧 $\dfrac{d}{mm} \times \dfrac{D}{mm} \times \dfrac{H_0}{mm}$
$\phi 4 \times 18$	$0.5 \times 6 \times 20$	$\phi 10 \times 30$	$1.6 \times 12 \times 30$
$\phi 4 \times 20$		$\phi 10 \times 32$	
$\phi 6 \times 20$	$0.8 \times 8 \times 20$	$\phi 12 \times 34$	$1.6 \times 16 \times 40$
$\phi 6 \times 22$		$\phi 12 \times 36$	
$\phi 6 \times 24$	$0.8 \times 8 \times 30$	$\phi 12 \times 40$	
$\phi 6 \times 26$		$\phi 16 \times 36$	
$\phi 8 \times 24$	$1 \times 10 \times 30$	$\phi 16 \times 40$	$2 \times 20 \times 40$
$\phi 8 \times 26$		$\phi 16 \times 50$	
$\phi 8 \times 28$		$\phi 20 \times 50$	
$\phi 8 \times 30$		$\phi 20 \times 55$	$2 \times 20 \times 50$
$\phi 10 \times 26$	$1.6 \times 12 \times 30$	$\phi 20 \times 60$	
$\phi 10 \times 28$			

3）始用挡料销。图 1-35 所示为标准结构的始用挡料销。始用挡料销一般用于以导料板送料导向的级进模和单工序模中。一副模具需用始用挡料销的数量取决于冲裁排样方法及工位数。采用始用挡料销可提高材料利用率。

（4）定位板和定位销　定位板和定位销用于单个坯料或工序件的定位，通常在单工序模具中使用。其定位方式有两种：外缘定位和内孔定位。定位方式视坯料或工序件的形状复杂程度、尺寸大小和冲压工序性质等具体情况而定。外形比较简单的冲件一般可采用外缘定位；外形较复杂的冲件一般可采用内孔定位。定位板厚度或定位销高度参见表 1-31。

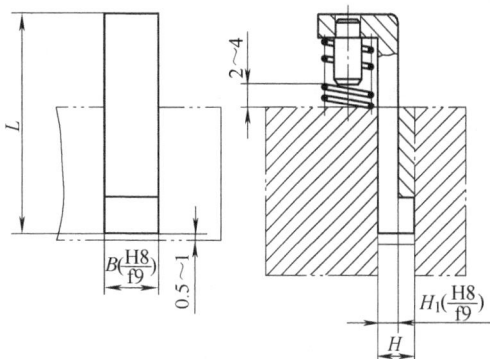

图 1-35　始用挡料销

表 1-31　定位板厚度或定位销高度　　　　　　　（单位：mm）

材料厚度 t	<1	$1 \sim 3$	$>3 \sim 5$
高度（厚度）h	$t+2$	$t+1$	t

3. 卸料装置、推件和顶件装置

（1）卸料装置　从凸模或复合模的凸凹模上，将冲裁后的材料、工件或工序件卸下的装置称为卸料装置。卸料装置通常分为固定卸料板、弹压卸料装置、废料切刀等。

1）固定卸料板。图 1-36a、b 所示的固定卸料板可用于平板的冲裁卸料。图 1-36a 中的卸料板与导料板为一整体；图 1-36b 中的卸料板与导料板是分开的。图 1-36c、d 所示的固定卸料板一般用于成形后的工序件的冲裁卸料。当卸料板仅起卸料作用而不起导向作用时，凸模与卸料板的单面间隙一般在 $(0.1 \sim 0.5)t$ 之间，板料薄时取小值，板料厚时取大值，同时还与卸料板厚度与卸料力大小、模具结构等因素有关。当固定卸料板兼起导向作用时，一般按 H7/h6 间隙配合制造，或可取单面间隙为 $(0.1 \sim 0.5)t$，但应保证导料板与凸模之间的间隙小于凸、凹模之间的冲裁间隙，以保证凸、凹模的正确配合。

固定卸料板的卸料力大，卸料可靠。由于固定卸料板与冲裁件（工件）之间存在着间隙，所以固定卸料的工件平面度不好，设计使用时应根据工件的具体要求而定。

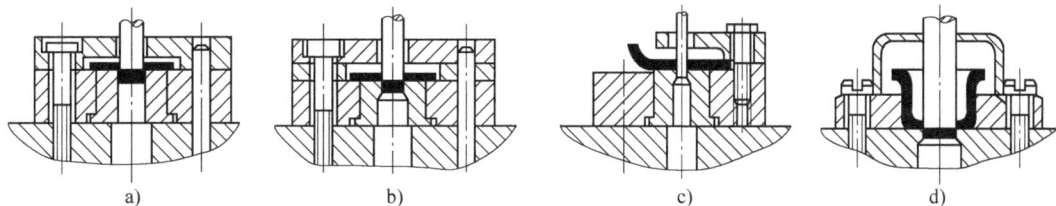

a)　　　　　　　　b)　　　　　　　　c)　　　　　　　　d)

图 1-36　固定卸料板

2）弹压卸料装置。如图 1-37 所示，弹压卸料装置由卸料板、弹性元件（弹簧或橡胶）、卸料螺钉等零件组成。弹压卸料装置既起卸料作用又起压料作用，所得冲裁零件质量较好，平面度较高。因此，质量要求较高的冲裁件或薄板冲裁宜采用弹压卸料装置。

通常在以弹压卸料板作为细长小凸模的导向时，在卸料板与凸模固定板之间增加两个（或两个以上）小导柱（导套）导向，以免弹压卸料板产生水平摆动，从而保护小凸模不被折断，并保证冲裁件质量。小导柱（导套）与卸料板的结构简图如图 1-38 所示。此外，在模具开启状态，卸料板应高出模具工作零件刃口 0.5～2mm，以便顺利卸料及在生产时对冲裁件起到预压作用。

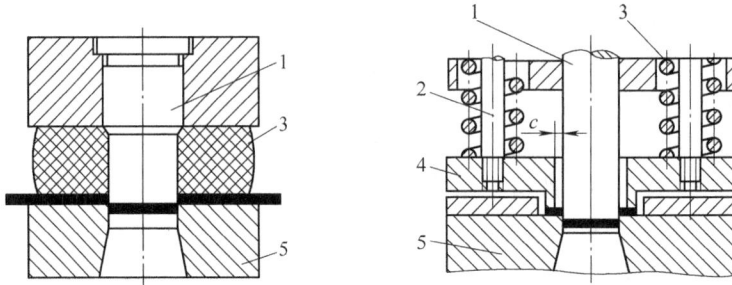

图 1-37　弹压卸料装置
1—凸模　2—卸料螺钉　3—弹性元件　4—卸料板　5—凹模

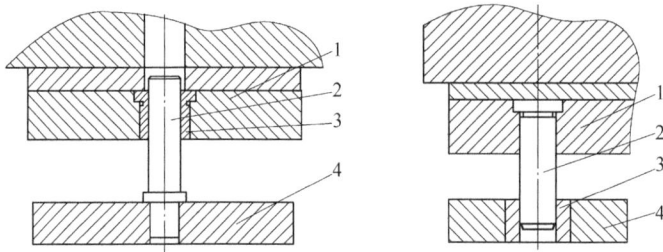

图 1-38　小导柱、小导套结构
1—凸模固定板　2—小导柱　3—小导套　4—卸料板

3）废料切刀。对于落料或成形件的切边，如冲件尺寸大，则卸料力大，往往采用废料切刀代替卸料板，将废料切开进而卸料。如图 1-39 所示，当上模部分的凹模向下冲裁、与凸模进行切边时，同时把已切下的废料压向废料切刀，通过挤压从而将其切开。对于冲件形状简单的冲裁模，一般设有两个废料切刀；冲件形状复杂的冲裁模，可以用弹压卸料加废料切刀进行卸料。图 1-40 所示为标准的废料切刀结构。图 1-40a 所示为圆形废料切刀，用于小型模具和切薄板废料；图 1-40b 所示为方形废料切刀，用于大型模具和切厚板废料。废料切刀的刃口长度应比废料宽度大些，刃口比凸模刃口低，且不小于 2mm；为减小工作时刃口的磨损，切刀的夹角 $\alpha = 78° \sim 80°$。

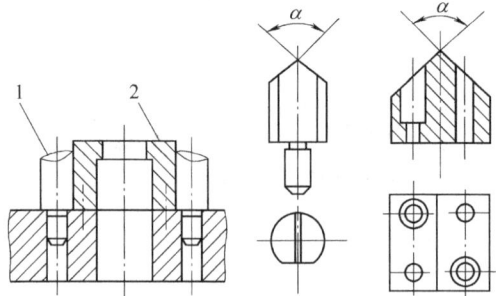

图 1-39　废料切刀
1—废料切刀　2—凸模

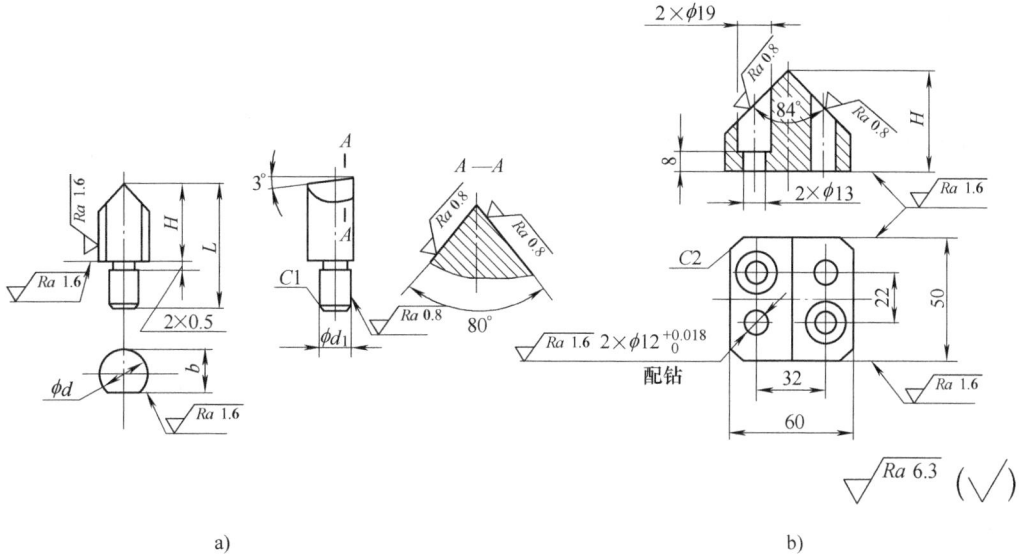

图 1-40　标准废料切刀

a) 圆形废料切刀　b) 方形废料切刀

（2）推件和顶件装置　推件和顶件的作用都是从凹模中卸下冲件或废料。向下推出的机构称为推件，一般装在上模内；向上顶出的机构称为顶件，一般装在下模内。

1）推件装置。推件装置主要有刚性推件装置和弹性推件装置两种。一般刚性推件装置用得较多，它由打杆、中间板、推杆和推件板组成，如图 1-41a 所示。有的刚性推件装置不需要中间板和推杆组成中间传递结构，而由打杆直接推动推件板，甚至直接由打杆推件，如图 1-41b 所示。其工作原理是在冲压结束后上模回程时，利用压力机滑块上的打料杆，撞击上模内的打杆与推件板，将凹模内的工件推出，其推件力大，工作可靠。

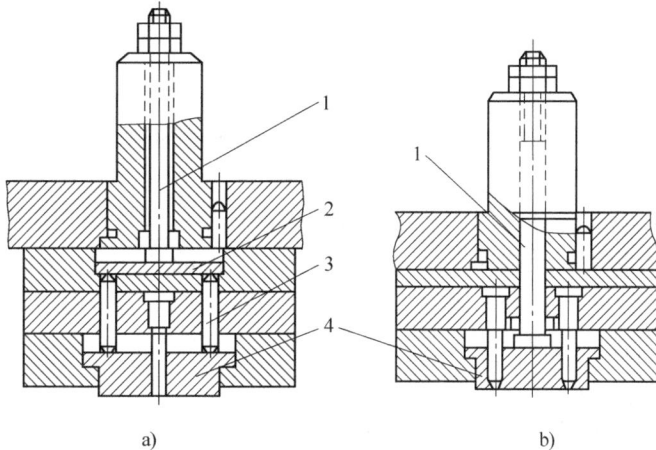

图 1-41　刚性推件装置

1—打杆　2—中间板　3—推杆　4—推件板

通常推杆需要 2 ~ 4 根且分布均匀、长短一致。中间板要有足够的刚度，其平面形状尺寸只需覆盖到推杆，不必设计得太大，以使安装中间板的孔不致太大。

2）顶件装置。顶件装置一般是弹性的。其基本组成有顶杆、顶件块和装在下模底下的弹顶器。弹顶器可以做成通用的，其弹性元件是弹簧或橡胶，如图1-42所示。这种结构的顶件力容易调节，工作可靠，冲件平面度较高，有时顶杆（件2）也可以直接用卸料螺钉（件3）代替。

顶件块在冲裁过程中是在凹模中运动的零件，对它有如下要求：模具处于闭合状态时，其背后有一定空间，以备修磨和调整的需要；模具处于开启状态时，必须顺利复位，工作面高出凹模平面1~2mm，以便继续冲裁；它与凹模的配合应保证顺利滑动，不发生互相干涉。为此，顶件块与凹模为间隙配合，其外形尺寸一般按h8级公差制造，也可以根据板料厚度取适当间隙。

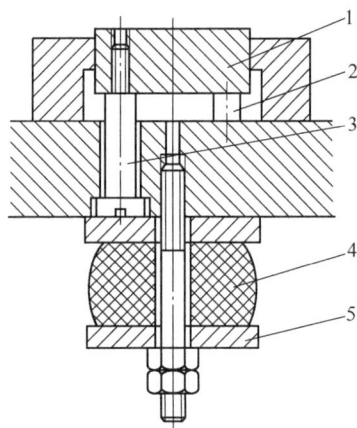

图1-42　弹性顶件装置
1—顶件块　2—顶杆　3—卸料螺钉
4—橡胶　5—托板

4. 弹性元件

弹簧和橡胶是模具中广泛应用的弹性元件，主要为弹性卸料、压料及顶件装置提供作用力和行程。

在模具中应用最多的是圆柱形弹簧和矩形弹簧。弹簧的规格尺寸已标准化，一般分为轻载荷、中载荷和重载荷。模具中需要受力较大时常选用矩形弹簧，可直接根据所需的力和压缩行程尺寸查表选用。

橡胶弹性体具有高强度、高弹性、高耐磨性和易于机械加工的特性，在冲模中的应用越来越多。使用时可根据模具空间尺寸和卸料力大小，并参照橡胶弹性体块的压缩量与压力的关系，适当选择橡胶弹性体的形状和尺寸。如果需要用非标准形状的橡胶弹性体时，则应进行必要的计算。橡胶弹性体的压缩量一般在10%~35%范围内。通常橡胶在受力压缩时其高度尺寸将减小，但其径向尺寸将变大，这是橡胶和弹簧作为弹性元件的区别。

当模具中需要承受较大力的时候，可以选用氮气弹簧作为弹性元件，氮气弹簧力大、受力运动平稳，在大中型模具中应用较多。

5. 模架

模架及其组成零件已经标准化，并对其规定了一定的技术条件。模架主要分为滑动导向模架和滚动导向模架两种。

滑动导向模架的精度分为Ⅰ级和Ⅱ级，滚动导向模架的精度分为0Ⅰ级和0Ⅱ级。各级对导柱及导套的配合精度、上模座上平面对下模座下平面的平行度、导柱轴线对下模座下平面的垂直度等都规定了一定的公差等级。这些技术条件保证了整个模架具有一定的精度，也是保证冲裁间隙均匀性的前提。有了这一前提，加上工作零件的制造精度和装配精度达到一定的要求，整个模具达到一定的精度就有了基本的保证。

标准模架的基本形式如图1-43所示。对角导柱模架、中间导柱模架、四角导柱模架的共同特点是，导向装置都是安装在模具的对称线上，滑动平稳，导向准确可靠。所以当要求导向精确可靠时应采用这三种结构形式。对角导柱模架的上、下模座，其工作平面的横向尺寸一般大于纵向尺寸，常用于横向送料的级进模、纵向送料的单工序模或复合模。中间导柱模架只能纵向送料，一般用于单工序模或复合模。四角导柱模架常用于精度要求较高或尺寸较大冲件的生产及大批量生产用的自动模。后侧导柱模架的特点是导向装置在后侧，横向和纵向送料都比较方便，但如果有偏心载荷，压力机导向又不精确，就会造成上模歪斜，导向装置和凸、凹模都容易磨损，从而影响模具寿命。此模架一般用于较小的冲模。

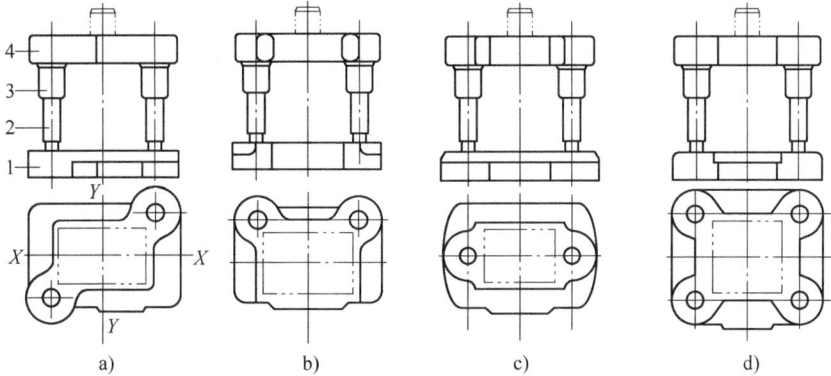

图 1-43 标准模架的基本形式

a) 对角导柱模架 b) 后侧导柱模架 c) 中间导柱模架 d) 四角导柱模架

1—下模板（座） 2—导柱 3—导套 4—上模板（座）

模架的分级技术指标见表 1-32。通常标准模架的模板（座）多为铸件，而非标准的中小型模架的模板（座）多为钢板件。现在大型、复杂的模具模架多采用铸造消失模的工艺进行生产，采用独立导向件形式的导柱、导套结构。铸铁模板（座）、模架精度检查的指标值见表 1-33。

表 1-32 模架分级技术指标

检查项目	被测尺寸/mm	模架精度	
		0Ⅰ、Ⅰ级	0Ⅱ、Ⅱ级
		公差等级	
上模板(座)上平面对下模板(座)下平面的平行度	≤400	IT5	IT6
	>400	IT6	IT7
导柱轴线对下模板(座)下平面的垂直度	≤160	IT4	IT5
	>160	IT5	IT6

注：1. 滑动导向模架精度分为Ⅰ级和Ⅱ级，滚动导向模架精度分为0Ⅰ级和0Ⅱ级。

2. 公差等级按 GB/T 1184—1996 选取。

表 1-33 铸铁模板（座）、模架精度检查的指标值 （单位：mm）

检查项目	被测尺寸	模架精度	
		0Ⅰ、Ⅰ级	0Ⅱ、Ⅱ级
模板(座)的平行度	>63~100	0.010	0.015
	>100~160	0.012	0.020
	>160~250	0.015	0.025
	>250~400	0.020	0.030
	>400~630	0.025	0.040

（续）

检 查 项 目	被测尺寸	模架精度	
		0Ⅰ、Ⅰ级	0Ⅱ、Ⅱ级
导柱轴线对下模板（座）下平面的垂直度	>40~63	0.008	0.012
	>63~100	0.010	0.015
	>100~160	0.012	0.020
	>160~250	0.025	0.040
上模板（座）上平面对下模板（座）下平面的平行度	>63~100	0.015	0.025
	>100~160	0.020	0.030
	>160~250	0.025	0.040
	>250~400	0.030	0.050
	>400~630	0.060	0.100

注：1. 检查平行度时，在上、下模板（座）之间用等高垫块支承，并控制在模架闭合高度范围内。在凹模周界内沿对角线测量，其最大与最小读数为平行度误差。

2. 检查垂直度时，在两个垂直的方向（X、Y）上测量误差为 ΔX、ΔY，导柱轴线的垂直度误差为 $\sqrt{\Delta X^2 + \Delta Y^2}$。

（1）导柱、导套　滑动导向模架中导柱与导套之间采用 H7/h6 或 H6/h5 的间隙配合，如图 1-44 所示。滚动导向模架在导柱和导套间装有保持架和钢球，如图 1-45 所示，由于导柱、导套间的导向通过钢球的滚动摩擦实现，导向精度高，使用寿命长，主要用于高精度、高寿命的硬质合金模、薄板料的冲裁模及高速精密级进模。不论是滑动导向模架还是滚动导向模架，其导柱、导套都分别与模板采用 H7/r6 的过盈配合。

（2）独立导向件　独立导向件即为独立导柱、导套结构，如图 1-46 所示。通常在模具过大、过小，或形状不规则等而无法选用标准导柱、导套结构时，可选用独立导柱、导套结构。独立导向件通过螺钉、销钉把与导柱、导套一体的安装座和模板（座）固定连接在一起，其安装位置可以根据模具的具体空间结构而定，使用及更换均十分方便。

（3）模板（座）　模板（座）一般分为上、下模板（座），其形状基本相似，主要分为钢板类和铸造类的结构及材质形式。上、下模板（座）的作用是直接或间接地安装冲模的所有零件，分别

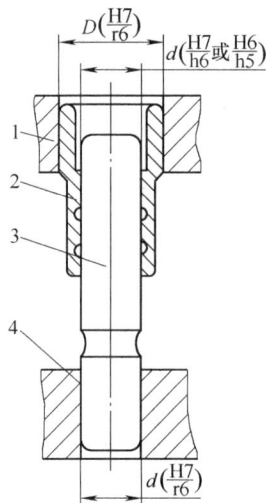

图 1-44　滑动导柱、导套
1—上模板（座）　2—导套
3—导柱　4—下模板（座）

与压力机滑块和工作台连接，传递压力。因此，必须十分重视上、下模板（座）的强度和刚度。模板（座）因强度不足会产生破坏；如果刚度不足，工作时会产生较大的弹性变形，导致模具的工作零件和导向零件迅速磨损，这是常见的却又往往不为人们所重视的现象。在选用和设计时应注意如下几点：

1）尽量选用标准模架，而标准模架的形式和规格决定了上、下模板（座）的形式和规格。如果需要自行设计模板（座），则圆形模板（座）的直径应比凹模直径大 30~70mm，矩形模板（座）的长度应比凹模板长度大 40~70mm，其宽度可以略大于或等于凹模板的宽度，同时还必须考虑模具与机床的安装空间尺寸。模板（座）的厚度可参照标准模座确定，

一般为凹模板厚度的 1~1.5 倍，以保证有足够的强度和刚度。对于大型非标准模板（座），还必须根据实际需要，按铸件工艺性要求和铸件结构设计规范进行设计。

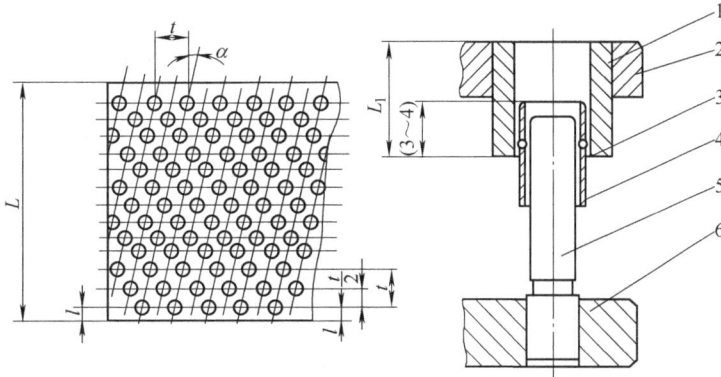

图 1-45　滚动导柱、导套

1—导套　2—上模板（座）　3—滚珠　4—滚珠保持架　5—导柱　6—下模板（座）

2）所选用或设计的模板（座）必须与所选压力机的工作台和滑块的有关尺寸相适应，并进行必要的校核。如下模板（座）的最小轮廓尺寸应比压力机工作台上漏料孔的尺寸每边至少大 40~50mm。

3）模板（座）材料一般选用 45 钢、HT200、HT250，也可选用 Q235、Q275 结构钢。大型精密模具的模板（座）可选用铸钢 ZG270-500、ZG310-570。

4）模板（座）的上、下表面的平行度应达到要求，平行度公差等级一般为 IT4。

5）上、下模板（座）的导套、导柱安装孔中心距必须一致，精度一般要求在 ±0.02mm 以下；导柱、导套安装孔的轴线应与模板（座）的上、下平面垂直。安装滑动式导柱和导套时，垂直度公差等级一般为 IT4。

图 1-46　独立导向件

6）模板（座）的上、下表面粗糙度 Ra 值为 0.8~1.6μm，在保证平行度的前提下，可允许降低为 1.6~3.2μm。

（4）模柄　中小型模具一般通过模柄将上模固定在压力机滑块上。作为上模与压力机滑块连接的零件，对模柄的基本要求是：第一要与压力机滑块上的模柄孔正确配合，安装可靠；第二要与上模正确、可靠地连接。标准模柄的结构形式如图 1-47 所示。

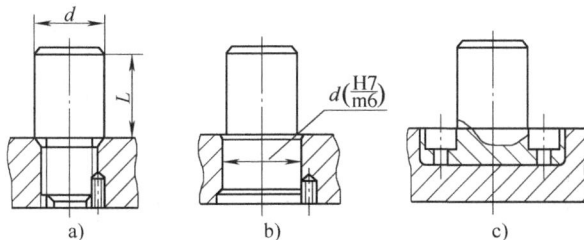

图 1-47　标准模柄的结构形式

a）旋入式模柄　b）压入式模柄　c）凸缘式模柄

图1-47a所示为旋入式模柄,通过螺纹与上模座联接,并加螺钉防止松动。这种模具拆装方便,但模柄轴线与上模座的垂直度较差,多用于有导柱的中小型冲模。

图1-47b所示为压入式模柄,它与模座孔采用H7/m6(或H7/h6)的过渡配合,并加销钉(或螺钉)以防转动。这种模柄可较好地保证轴线与上模座的垂直度,适用于各种中小型冲模,在生产中最常见。

图1-47c所示为凸缘式模柄,用3~4个螺钉将模柄紧固于上模座,模柄的凸缘与上模座的窝孔采用H7/js6过渡配合。该形式多用于较大型的模具。

此外还有槽型模柄、浮动模柄等多种结构形式的模柄。

6. 其他零件

(1)垫板　冲裁模具中垫板的作用是直接承受凸模、凹模以及凸凹模的工作压力,以降低模板(座)所受的单位压力,防止模板(座)局部变形及压陷,避免影响凸模、凹模以及凸凹模的正常工作。通常垫板材料采用通用的45钢,热处理淬火后的硬度为43~48HRC。一般凸模、凹模及凸凹模的工作截面积较小时必须设置垫板。通常模具是否需要设置垫板的校核公式为

$$F = \frac{F'_z}{A} \geq \left[R_{mc} \right]$$

式中　F——凸模、凹模或凸凹模头部的端面对模板(座)的单位压力(N);

　　　F'_z——凸模、凹模或凸凹模承受的总压力(N);

　　　A——凸模、凹模或凸凹模固定端端面支承面积(mm²)。

模板(座)材料的许用压应力见表1-34。

表1-34　常用模板(座)材料的许用压应力　　　　　　(单位:MPa)

模板(座)材料	铸铁 HT250	铸钢 ZG310-570
$\left[R_{mc} \right]$	90~140	110~150

(2)螺钉和销钉　螺钉和销钉均为标准件,设计模具时按标准选用即可。螺钉用于固定模具零件,一般选用内六角圆柱头螺钉;销钉起定位作用,常用圆柱销钉。螺钉、销钉的规格应根据冲压力大小、凹模厚度等具体尺寸而确定。螺钉的规格可参照表1-35确定。通常选用的螺钉和销钉的公称尺寸相同,即选用M10的内六角圆柱头螺钉,则选用ϕ10mm的销钉。

表1-35　螺钉的选用规格　　　　　　(单位:mm)

凹模(固定板等)厚度	≤15	>15~20	>20~25	>25~35	>35
内六角圆柱头螺钉规格	M4、M5、M6	M5、M6	M6、M8	M8、M10	M10、M12

七、冲压模具标准化

我国模具工业经过几十年的发展已取得了较大的成绩,特别是在模具标准化方面,针对冲压模具的标准化工作也取得了长足的进展,大量通用的冲压模具零件被标准化,均可在国家标准中查到。模具标准化程度越高,表明模具工业的技术水平越高,模具的生产周期越短,成本越低,寿命越高,质量越高。

目前除了国家标准外,模具行业中的大量企业也开始进行细化分工合作,涌现出了大量的冲压模具标准件生产企业,所生产的模具零件几乎涵盖了所有种类,一些常用标准件如图1-48所示。这些厂家除了进行大量通用标准件的生产外,还可以根据客户的具体要求进行定制,其专业的工艺流程和设备为许多模具生产企业解决了大量的难题,也加快了模具行业

的发展和改革。其中上海三住精密机械有限公司和盘起工业（大连）有限公司等公司生产的冲压模具标准零件种类多、范围广，大量地被模具企业使用。

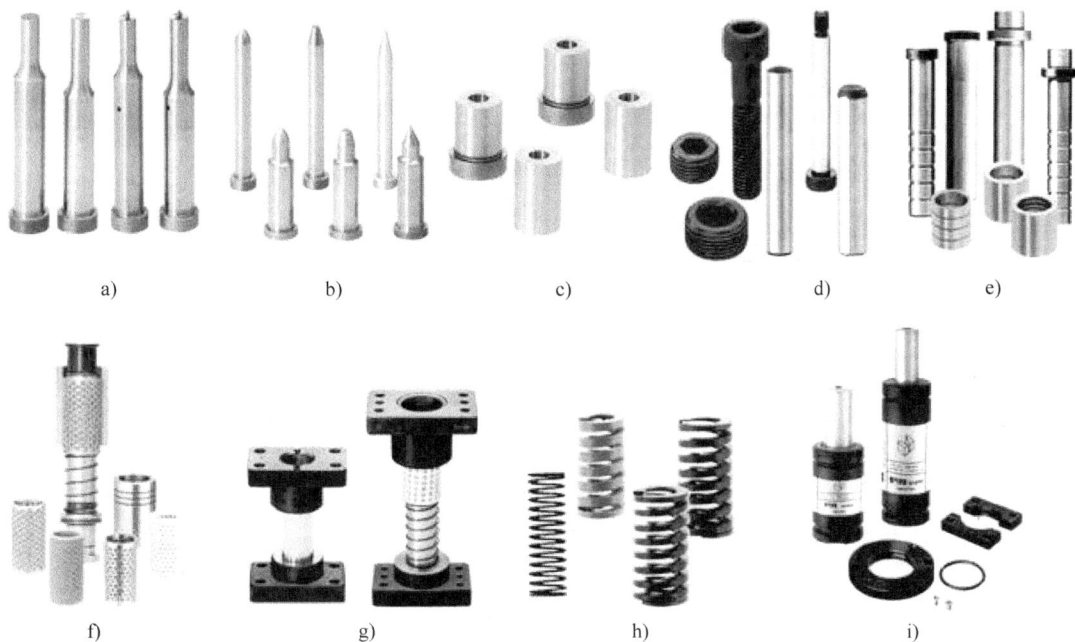

图1-48　常用标准件

a）凸模　b）导正销　c）凹模　d）螺钉（卸料螺钉）、销钉等　e）滑动导向件（小导柱、小导套）

f）滚动导向件　g）独立导向件　h）弹簧　i）氮气弹簧

模具标准件的选用比较简单，例如图1-49所示为一种圆形的标准凸模（冲头），选用时只考虑基本尺寸即可，同时根据不同零件的需要，这些标准件还留有追加工部分的余量（表1-36），以适应不同的具体需要。基本结构相同的不同凸模标准件进行简单修改后即可达到要求。

类型	杆径 $D\boxed{T}$ 公差	硬度	项目		
			型号	刃口形状	刃口长度B
	$D_0^{+0.015}$	58~64HRC	C-AP	Ⓐ	S L 刃口长度(B) L>S

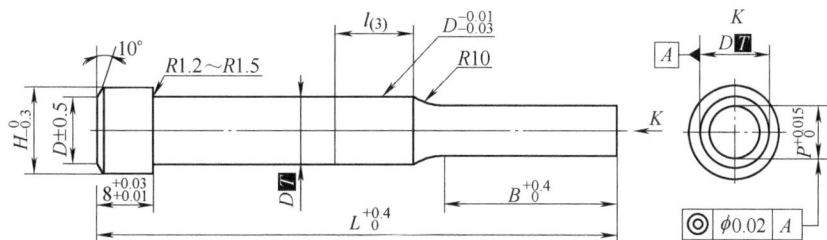

图1-49　标准冲头零件图

表1-36 标准冲头可追加工尺寸部分

修改项目		代号	Ⓐ
刃口追加工		PC	变更刃口尺寸 $PC \geqslant \dfrac{P_{\min}}{2}$ 当 $D = 5$mm 或 6mm 时，$PC \geqslant 1.5$mm。 指定单位 0.01mm 表格： $P(PC)$ / $B_{\max}$ 1.50 ~ 1.99 / 20 2.00 ~ 3.99 / 35 4.00 ~ 5.99 / 45 >6.00 / 60
		BC	变更刃口长度 $2 \leqslant B_{\max} \leqslant BC$ 指定单位 0.1mm 注:全长 L 必须为刃口长度 $BC + 35$mm 以上
全长追加工		LC	变更全长 $35 + B(BC) \leqslant LC < L$ 指定单位 0.1mm 注:(全长 – 刃口长度)为 35mm 以下时,刃口长度为(全长 -35mm)
凸缘部追加工		KC	凸缘部单面止回加工
		WKC	止回平行加工(双面)
杆部追加工		NDC	无导入部 $0 \leqslant l < 3$mm

矩形弹簧标准件的尺寸规格见表1-37。

表 1-37 矩形弹簧标准件的尺寸规格

矩形弹簧	类型		直径尺寸/mm		全长尺寸/mm		最大压缩量（万次）	负载/N(kgf)	
			外径（内径）						
	型号	颜色	最小	最大	最小	最大		最小	最大
	SWF（极轻载）	黄色	$\phi6$（$\phi3$）	$\phi70$（$\phi38.5$）	15	500	40%（100）	47.1（4.8）	3138.1（320）
							50%（100）	58.8（6）	3922.6（400）
	SWL（轻载）	蓝色	$\phi6$（$\phi3$）	$\phi70$（$\phi38.5$）	15	350	32%（100）	62.8（6.4）	4785.6（488）
							40%（30）	78.5（8）	5982（610）
	SWM（中载）	红色	$\phi6$（$\phi3$）	$\phi70$（$\phi38.5$）	10	350	25.6%（100）	78.5（8）	6668.5（680）
							32%（30）	98.1（10）	8335.6（850）
	SWH（重载）	绿色	$\phi6$（$\phi3$）	$\phi70$（$\phi38.5$）	10	350	19.2%（100）	109.8（11.2）	10199（1040）
							24%（30）	137.4（14）	12749（1300）
	SWB（极重载）	棕色	$\phi6$（$\phi3$）	$\phi70$（$\phi38.5$）	10	350	16%（100）	141.2（14.4）	14122（1440）
							20%（30）	176.5（18）	17652（1800）
	SWG（超重载）	黑色	$\phi10$（$\phi5$）	$\phi40$（$\phi20$）	25	150	16%（100）	392（40）	6432.7（656）
							20%（30）	490.3（50）	8041（820）
	SWZ（极超重载）	金黄色	$\phi20$（$\phi10$）	$\phi50$（$\phi25$）	35	200	10.5%（100）	2080（212）	12959（1321）
							13%（30）	2575（263）	16045（1636）
	SWX（极重载高速用）	—	$\phi20$（$\phi9.5$）	$\phi40$（$\phi20.5$）	25	100	10%（1000）	1274.9（130）	5198（530）

常用矩形弹簧使用次数与压缩比的关系见表 1-38，常用矩形弹簧最大压缩量见表 1-39。

表1-38　常用矩形弹簧使用次数与压缩比的关系

种类 压缩比 使用次数	100万次	50万次	30万次	色别
较轻负荷	自由高度的40%	自由高度的45%	自由高度的50%	黄色
轻负荷	自由高度的32%	自由高度的36%	自由高度的40%	蓝色
中负荷	自由高度25.6%	自由高度的28.8%	自由高度的32%	红色
重负荷	自由高度的19.2%	自由高度的21.6%	自由高度的24%	绿色
超重负荷	自由高度的16%	自由高度的18%	自由高度的20%	棕色

表1-39　常用矩形弹簧最大压缩量

种类	较轻负荷	轻负荷	中负荷	重负荷	超重负荷
最大压缩度	自由高度×58%	自由高度×48%	自由高度×38%	自由高度×28%	自由高度×24%

八、常用冲压模具钢

1. 冲压模具钢的一般性能要求

根据冲压模具的工作特点，冲压模具钢材料应具有较高的耐磨性、韧性，并具有较好的可加工性和淬火不变形性。

耐磨性是对模具工作零件（凸、凹模等）的基本要求之一。要求零件在承受相当大的压力和摩擦力的情况下，仍能较好地保持其尺寸和形状，持久耐用。模具零件的耐磨性与材料的成分、组织及载荷状态、润滑介质等多个因素有关。从总体上看，提高材料的硬度有利于提高耐磨性。

强度和韧性对提高模具寿命十分重要。重载荷的模具往往由于强度和韧性不足，造成受载较大的零件发生边缘或局部损坏。材料的晶粒度、碳化物的数量、大小及分布情况等，对材料的强度和韧性影响较大。

淬硬性和淬透性根据不同模具的使用条件各有侧重。对于要求表面须有高硬度的冲裁剪切模和拉深模，淬硬性较为重要；而对于要求整个截面须有均匀一致性的、承载较大的模具，淬透性更为重要。不论材料的淬硬性和淬透性如何，材料的淬火不变形性越好，变形越小。

脱碳敏感性越低越好。在同样的加热条件下，钢的脱碳敏感性与其化学成分，特别是含碳量有关。发生脱碳会使材料表层的力学性能降低。

可加工性是指材料对锻造、切削、研磨等加工的适应性。良好的可加工性有利于减少刀具磨损，提高模具表面质量。

2. 常用冲压模具钢种类

（1）碳素工具钢　碳素工具钢按碳的质量分数从0.65%～1.35%可分成八个钢号，即T7、T8、T8Mn、T9、T10、T11、T12和T13。根据冶金质量可分为优质钢和高级优质钢两类。高级优质钢为T7A～T13A。T8Mn和T8MnA的性能与T8和T8A近似，但由于含Mn量比常规稍高，其淬透性较好，能获得较深的淬硬层。T8和T8A进行淬火加热时容易过热，淬火变形也大，强度和塑性相对较低。

模具应用中以 T10A 最适宜，这种材料淬火温度低于 800℃时不会过热，仍保持细晶粒，而淬火组织中含剩余碳化物，使耐磨性有所提高。

（2）合金模具钢　合金模具钢是合金工具钢的子类，按化学成分可分为低合金、中合金和高合金模具钢，典型的合金模具钢的性能及热处理规范可参考表 1-40。

表 1-40　典型合金模具钢的性能及热处理规范

钢号	国外同类钢号	性　　能	热处理规范
9CrWMn	SKS3（JIS）	1）具有一定的淬透性和耐磨性，淬火变形小 2）主要用于碳素工具钢不能满足要求的截面较大、形状较复杂、淬火变形小的模具	1）淬火时预热温度为 650℃，加热温度为 820～840℃，淬火冷却介质为油，淬火硬度为 64～66HRC 2）回火加热温度为 170～230℃，空冷，硬度为 60～62 HRC
7CrSiMnMoV（CH 钢）		1）可整体加热淬火，淬透性好，变形小；淬火温度范围大 2）适于制作尺寸大的镶块模具	1）淬火加热温度为 860～920℃，空冷，淬火硬度为 58～60HRC 2）回火加热温度为 250℃，时间为 2h，回火硬度为 60HRC
9Mn2V	O2（AISI，ASTM）	1）与碳素工具钢相比，具有更好的综合性能，是合金工具钢中不含 Ni、Cr 元素的经济型钢种 2）淬透性较好，淬火、低温回火后有高的硬度和耐磨性；淬火冷却时可用油冷，变形较小；形状复杂的零件用热油冷却变形更小，易实现微变形淬火 3）替代或部分替代含铬钢种，用于制造轻负荷的冲模	1）淬火加热温度为 780～820℃，淬火冷却介质为油，淬火硬度不低于 62HRC 2）回火加热温度为 150～200℃，回火冷却介质为空气，回火硬度为 60～62HRC 3）回火加热温度在 200～250℃时会使材料的冲击韧度下降，应予避免
CrWMn	SKS31（JIS） 105WCr6（DIN）	1）9CrWMn 的改进型，提高了 C、Cr、W 的含量，具有更好的淬透性，且淬火变形小，习惯上称为微变形钢 2）淬火、低温回火后具有比 9SiCr 更多的剩余碳化物，因而有较高的硬度和耐磨性 3）含碳量较高，易形成碳化物网，须进行适当的正火处理 4）可用于制作形状复杂、高精度的冲模	1）淬火加热温度为 820～840℃，淬火冷却介质为油（90～140℃），淬火硬度为 63～65HRC；淬火加热温度为 830～850℃，淬火冷却介质为熔融硝盐或碱（150～160℃），延续 3～5 min，淬火硬度为 62～64HRC。直径或厚度大于 50mm 的工件，淬火加热温度可提高到 850～870℃ 2）冷处理宜在淬火后立即进行，冷却温度为 -70℃，硬度增量为 0～1HRC 3）回火加热温度为 170～200℃，回火加热介质为油、硝盐或碱，回火硬度为 60～62HRC
Cr4W2MoV		1）性能接近 Cr12 和 Cr12MoV，但 Cr 含量低，是新型中合金冷作模具钢；具有较高的淬透性和淬硬性，并具有较好的耐磨性和尺寸稳定性；与 Cr12 系钢相比，主要区别是其耐磨性稍低、韧性较高 2）适于制造各种冲模和冷挤压模	1）淬火加热温度为 960～980℃，淬火冷却介质为油（20～60℃）或空冷，淬火硬度不低于 62HRC 2）回火加热温度为 280～300℃，回火三次保温 1h，回火硬度为 60～62HRC

（续）

钢号	国外同类钢号	性　能	热处理规范
Cr12MoV	SKD11（JIS）	1）由 Cr12 钢发展而来，添加了 Mo、V，使材料具有更好的淬透性和韧性 2）淬火变形小，300 ~ 400℃ 时仍能保持良好的硬度和耐磨性 3）适于制造截面较大、形状复杂、承受较大冲击载荷的模具	1）淬火时，第一次预热温度为 550 ~ 600℃，第二次预热温度为 840 ~ 860℃，淬火加热温度为 1020 ~ 1040℃，淬火冷却介质为油（20 ~ 60℃），淬火硬度为 60 ~ 62HRC 2）回火加热温度为 150 ~ 170℃，回火介质为油或硝盐，回火硬度为 58 ~ 62HRC
Cr12Mo1V1	SKD11（JIS） D2（AISI，ASTM）	1）性能优于 Cr12MoV 钢，其韧性、耐磨性都有所提高 2）化学成分与美国 D2 钢（AISI，ASTM）完全一致，是国际上广泛采用的高碳高铬型冷作模具钢 3）用 Cr12Mo1V1 制造的模具寿命比 Cr12MoV 制造的模具寿命约高 5 倍	1）淬火时第一次预热温度为 500 ~ 600℃，第二次预热温度为 820 ~ 860℃，最后加热至 980 ~ 1040℃，采用油冷或空冷，淬火硬度为 60 ~ 65HRC；回火加热温度为 180 ~ 230℃，回火一次，回火硬度为 60 ~ 64HRC 2）淬火加热温度也可选 1060 ~ 1100℃；回火加热温度为 510 ~ 540℃，回火两次，回火硬度为 60 ~ 64HRC
7Cr7Mo2V2Si （LD 钢）		1）高强韧冷作模具钢，在保持较高韧性的情况下，其抗压、抗弯和耐磨性均比 65Nb 高 2）适用于高冲击载荷下要求强韧性好的冷挤冷镦模具	淬火加热温度为 1100 ~ 1160℃，并须经 850℃ 预热，淬火冷却介质为油；回火加热温度为 530 ~ 540℃，回火两次，每次 1 ~ 2h，回火硬度为 59 ~ 62HRC；其中以 1150℃ 淬火加热 550℃ 回火，1h 三次，强韧性综合性能最好
9Cr6W3Mo2V2 （GM）		1）高耐磨性冷作模具钢，其硬度接近高速工具钢，韧性优于高速工具钢和高 Cr 钢（Cr12 系列），抗弯强度几乎高出高铬工具钢一倍 2）适用于复杂的冲模或冷挤压模；级进模中取代 Cr12MoV，模具寿命有大的提高	淬火加热温度为 1100 ~ 1150℃，淬火冷却介质为油；520 ~ 560℃ 回火三次，每次 1h，回火硬度为 64HRC
Cr8MoWV3Si （ER5）		1）高铬冷作模具钢，具有高耐磨性及高韧性；强度、韧性、耐磨性均优于 Cr12 系钢，而且有较好的电加工性能 2）适用于精密冲模、重载冷挤冷镦模	淬火加热温度为 1150℃；回火加热温度为 520 ~ 530℃，回火三次，每次 1h，回火硬度为 64HRC；1050℃ 淬火加热，530℃ 回火三次，每次 1h，回火硬度为 60HRC

注：AISI 和 ASTM 为美国标准，JIS 为日本标准。

（3）高速工具钢　高速工具钢具有很高的硬度、抗压强度、耐磨性和热稳定性，其承载能力优于合金工具钢。典型的高速工具钢有 W18Cr4V、W6Mo5Cr4V2、W9Mo3Cr4V 等。

（4）基体钢　基体钢的化学成分相当于高速工具钢正常淬火后的基体组织成分，含碳量比高速工具钢低。通过正确的热加工，碳化物细小且均布，具有较高的硬度和耐磨性，而且韧性和抗弯强度明显优于高速工具钢，工件的淬火变形也有所减小。基体钢主要用于要求高强度和足够韧性的冷挤压模具等。典型的基体钢材料有 6Cr4W3Mo2VNb、6W6Mo5Cr4V、5Cr4Mo3SiMnVAl 和 6Cr4Mo3Ni2WV 等。

项 目 实 施

一、成形工艺分析

安装板的冲裁件产品如图 1-1 所示。安装板的技术要求为：材料为热轧冷成形用钢板 SPHC，厚度 $t = 2$mm；有两个直径为（$\phi 9 \pm 0.2$）mm，中心距为（52 ± 0.3）mm 的孔，其余尺寸按未注公差等级 IT14 设置。

根据安装板零件的结构特点，零件的冲裁成形工艺包括冲孔和落料两个基本工序，可以采用单工序形式，也可以采用复合工序的形式，以及连续模具的工序形式。具体的工艺方案如下：

方案一：先落料，后冲孔，单工序模具结构形式。

方案二：落料、冲孔，复合工序模具结构形式。

方案三：冲孔、落料的连续模具结构形式。

三种方案中，单工序模具结构简单，但需要使用两副模具，增加了模具总费用的成本，同时生产率有所下降。连续模具的结构比较复杂，针对安装板产品零件的精度及生产批量等要求，采用连续模具可提高生产率，但增加了成本，模具结构与冲裁件产品的要求相比有些浪费。复合模具可把落料、冲孔两个工序组合在一副模具上，一次性完成冲裁。根据安装板零件的生产批量、尺寸精度要求等，选择使用复合模具比较合理，其模具结构复杂程度介于单工序模具与连续模具之间，成本低于连续模具和两副单工序模具。以安装板复合模具为载体的项目，较为全面地将冲裁基础知识进行了应用，合理地组合了项目理论知识，并基于复合模具的结构，学习单工序的落料、冲孔模具。

二、模具设计

1. 排样设计

设计落料、冲孔的复合模具时，要先进行条料的排样图设计。根据安装板工件的结构形状，可采用图 1-50 所示的排样方法。由于热轧冷成形用钢板 SPHC 具有一定的塑性，且材质相对较软，同时考虑生产用原材料条料宽度的取值（一般取整数）特点，以及模具结构采用无侧压装置进行送料，所以取工件与条料之间的搭边值为 2.7mm，冲裁件之间的搭边值为 3mm。该搭边值的选择比表 1-17 中所列的数值偏大一些。条料的宽度 B 为 142mm，采用成卷的带式原材料进行生产。

图 1-50　安装板复合模具排样图

2. 冲压力的计算

该模具采用倒装的复合模结构，采用弹性卸料、打杆出件的结构形式。冲裁力的相关计

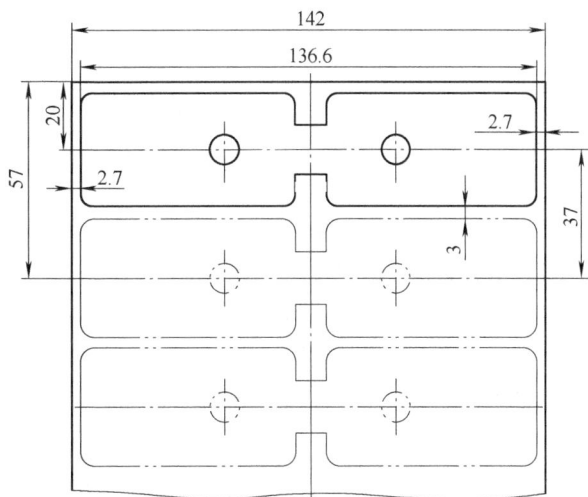

算如下：

冲裁力 $F = KtL\tau = 1.3 \times 2 \times (369 + 28.3 \times 2) \times 380\text{kN} = 420.5\text{kN}$

卸料力 $F_x = K_x F = 0.06 \times 420.5\text{kN} = 25.2\text{kN}$

推件力 $F_t = K_t F = 0.07 \times 420.5\text{kN} = 29.4\text{kN}$

在上述计算中，冲裁力计算公式中的 L 值为落料周边刃口长度与两个冲孔刃口周长的总和；卸料力系数、推件力系数的取值均偏大，以确保足够的卸料力和推件力，使模具正常工作。根据计算出的冲裁力，并结合模具结构及外形尺寸，初选压力机设备为 JH23—60。

3. 压力中心的确定

安装板零件为对称性的规则形状，其复合模具中的刃口形状也为规则的形状，所以，模具的冲裁压力中心与几何中心重合。

4. 工作零件刃口尺寸的计算

在进行零件刃口尺寸计算之前，先要考虑工作零件的加工方法及模具装配方法。根据模具结构及产品的生产情况，比较适合采用配合加工的制造方法，这样易于保证冲裁的刃口间隙，降低制造成本，简化模具装配工作。所以工作零件的刃口尺寸按照配合加工的方法进行计算。安装板复合模具的刃口零件主要尺寸计算如下：

根据图样尺寸精度与技术要求，图中未注尺寸公差按 IT14 选取，则图中主要未注尺寸及公差为：136.6_{-1}^{0}mm，$34_{-0.62}^{0}\text{mm}$，$15_{-0.43}^{0}\text{mm}$。$(\phi9 \pm 0.2)\text{mm}$ 为 IT14 以下（接近 IT13）。凹模刃口尺寸计算中选 $x = 0.5$，凸模刃口尺寸计算中选 $x = 0.75$。

由于安装板材料塑性较大，材质偏软，结合经验考虑，刃口间隙值取 $11\% t = 0.22\text{mm}$，通常刃口间隙的经验取值范围为 $(6\% \sim 16\%) t$。该间隙值也与查手册所得的 $Z_{\min}$ 与 $Z_{\max}$ 的中间值比较接近，所以符合模具的要求。

1）落料凹模的公称尺寸。尺寸 136.6_{-1}^{0}mm 对应凹模尺寸为 $(136.6 - 0.5 \times 1)_{0}^{+0.04}\text{mm}$ $= 136.1_{0}^{+0.04}\text{mm}$，尺寸 $34_{-0.62}^{0}\text{mm}$ 对应凹模尺寸为 $(34 - 0.5 \times 0.62)_{0}^{+0.03}\text{mm} = 33.69_{0}^{+0.03}\text{mm}$，尺寸 $15_{-0.43}^{0}\text{mm}$ 对应凹模尺寸为 $(15 - 0.5 \times 0.43)_{0}^{+0.02}\text{mm} = 14.79_{0}^{+0.02}\text{mm}$。

2）冲孔凸模的公称尺寸。尺寸 $(\phi9 \pm 0.2)\text{mm}$ 对应凸模尺寸为 $\phi(8.8 + 0.75 \times 0.4)_{-0.02}^{0}\text{mm} = \phi9.1_{-0.02}^{0}\text{mm}$。

3）凸凹模的公称尺寸。由于模具采用配合加工的制造方法，所以对于凸凹模零件上的落料凸模刃口公称尺寸、冲孔凹模的刃口公称尺寸分别与落料凹模、冲孔凸模的公称尺寸相同，同时必须要在凸凹模零件图样的技术要求上注明"落料凸模刃口尺寸和冲孔凹模的刃口尺寸分别与落料凹模、冲孔凸模配 0.22mm 的双面间隙"。

5. 模具结构设计

（1）主要零件设计 安装板复合模具采用倒装的结构形式，所以凹模安装在模具的上模部分，凹模的推件采用在凹模刃口内侧设置推件板，通过打杆实现向下推件。凹模的结构形式及主要的尺寸如图 1-51 所示。

凹模材料采用 Cr12MoV，淬火加高温回火后硬度为 58~62HRC，其余表面粗糙度 Ra 值为 6.3μm。凸模、凸凹模的结构尺寸如图 1-52、图 1-53 所示，其技术要求与凹模基本相同。凸凹模零件图样的技术要求中必须注明"标注 * 的刃口尺寸分别与落料凹模、冲孔凸模配双面间隙 0.22mm"。工作零件刃口尺寸的计算与安装板复合模具的方法相同。

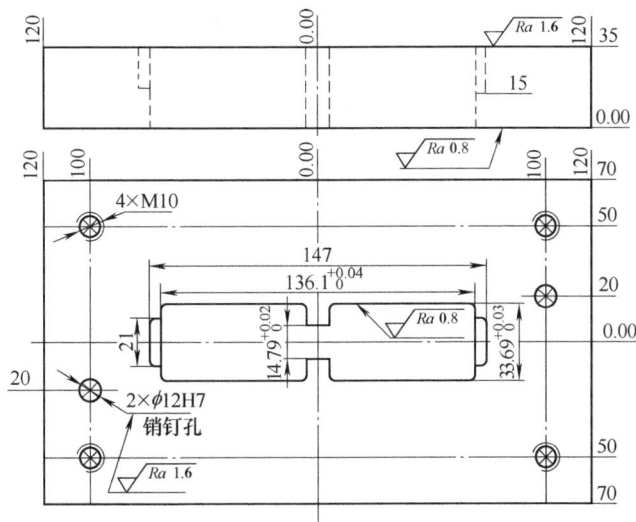

图 1-51　凹模零件

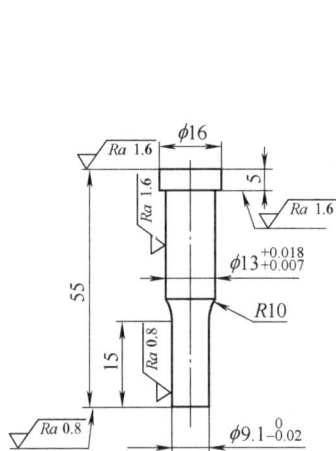

图 1-52　凸模零件

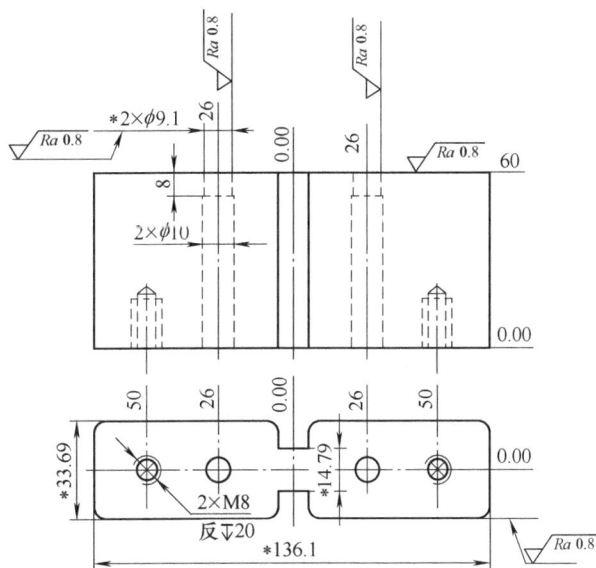

图 1-53　凸凹模零件

（2）模具总体结构设计　安装板复合模具的总体结构设计如图 1-54 所示。模具的主要结构特点是采用倒装式落料、冲孔复合式结构；采用两中间导柱非标准模架，滑动配合式导柱、导套；采用弹性卸料与打杆推件的卸料装置；活动挡料销导料、定距；在模具的下模底面设置废料盒收集冲孔的废料。模具闭合高度为 260mm。

（3）其他零件结构设计

1）上、下固定板。在图 1-54 所示安装板复合模具总装图中，件 4 是上固定板，其主要功能是固定上模部分的两个凸模（冲头）9。上固定板通过销钉与上模板 1 进行定位，以此来保证凸模相对于模架与下模刃口的位置定位。上固定板的零件结构设计如图 1-55 所示，材料采用 45 钢,没有特别的强度与耐磨性要求,则零件不需要进行热处理,由于零件使用时主要是面贴合,故上固定板零件的上、下两面要求平整,表面粗糙度 Ra 值要求为 1.6μm,其余表面粗糙度 Ra 值要求为 6.3μm。

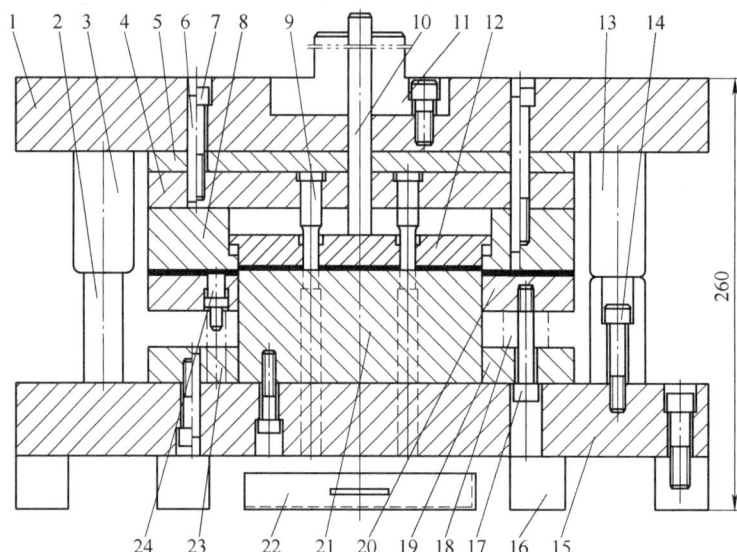

图 1-54 安装板复合模具总装图

1—上模板 2—导柱 3—导套 4—上固定板 5—上垫板 6—圆柱销

7、14—内六角圆柱头螺钉 8—凹模 9—凸模(冲头) 10—打杆 11—模柄 12—推件块

13—限位柱 15—下模板 16—垫铁 17—卸料螺钉 18—矩形弹簧

19—下固定板 20—卸料板 21—凸凹模 22—废料盒 23—弹簧 24—活动挡料销

总装图中件 19 是下固定板,其主要功能是固定下模的凸凹模 21。凸凹模零件结构比较小,且内孔与外形都是刃口面,故不能直接在凸凹模零件上设计销钉孔等定位结构,所以采用下固定板与凸凹模零件过渡配合(采用 0.01mm 的过盈配合量),然后通过销钉与下模板定位,以此来固定凸凹模的位置。由于下固定板上需要设计安放卸料弹簧的孔,以及弹性挡料销的孔等结构,所以下固定板上的通孔形结构较多。为提高下固定板在模具使用以及零件加工中的综合力学性能,下固定板需进行调质热处理。下固定板零件的结构设计如图 1-56 所示。

下固定板技术要求:材料为 45 钢,板厚 20mm,调质处理,硬度为 23 ~

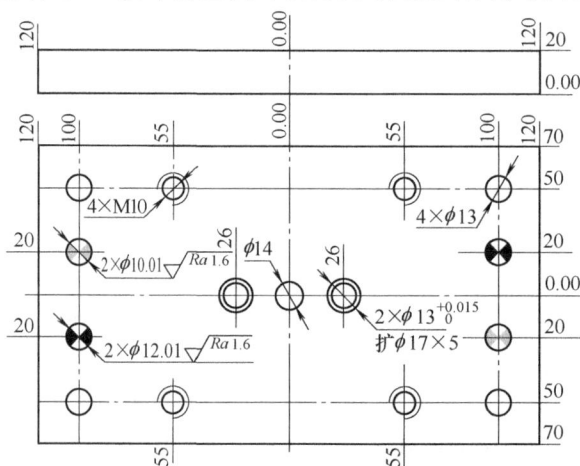

图 1-55 上固定板

28HRC,内孔型腔通过线切割与凸凹模外形尺寸过渡配合(过盈量为 0.01mm),上、下两平面要求表面粗糙度 Ra 值为 1.6μm,其余表面要求表面粗糙度 Ra 值为 6.3μm。

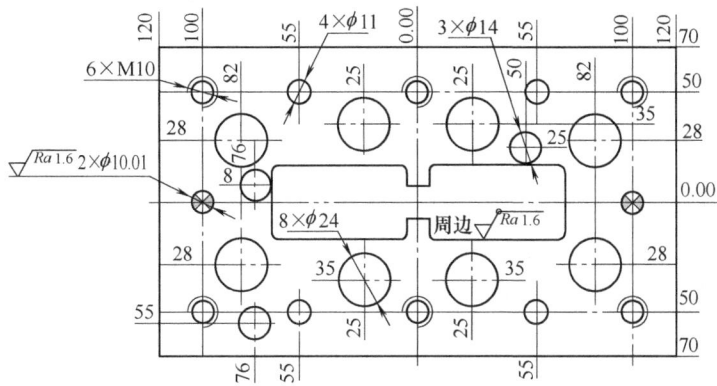

图 1-56　下固定板

2）卸料板。总装图中卸料板 20 的主要功能是对包裹在凸凹模外形的材料进行卸料，依靠在卸料板与下固定板之间设置的矩形弹簧 18 提供卸料力。活动挡料销与卸料板上的孔为小间隙配合。卸料板的另一个功能是在材料开始冲裁前，与上模的凹模 8 先将材料片夹紧，然后再进行冲裁，这一功能是通过模具装配进行调节的。模具装配时，使矩形弹簧所受的预紧力小一些，从而使得装配时卸料板的上表面高出凸凹模的上表面，以实现冲裁前夹紧料片的作用。由于卸料板在模具工作时要承受卸料力，以及较大的磨损，所以卸料板零件要进行热处理，以提高硬度与耐磨性。卸料板的尺寸结构设计如图 1-57 所示。

卸料板技术要求：材料为 45 钢，板厚为 20mm，热处理要求淬火 43～48HRC，内孔型腔通过线切割与凸凹模外形尺寸间隙配合（配合间隙为 0.20mm），上、下两平面表面粗糙度 Ra 值为 1.6μm，其余表面的表面粗糙度 Ra 值为 6.3μm。

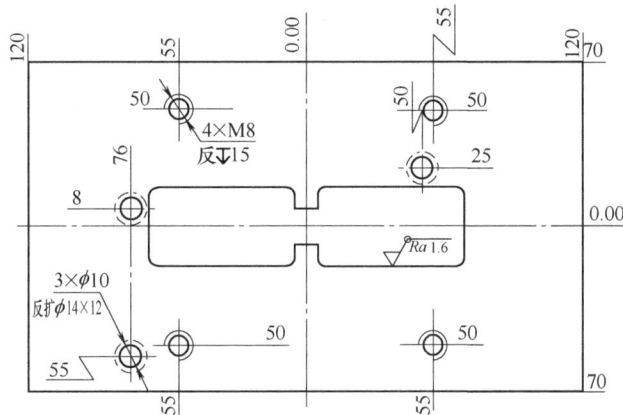

图 1-57　卸料板

3）推件块。总装图中推件块 12 的主要功能是对包裹在凸模 9 上的冲裁件进行卸料，同时通过打杆 10 传递力，将冲裁过程中进入凹模刃口的冲裁件推出凹模型腔刃口，由于凹模型腔内部空间有限，无法设置具有足够推力的矩形弹簧等弹性元件，故借助机床的打料横

梁，通过打杆传递力。为限制推件块的位移距离，在推件块两侧设计台阶式的结构，起到了

卸料螺钉的功能（主要是由于凹模型腔内部空间有限，无法设置至少两个卸料螺钉），推件块零件的结构设计如图 1-58 所示。

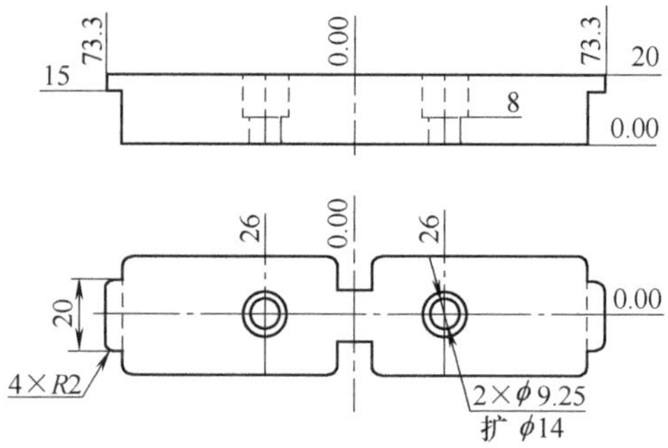

图 1-58　推件块

推件块技术要求：材料为 45 钢，热处理要求淬火 43～48HRC，外形尺寸通过线切割与凹模型腔尺寸间隙配合（配合间隙为 0.15mm），表面粗糙度 Ra 值全部为 1.6μm。

4）上垫板。总装图中上垫板 5 的主要功能是支撑凸模的冲裁反作用力，所以上垫板零件需要较高的硬度，同时上垫板的上、下两面分别与其他零件贴合，要求两表面平整。根据上垫板的主要功能，上垫板零件上孔的精度要求不高，都是螺钉与销钉的过孔，没有精度要求。上垫板零件结构设计如图 1-59 所示。

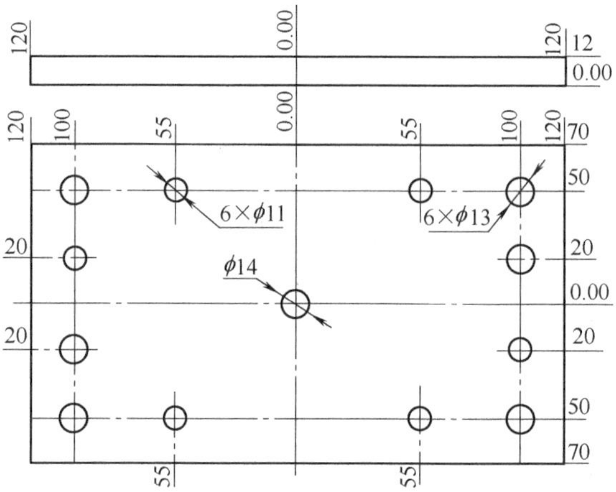

上垫板技术要求：材料为 45 钢，热处理要求淬火 43～48HRC，上、下两平面表面粗糙度 Ra 值为 1.6μm，其余表面的表面粗糙度 Ra 值为 6.3μm。

图 1-59　上垫板

5）上、下模板。上、下模板零件是构成模具模架的主要零件，安装板复合模具采用的是非标准模架，上、下模板均采用 45 钢板，上、下模板零件不需要进行热处理，其零件结构设计分别如图 1-60、图 1-61 所示。

上、下模板技术要求：材料为 45 钢，板厚为 40mm，上、下两平面表面粗糙度 Ra 值为 1.6μm，其余表面的表面粗糙度 Ra 值为 6.3μm。

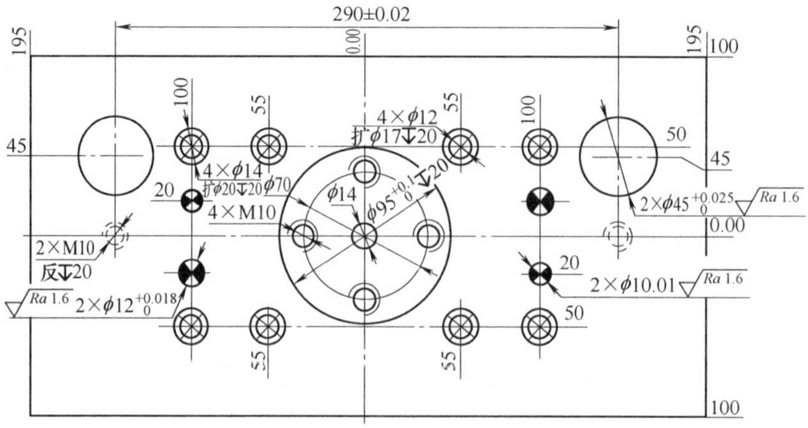

图 1-60　上模板

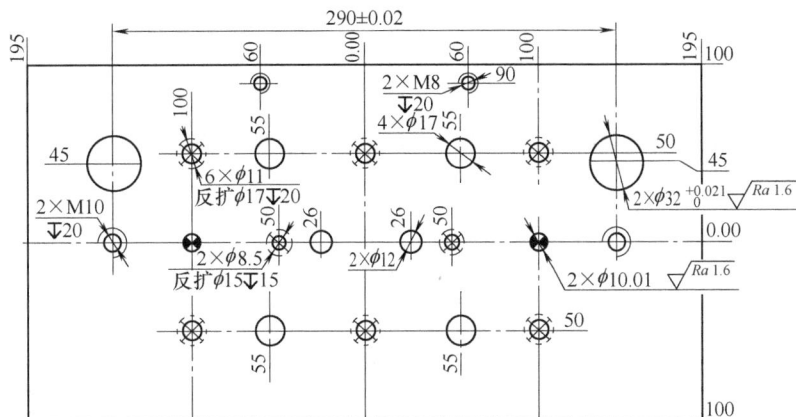

图 1-61 下模板

6. 复合模具设计要点

1）从生产操作和安全性考虑，应首选倒装复合模（凸凹模在下模），以便废料从漏料孔和工作台下方排出。冲件材料较薄、平整度要求较高或凸凹模强度较低时，应采用顺装复合模（凸凹模在上模），但工件和废料汇集在模具工作面上，操作安全程度较差，生产率不高。

2）凸凹模是复合模中重要的工作零件，其最小壁厚受到限制，应选择强度与韧性较好的材料，以免开裂损坏。

3）采用薄凹模与中垫板组合的方式便于加工；凹模局部易损部位采用镶件，便于更换。

4）上模推件采用顶（推）板时，顶（推）板形状应合理，尽量减小对凸模垫板支承部位的影响。顶（推）板上下活动空间应留有安全量，防止闭模时完全接合，损坏模具。

5）顶（推）件块应凸出凹模端面 0.2～0.5mm，以满足顶（推）件要求。顶（推）件块上下运动要平稳、灵活，防止损伤凹模直壁刃口和凸模。

6）复合模精度较高，应选用 I 级导柱模架或滚动导柱模架。为减少压力机精度不高对模具的影响，冲裁间隙较小的复合模应采用浮动模柄并选用行程较小的压力机，保证冲压过程中导柱、导套不脱离。

三、单工序模具

1. 工艺分析与模具设计

在复合模具冲裁成形工艺与模具结构设计学习的基础上，对单工序模具的结构就很容易理解了。图 1-62 所示为侧托架零件的落料件工序图，根据零件的要求进行单工序的落料模具设计。

侧托架零件的材料为 SCP1，材料厚度 $t = 1.0$mm；零件外形结构比较复杂。根据零件的结构特点，其条料排样直接采用简单的单件直排形式，并选择合适的搭边值即可。由于落料件是产品零件，且零件的外形尺寸比较大，不能采用下漏件的形式，所以需要采用上出件的结构形式。

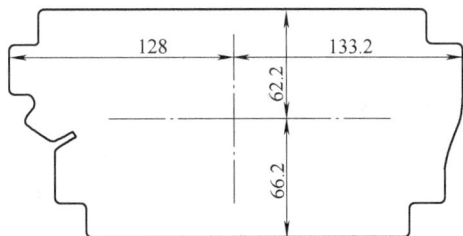

图 1-62 侧托架零件的落料件工序图

侧托架零件落料模具的结构如图 1-63 所示。

侧托架零件落料模采用弹性卸料的形式，且采用两中间导柱非标准模架，滑动配合导柱、导套的形式。由于侧托架落料件的外形比较复杂，局部有较为细小的结构，可以将凹模局部易损坏的部位设计为镶套的结构形式，以利于易损件的更换，可有效地保护模具，降低成本。

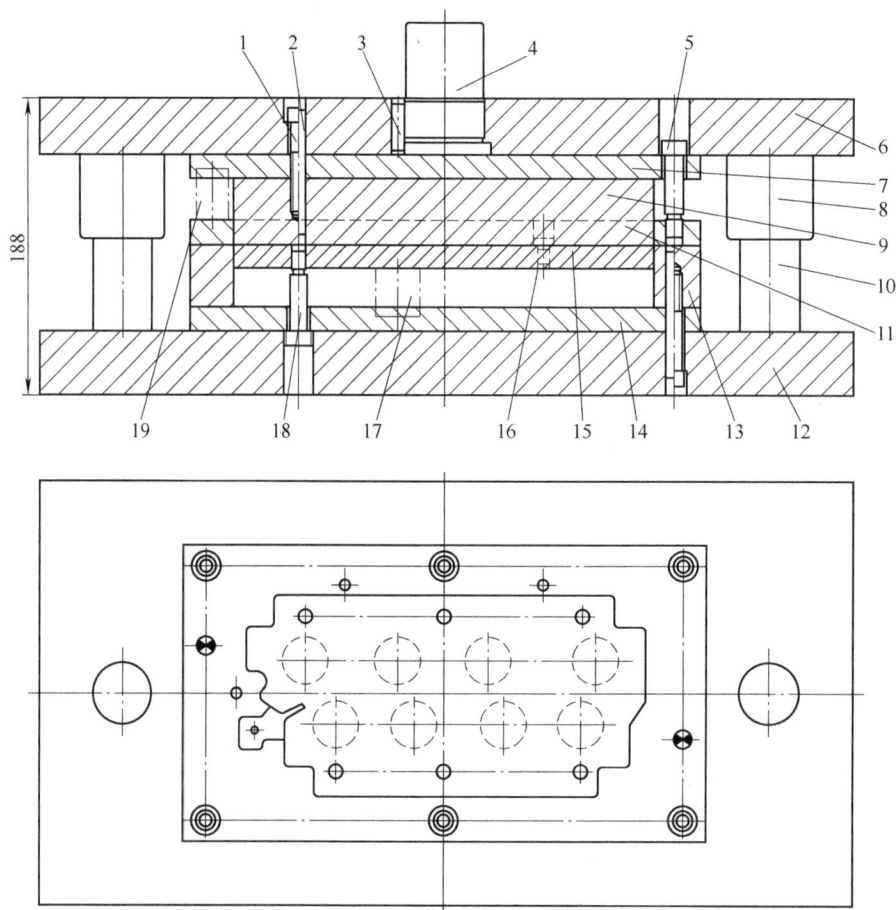

图 1-63　侧托架零件落料模具结构

1—内六角圆柱头螺钉　2、3—圆柱销　4—模柄　5、18—卸料螺钉　6—上模板　7—上垫板

8—导套　9—凸模　10—导柱　11—卸料板　12—下模板　13—凹模　14—下垫板

15—推件板　16—固定挡料销　17、19—矩形弹簧

2. 单工序模具设计要点

冲裁属于材料分离工序，一般包括落料、冲孔、切槽（口）、修边等工序。每一种工序都可以采用对应的单工序模具来完成。单工序模具的结构差异较大，其设计要点如下：

1）尽量采用漏料孔或排出槽使工件或废料通过工作台孔落下。当受工作台孔尺寸限制时，则沿工作台面方向推出。只有当材料较薄、工件平整度要求较高时，才考虑在下模部分设计弹顶装置，将落料件弹顶到模具工作面上。

2）卸料力较大和材料较厚时，宜采用固定卸料板；材料厚度较小和卸料力不大时，采用弹性卸料板。特殊需要时可采用带导向的弹压卸料板。

3）小凸模应采用护套结构和设计带导向的弹压卸料板结构；易损凸模应采用快换结构；大型或复杂的凸模、凹模应采用镶拼结构，其易损部位还可以采用镶嵌结构。

4）条料送进时，尽量采用导料板、托料板作为导向和支承。单个毛坯送进时，定位应方便可靠，模具应有足够的送料和取件的安全空间。用条料作冲压材料时，还应合理地确定样排方式，提高材料利用率。

5）为便于模具安装和使用，刃口形状复杂、凸模数量较多的模具应尽量采用导柱模架。采用导板作为凸模的导向时，压力机的行程应有所限制，在冲压过程中凸模不能脱离导板。

四、单工序两工位模具

单工序模具是相对较为简单的模具结构类型，每副模具只完成一个简单的工序，在实际生产中也可以把两个简单的单工序模具组合在一副模具上进行生产，这样可以节约设备成本。如图 1-64 所示底板零件，图 1-64a 所示为底板零件冲孔与切边工序的工序图，零件的尺寸公差较大，精度要求较低；图 1-64b 所示为底板零件的三维模型图。

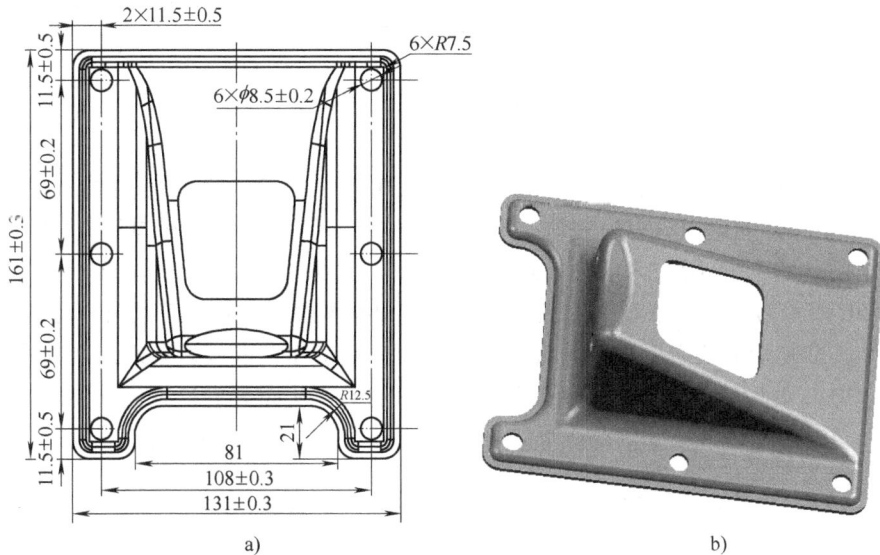

图 1-64　底板零件图
a）工序图　b）三维模型图

底板零件单工序两工位的冲孔与切边模具结构总图如图 1-65 所示。

对于图 1-65 中的件 13（切边卸料板）、件 21（冲孔凹模固定板）及件 5（冲孔卸料板），在对其进行结构设计时需要注意避让底板已经成形的部位，本工序的工艺生产不能与前面已成形的工序结构相干涉。切边时，直接利用底板上的冲孔，使用固定定位销（件 14）进行零件的切边定位。切边的废料由废料切刀（件 18）切开拿出。底板的冲孔工序与切边工序是相互独立的单工序结构，设计为一副两工位的模具时，需要考虑两工序同时生产时的共同要求，模具相关的刃口及冲裁力等的计算与前面所讲述的复合模具相同。

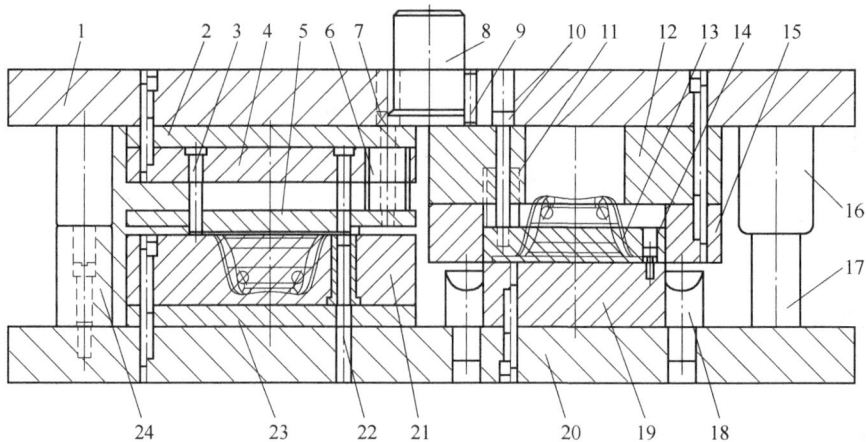

图 1-65　底板冲孔与切边单工序两工位模具结构图

1—上模板　2—冲孔凸模垫板　3—冲孔凸模　4—凸模固定板　5—冲孔卸料板　6、11—矩形弹簧
7、10—卸料螺钉　8—模柄　9—圆柱销　12—切边凹模垫板　13—切边卸料板　14—定位销
15—凹模　16—导套　17—导柱　18—废料切刀　19—切边凸模
20—下模板　21—冲孔凹模固定板　22—冲孔凹模镶套　23—冲孔凹模垫板　24—限位柱

拓 展 项 目

加油口罩侧冲孔成形工艺与模具设计

1. 工艺分析

在大多数冲裁件的模具结构中，凸、凹模的冲裁方向基本都是竖直的（垂直于水平面），但当某些零件的侧面具有一些结构形式时，这种竖直式的冲裁模具结构往往不能完成该工序的生产。图 1-66 所示为加油口罩零件图，图 1-66a 所示为零件侧面冲孔的结构尺寸图，图 1-66b 所示为加油口罩零件的三维模型图。根据零件的成形工序排布，零件侧面的孔只能在零件成形复杂形状之后进行冲裁，如果侧面冲裁工序在零件复杂成形之前进行，则该侧面的孔结构尺寸肯定会在零件复杂成形的过程中变形，从而无法达到设计要求。

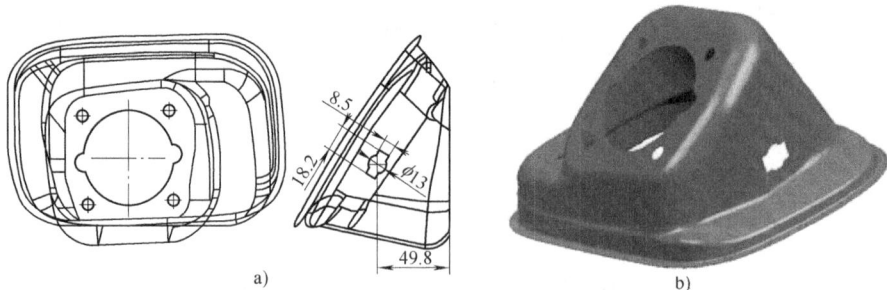

图 1-66　加油口罩零件图

a) 结构图　b) 三维模型图

2. 模具结构设计

根据图 1-66 所示的加油口罩零件的结构特征，以及该工序中冲孔尺寸精度要求，可以选择零件的内侧面形状进行定位。由于零件侧面冲孔部位具有圆弧形的特征，且冲孔数量少

（就冲一个孔），所以不方便设置卸料板，可以直接在冲孔凸模（冲头）上设置橡胶弹性体进行卸料。冲孔凸模（冲头）通过固定板安装在可侧向移动的滑块上。冲孔凸模（冲头）的结构尺寸如图 1-67 所示。

冲孔凸模采用国内常用的 Cr12MoV 材料，根据凸模刃口的形状特点，为限制凸模的轴向移动，其固定端采用了两个小台阶的结构形式。加油口罩冲孔模具的总体结构如图 1-68 所示。

由于模具具有侧冲结构特点，为防止侧向力等对模具精度的影响，模具采用四个滚动导柱、导套的模架结构，凹模座 9 和压料板 8 由数控方式进行加工，从而保证零件的准确定位，凸模 14 与凸模固

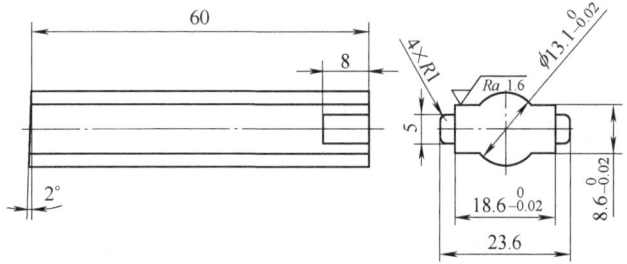

图 1-67　加油口罩冲孔凸模尺寸图

定板 15 配合在一起安装在滑块 21 上。冲裁时，模具的上模部位由机床带动向下运动，当斜楔 22 向下运动接触到滑块 21 时，滑块便在滑块座 17 的导向下向右侧运动，从而带动凸模进行冲裁；冲裁的废料通过凹模座 9 中的扩孔向机床下部漏料排出。为支承斜楔 22 工作时所受滑块的反作用力，在下模设置靠山 20，使斜楔推动滑块工作之前先与靠山接触，这样可以支承斜楔，防止松动，确保滑块机构稳定工作。

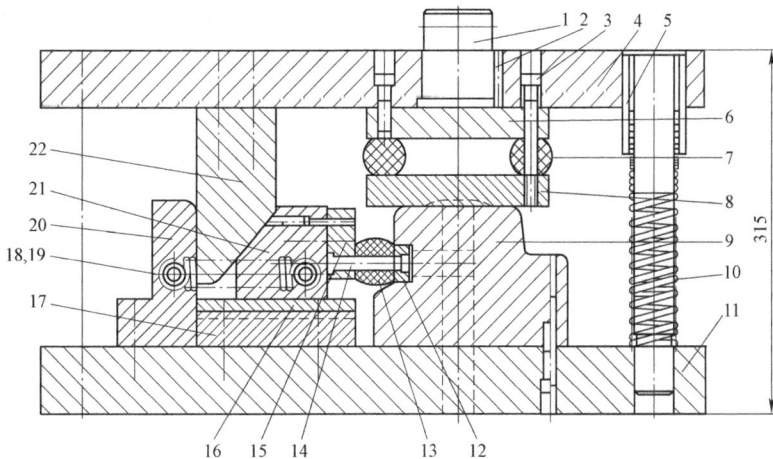

图 1-68　加油口罩冲孔模具结构图

1—模柄　2—圆柱销　3—卸料螺钉　4—上模板　5—导套　6—上垫板　7、13—橡胶弹性体
8—压料板　9—凹模座　10—导柱　11—下模板　12—凹模镶套　14—凸模　15—凸模固定板
16—盖板　17—滑块座　18—螺钉　19—弹簧　20—靠山　21—滑块　22—斜楔

拓　展　练　习

1. 冲裁变形过程分为哪几个阶段？通常如何判定冲裁件的断面质量？
2. 简述冲压工序划分的基本类型、划分工序的意义及基本步骤。
3. 如何确定冲裁模具工作零件的刃口间隙？刃口间隙与冲裁件的断面质量有何关系？
4. 为什么冲裁件需要设置搭边？影响搭边值的因素有哪些？

5. 冲裁件的排样有什么作用？如何处理排样与材料利用率的关系？

6. 冲裁模具中常用的卸料装置有哪些？比较弹性卸料与刚性卸料的异同点。针对具体零件的卸料各有何优缺点？

7. 简述复合模具（冲孔、落料模具）中，倒装复合模和正装复合模的结构异同点，分析两种结构在实际应用中的优缺点。

8. 分析管夹零件（图 1-69）的尺寸及落料工艺。已知管夹零件材料为 SPCD，$t = 1.0\text{mm}$，试确定落料模具的工作零件刃口尺寸、刃口间隙、工件排样及卸料等结构形式，并设计管夹零件的落料模具。

9. 分析法兰零件（图 1-70）的尺寸及冲孔、冲缺口的工艺。法兰零件的材料为 QS 1010 Z0（GMW F104），$t = 10\text{mm}$。试确定冲孔、冲缺口模具工作零件的刃口尺寸、刃口间隙、工件定位方式、卸料等结构形式，并设计法兰的冲孔、冲缺口模具结构。

10. 分析锚定销锁零件（图 1-71）的尺寸及落料、冲孔复合工艺。锚定销锁零件的材料为 SHP1（KSD 3501-83），$t = 4.5\text{mm}$，全部尺寸公差为 ±0.3mm。试确定落料、冲孔模具工作零件的刃口尺寸、刃口间隙、工件排样等结构形式，并设计锚定销锁零件的复合模具结构。

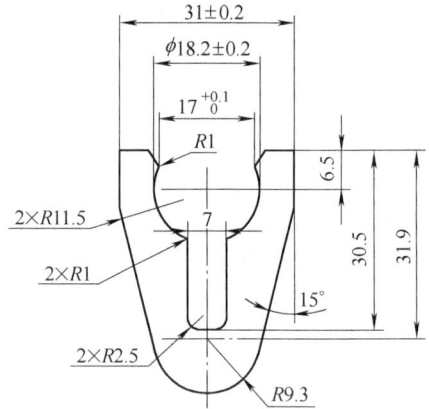

图 1-69　管夹零件

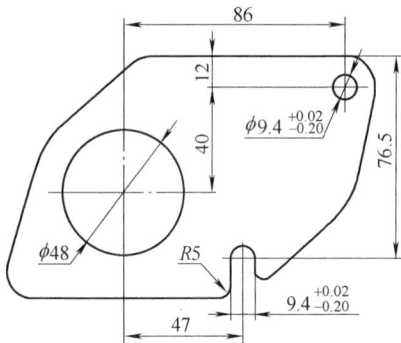

图 1-70　法兰零件

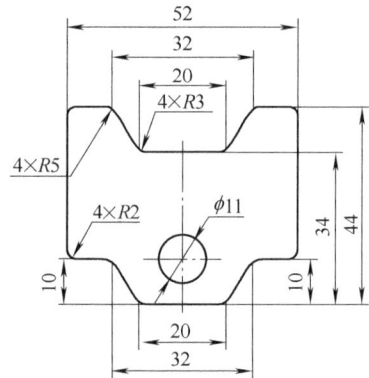

图 1-71　锚定销锁零件

项目二　连接棒弯曲成形工艺与模具设计

项目目标

1）了解弯曲成形工艺的基本工艺特性。
2）能对零件的简单弯曲工艺进行工艺分析。
3）能计算简单弯曲件的展开尺寸、弯曲力等参数。
4）能分析与解决简单弯曲件在弯曲成形工艺时的回弹、偏移等现象。
5）能设计简单弯曲件的弯曲模具结构。

项目分析

1. 项目介绍

连接棒零件是一个较为典型的弯曲件产品，其零件尺寸及结构如图 2-1 所示。连接棒零件材料为 SAE1008-1010 棒材，棒材直径为 $\phi5_{-0.3}^{0}$mm。连接棒零件的结构不是很复杂，具有冲压产品弯曲成形工艺的典型特点，未注线性尺寸公差为 ±0.5mm，未注角度公差为 ±1°。连接棒需要一次弯曲成形出图样所示的结构与尺寸。

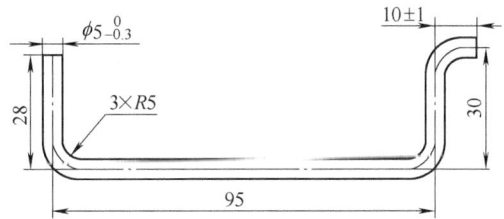

图 2-1　连接棒零件图

2. 项目基本流程

通过连接棒零件冲压弯曲成形工艺分析与模具技术的结合，了解弯曲成形工艺的基本特点，计算连接棒弯曲展开尺寸及弯曲力等参数，考虑零件弯曲过程中的回弹与偏移现象，及其克服的相关措施。以连接棒零件为项目载体，设计较为典型的弯曲模具结构。

理论知识

在冲压生产中，使金属坯料（板料、型材、管材或棒料）产生塑性变形，形成一定角度或一定形状的零件的加工方法，称为弯曲。弯曲所使用的模具称为弯曲模。弯曲是冲压生产中常见的一种工艺及工序，弯曲可以使用模具在普通压力机上进行，也可以在其他的折弯机、弯管机、滚弯机等专业设备上进行。

一、弯曲工艺分析

1. 弯曲变形过程

图 2-2 所示为 V 形件的弯曲变形过程。弯曲开始时，凸模、凹模分别与板料在 A、B 处相接触，凸模在 A 处对板料施加弯曲力，凹模则在 B 处对板料产生反向弯曲力，板料在弯曲力及反向弯曲力构成的弯矩作用下产生弯曲。随着凸模下压，板料在 B 点沿凹模斜面不断下移，弯曲力臂逐渐减少，即 $l_n < l_3 < l_2 < l_1$。同时弯曲圆角半径 r 也逐渐减少，即 $r_n < r_3 < r_2 < r_1$。当凸模继续下压，直至凸模、板料、凹模完全贴合时，弯曲力臂、弯曲圆角半径

达到最小，弯曲过程结束。当凸模、板料、凹模完全贴合后，凸模不再下压，称为自由弯曲；若凸模继续下压，使坯料产生进一步塑性变形，从而对弯曲件进行校正，称为校正弯曲。

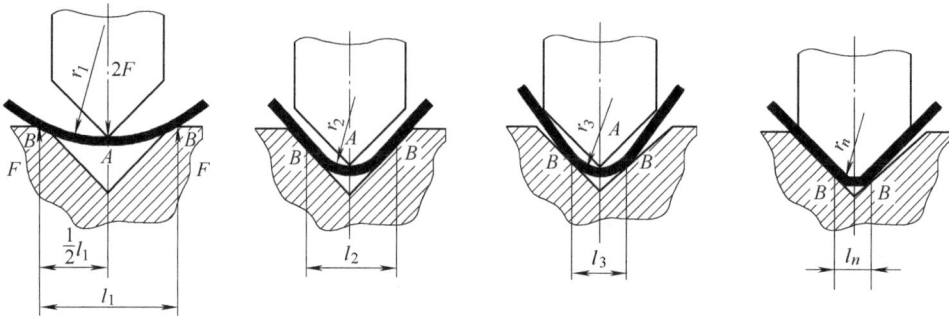

图 2-2　弯曲变形过程

2. 弯曲变形特点

（1）圆角区域变形　弯曲变形属于塑性变形，其塑性变形区域主要发生在弯曲圆角部分。通常采用网格法来了解弯曲塑性变形的特点（图 2-3），通过观察网格形状变化，可见弯曲圆角部分的网格发生了显著变化，原来的正方形网格变成了扇形，靠近圆角部分的直边有少量变形，而其余直边部分的网格仍保持原状没有变形，说明弯曲塑性变形主要发生在弯曲圆角部分。

（2）变形区三个方向都变形

1）长度方向。网格由正方形变成了扇形，靠近凹模的外侧长度伸长，说明外侧受到拉伸，靠近凸模的内侧长度缩短，说明内侧受到压缩。由内、外表面至坯料中心，其缩短和伸长逐渐减少，在缩短和伸长的两个变形区之间，必然有一个层面，其长度在变形前后保持不变，这一层面称为中性层。如图 2-3 中的 O—O 层，弯曲前中性层与中间层重合，弯曲后中性层与中间层发生偏移而不重合。中性层长度是计算弯曲件坯料展开尺寸的依据。

2）厚度方向。内侧长度方向缩短，厚度应增加，但由于凸模紧压坯料，厚度方向变形较困难，

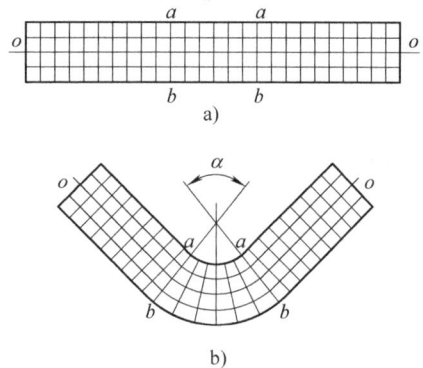

图 2-3　弯曲前后网格变化图
a）弯曲前　b）弯曲后

所以厚度增加较少。坯料外侧长度伸长，从而使厚度变薄。由于内侧厚度增加量少于外侧变薄量，因此材料厚度在弯曲变形区内会变薄，并使坯料的中性层内移。弯曲变形量很少时，中性层基本处于材料厚度中心，变形量越大，中性层内移量也越大。

3）宽度方向。内侧材料受压缩，宽度应增加，外侧材料受拉伸，宽度要减少。这种变形根据坯料宽度不同有两种情况：宽板（宽度与厚度之比 $B/t > 3$）弯曲，材料在宽度方向变形受到相邻金属限制，横断面形状变化很少，仅在两端出现少量变形，基本保持为矩形；窄板（宽度与厚度之比 $B/t \leqslant 3$）弯曲，宽度方向变形不受约束，横断面变成内宽外窄的

扇形。

3. 弯曲工序安排

弯曲工序安排的要求是先弯曲外角，后弯曲内角；前面工序的弯曲工序变形必须有利于后续工序的工件定位；后续工序的弯曲变形，不能影响前面工序已经成形的形状尺寸精度以及结构特征；同时要兼顾考虑前后工序之间的操作方便、安全，能够提高生产率。

弯曲工序的安排与弯曲方式、弯曲模具的结构有着密切的关系。工序安排合理可以简化模具结构，提高模具寿命并保证弯曲件的精度、质量。简单结构及形状的弯曲件（如 V 形、U 形件等），可以一次性弯曲成形；复杂结构形状的弯曲件，一般需要用多副模具分多道工序弯曲变形才能达到弯曲件的尺寸要求，或者采用级进模具的结构形式进行组合成形。

一个复杂的弯曲件一般要经过多次弯曲才能成形达到最终的图样要求，产品工件的工序安排可能有几种不同的方案，需要进行综合分析与比较来确定。应尽量减少工序次数，使模具结构尽量简单，操作方便，寿命提高。由于弯曲工艺具有较为典型的材料回弹、材料偏移的特点，所以一个零件的总体成形工艺中有弯曲及其他成形工艺时，需要注意弯曲工序对其他工序特征的影响，同时也应注意其他成形工序对弯曲工序的影响，确保相互不干涉，优化组合工序的组成以及各工序的前后顺序。

弯曲工序安排的主要原则如下：

1）对于简单形状的弯曲件，例如 V 形、U 形工件等，通常采用一次弯曲成形；弯曲时一般使弯曲件的对称中心与模具的压力中心重合。对于复杂形状的弯曲件，通常采用多道工序弯曲成形。

2）对于批量大、结构比较简单的弯曲件，可以采用级进模具或者复合模具成形。

3）弯曲件的工艺需要进行多道工序弯曲时，一般是先弯外角，后弯内角；后续的弯曲工序不应影响前面的已弯曲成形的结构与尺寸精度，而且弯曲工序中必须要考虑有稳定、可靠的定位基准，以方便多道弯曲工序的安排。

4）当弯曲件的形状不对称时，为避免弯曲时材料的偏移流动，应尽量采用对称弯曲（一般对称件都采用成对弯曲成形），然后再安排剖切工序将两个零件分开。

二、弯曲件的工艺性

通常弯曲件的工艺性可以从弯曲部位的圆角半径以及零件的结构、形状、尺寸等几方面来评价。

1. 弯曲部位的圆角

弯曲半径不宜过大或过小，弯曲半径过大时因受回弹的影响，弯曲件的精度不易保证；弯曲半径过小时会产生破裂。弯曲半径应大于材料的许可最小相对弯曲半径。

改善弯曲件工艺性的关键因素是：最小相对弯曲半径。当弯曲件的圆角半径与板厚之比小于最小相对弯曲半径时，可在弯曲线处先压槽后弯曲（图 2-4）。这样可使弯曲部位的板厚减小，相对弯曲半径增大，以保证弯曲成形。

2. 直边高度

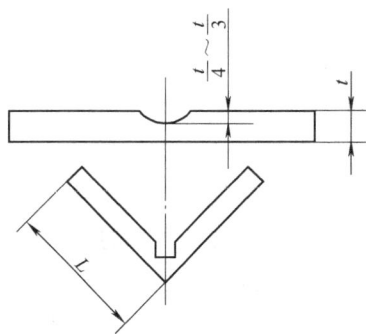

图 2-4 先压槽后弯曲工艺

当弯曲90°角时，弯曲件圆角区以外的直边高度 $h > 2t$ 时，才能保证弯曲件的质量，如图 2-5 所示的上部直边部分；或由计算公式得出，即

$$h \geqslant h_{\min} = r + 2t$$

式中　$h_{\min}$——保证弯曲件质量的最小直边高度；

　　　　r——弯曲半径；

　　　　t——毛坯厚度。

若弯曲件的直边带有斜线，且斜线部分 $h < 2t$，在弯曲成形时难以弯成直边，如图 2-6a 所示。

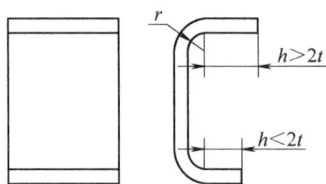

图 2-5　弯曲件直边高度　　　　　　　　　　　图 2-6　带斜线直边弯曲

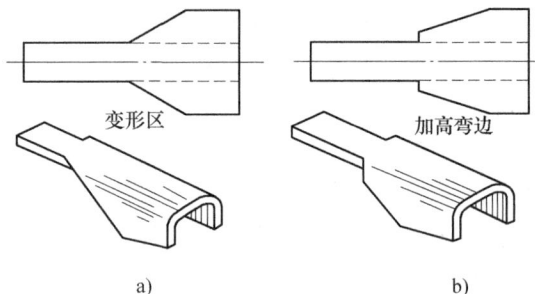

改善弯曲件工艺性的方法是增加直边高度。当弯曲件直边高度较小时，可以将其直边高度增大，保证弯曲质量，在弯曲成形后再将多余的直边高度切掉。当弯曲变形区带有斜线边缘时，虽然增加直边高度后弯曲可以保证弯曲质量，但弯曲后切掉多余部分时，却难以保证弯曲件的质量；此时，需要改变零件设计的尺寸，增加该部分的高度，如图 2-6b 所示。

3. 孔边距离

当弯曲毛坯上有孔时，如果孔的位置与弯曲线距离太小，孔会受到弯曲变形的影响而产生形状变化。当孔边缘与弯曲圆角边缘的距离 L（图 2-7）符合以下条件时，才能保证孔形不发生变化。当 $t < 2\mathrm{mm}$ 时，$L \geqslant t$；当 $t \geqslant 2\mathrm{mm}$ 时，$L \geqslant 2t$。

改善弯曲件工艺性的方法是增加工艺孔和槽。当孔边距离太小时，可以采用先弯曲再冲孔的工艺流程；或采取在弯曲线上加冲工艺孔或切槽的方法。当局部边缘弯曲时，可在弯曲线的端部增加工艺孔或工艺槽。

4. 形状与尺寸的对称性

形状与尺寸都对称的弯曲件具有较好的弯曲工艺性，在弯曲件的孔边距离弯曲成形时不会出现毛坯偏移现象（图 2-8），弯曲件的尺寸精度高。当不对称的弯曲件弯曲时，因受力不均匀，毛坯容易偏移，尺寸不易保证。

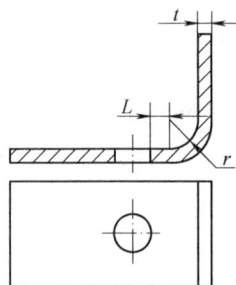

图 2-7　弯曲件的孔边距离

改善弯曲件工艺性的方法是转移弯曲线。当弯曲线上有尺寸突变时，尺寸突变处的尖角会产生应力集中，甚至撕裂，对此可采取转移弯曲线、避开尺寸突变处的方法。如图 2-9 所示，使弯曲线离开尺寸突变处一定的距离 b，可以较好地保证弯曲件的质量。

5. 边缘局部弯曲

　　边缘局部弯曲（即弯曲线不能到达毛坯的边缘）的弯曲件工艺性不好。非弯曲部分既对弯曲变形区的变形有限制作用，使变形不能顺利进行，又受到变形区的影响而产生一定程度的形变。

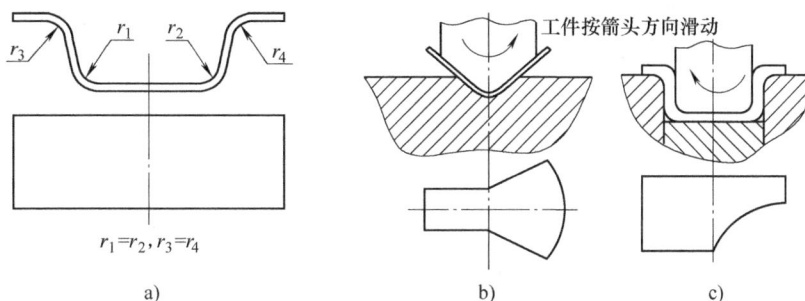

图 2-8　对称性对弯曲件的影响
a）对称弯曲件的弯曲　b）非对称弯曲件单边弯曲　c）非对称弯曲件双边弯曲

　　改善弯曲件工艺性的关键因素是连接带与定位工艺孔。当弯曲变形区附近有缺口时，若就在毛坯上将缺口冲出，则弯曲时会影响此处的形状尺寸，甚至出现叉口现象。为保证弯曲件质量，应保留此处为弯曲变形区的连接带，弯曲成形后，再将多余的部分切除，如图 2-10 所示。

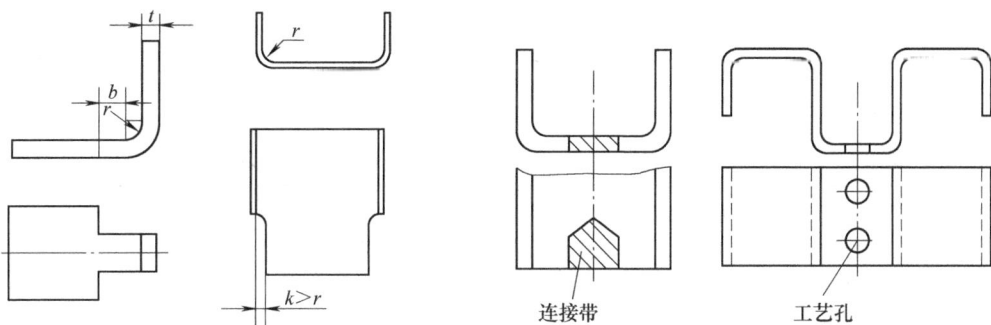

图 2-9　转移弯曲线的方法

图 2-10　连接带与定位工艺孔

三、最小相对弯曲半径

　　在弯曲变形过程中，弯曲件的外层受拉应力，当料厚一定时，弯曲半径越小，拉应力就越大；当弯曲半径小到一定程度时，弯曲件的外层由于受过大的拉应力作用而出现开裂。因此，常用板料的相对弯曲半径 r/t 来表示板料弯曲变形程度的大小。

　　通常将不致使材料弯曲时发生开裂的最小相对弯曲半径的极限值称为该材料的最小相对弯曲半径。各种不同材料的弯曲件都有各自的最小相对弯曲半径。在一般情况下，不宜使制件的圆角半径等于最小相对弯曲半径，应尽量将圆角半径取大一些。只有当产品结构上有要求时，才采用最小相对弯曲半径。

　　由于影响最小相对弯曲半径的因素很多，由理论公式计算出的最小相对弯曲半径与实际情况常有一定的差距，所以最小相对弯曲半径的数值一般采用由试验获得的经验数据。表

2-1 列出了常用金属材料在不同状态下的最小相对弯曲半径的数值。

在一般情况下,不宜采用最小相对弯曲半径。当零件的弯曲半径小于表 2-1 所列的数值时,为了提高极限弯曲变形程度并防止弯裂,常采用的措施有退火、加热弯曲、消除冲裁毛刺、两次弯曲(先加大弯曲半径,退火后再按工件要求以小弯曲半径进行弯曲)、校正弯曲及对较厚的材料先开槽后弯曲。

表 2-1　最小相对弯曲半径 r_{min}

材　　料	退火状态		冷作硬化状态	
	弯曲线的方向			
	垂直纤维	平行纤维	垂直纤维	平行纤维
08 钢、10 钢、Q195、Q215	$0.1t$	$0.4t$	$0.4t$	$0.8t$
15 钢、20 钢、Q235	$0.1t$	$0.5t$	$0.5t$	$1.0t$
25 钢、30 钢	$0.2t$	$0.6t$	$0.6t$	$1.2t$
35 钢、40 钢	$0.3t$	$0.8t$	$0.8t$	$1.5t$
45 钢、50 钢	$0.5t$	$1.0t$	$1.0t$	$1.7t$
55 钢、60 钢	$0.7t$	$1.3t$	$1.3t$	$2.0t$
铝(软)	$1.0t$	$1.5t$	$1.5t$	$2.5t$
铝(硬)	$2.0t$	$3.0t$	$3.0t$	$4.0t$
退火纯铜	$0.1t$	$0.3t$	$1.0t$	$2.0t$
黄铜 H68	0	$0.3t$	$0.4t$	$0.8t$
08F	0	$0.3t$	$0.2t$	$0.5t$

注:1. 当弯曲线与纤维方向成一定角度时,可采用垂直纤维方向和平行纤维方向的中间值。

2. 在冲裁或剪切后对没有退火的毛坯进行弯曲时,应作为硬化的金属选用。

3. 弯曲时应使有毛刺的一边处于弯角的内侧。

4. 表中 t 为板料厚度(单位为 mm)。

四、弯曲件展开尺寸计算

当板材弯曲变形时,切向应变从外层的伸长应变过渡到内层的压缩应变,必有一层的切向变形为零,该层称为应变中性层。应变中性层并不与板厚的几何中心层重合。因此,在计算弯曲件毛坯的长度尺寸时,要遵循应变中性层在弯曲前后长度不变的原则。生产中因模具结构和弯曲方式等多种因素会影响弯曲变形区的应力状态,也会影响应变中性层的位置。

1. 弯曲中性层位置确定

根据中性层的定义,弯曲件的坯料长度应等于中性层的展开长度。中性层位置以曲率半径 ρ 表示,如图 2-11 所示。通常采用下面的经验公式来确定,即

$$\rho = r + xt$$

式中　r——弯曲件的内圆角弯曲半径;

　　　t——材料厚度;

x——中性层位移系数，其值见表2-2。

表2-2 中性层位移系数 x 的值

r/t	0.1	0.2	0.3	0.4	0.5	0.6	0.7	0.8	1	1.2
x	0.21	0.22	0.23	0.24	0.25	0.26	0.28	0.3	0.32	0.33
r/t	1.3	1.5	2	2.5	3	4	5	6	7	$\geqslant 8$
x	0.34	0.36	0.38	0.39	0.4	0.42	0.44	0.46	0.48	0.50

2. 弯曲件展开尺寸计算

中性层位置确定以后，对于形状比较简单、尺寸精度要求不高的弯曲件，可以直接按照下面介绍的方法计算展开尺寸；对于形状复杂或精度要求较高的弯曲件，在利用下面介绍的方法初步计算出展开长度后，还需要反复试弯并不断修正，才能最后确定毛坯的形状和尺寸。在实际生产中，一般先制造弯曲模，经过试模调试确定尺寸后，再制造落料模。

（1）$r > 0.5t$ 的弯曲件 一般将 $r > 0.5t$ 的弯曲称为有圆角半径的弯曲。由于变薄程度不严重，按中性层展开的原理，坯料总长度应等于弯曲件直线部分和圆弧部分长度之和，如图2-11所示。

$$L_z = l_1 + l_2 + \frac{\pi\alpha}{180°}\rho = l_1 + l_2 + \frac{\pi\alpha}{180°}(r + xt)$$

式中 L_z——坯料展开总长度；

α——弯曲中心角（°）。

（2）$r < 0.5t$ 的弯曲件 由于弯曲时不仅制件的圆角变形区产生严重变薄，而且与其相邻的直边部分也产生变薄，因此应该按变形前后体积不变的条件来确定坯料长度。一般采用表2-3所列的经验公式进行计算。

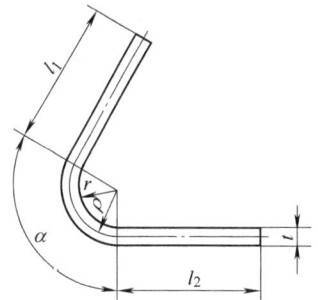

图2-11 $r > 0.5t$ 的弯曲件

表2-3 $r < 0.5t$ 的弯曲件坯料长度计算公式

简 图	计算公式	简 图	计算公式
	$L_z = l_1 + l_2 + 0.4t$		$L_z = l_1 + l_2 + l_3 + 0.6t$ （一次同时弯曲两个角）
	$L_z = l_1 + l_2 - 0.43t$		$L_z = l_1 + 2l_2 + 2l_3 + t$ （一次同时弯曲四个角） $L_z = l_1 + 2l_2 + 2l_3 + 1.2t$ （分两次弯曲四个角）

（3）铰链式弯曲件　铰链式弯曲件如图 2-12 所示，$r = (0.6 \sim 3.5)t$ 的铰链式弯曲件通常采用卷圆的方法成形。在卷圆的过程中板料增厚，中性层外移，其坯料长度的近似计算公式为

$$L_z = l + 1.5\pi(r + x_1 t) + r \approx l + 5.7r + 4.7x_1 t$$

式中　l——直线段长度；

　　　r——铰链内半径；

　　　x_1——中性层位移系数，其值见表 2-4。

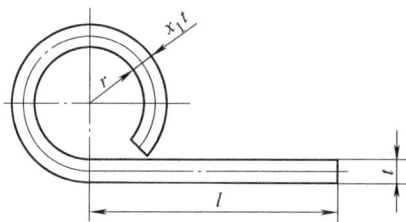

图 2-12　铰链式弯曲件

表 2-4　卷边时中性层位移系数 x_1 的值

r/t	$0.5 \sim 0.6$	$0.6 \sim 0.8$	$0.8 \sim 1$	$1 \sim 1.2$	$1.2 \sim 1.5$
x_1	0.76	0.73	0.7	0.67	0.64
r/t	$1.5 \sim 1.8$	$1.8 \sim 2$	$2 \sim 2.2$	>2.2	
x_1	0.61	0.58	0.54	0.5	

五、弯曲回弹与对策

弯曲件的质量问题主要有回弹、裂纹、翘曲、尺寸偏移、孔偏移等。尤其以回弹问题最为常见。

1. 回弹现象

弯曲成形过程中，毛坯在外载荷的作用下产生的变形由塑性变形和弹性变形两部分组成。当外载荷去除后，毛坯的塑性变形保留下来，而弹性变形会完全消失，使其形状和尺寸都发生与加载时变形方向相反的变化，这种现象称为回弹。由于加载过程中毛坯变形区内外两侧的应力与应变性质都相反，卸载时这两部分回弹变形方向也是相反的，由此引起的弯曲件的形状和尺寸变化也十分明显，成为弯曲成形要解决的主要问题之一。弯曲件的回弹量大小通常用回弹角 $\Delta\alpha$（图 2-13）来表示，即

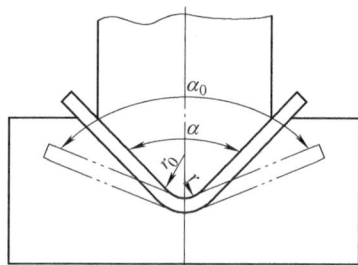

图 2-13　弯曲件的回弹

$$\Delta\alpha = \alpha_0 - \alpha$$

式中　α_0——卸载后弯曲件的实际角度；

　　　α——卸载前弯曲件的实际角度（模具的角度）。

2. 影响回弹的因素

（1）材料的力学性能　材料的屈服强度 σ_s 越高，弹性模量 E 越小，则弯曲后回弹角 $\Delta\alpha$ 越大；加工硬化现象越严重，回弹也越大。

（2）相对弯曲半径 r/t　当相对弯曲半径 r/t 较小时，弯曲毛坯内、外表面上切向变形的总应变值较大。虽然弹性应变的数值也在增加，但弹性应变在总应变中所占比例却在减小，因而回弹角 $\Delta\alpha$ 较小。

（3）弯曲角 α　弯曲角 α 越大，表示变形区长度越大，回弹角度也越大。但弯曲角度的大小对曲率半径的回弹没有影响。

（4）弯曲力　在实际生产中，施加的弯曲力越大，变形区的应力和应变状态都将产生

变化，塑性变形量增大，回弹减小。

（5）弯曲方式和模具结构　用无底凹模进行自由弯曲时，回弹最大；进行校正弯曲时，变形区的应力和应变状态都与自由弯曲差别很大，增加校正力可以减小回弹。相对弯曲半径小的 V 形件进行校正弯曲后，回弹角度有可能成为负值，即 $\Delta\alpha < 0$。

（6）摩擦　毛坯和模具表面之间的摩擦，尤其是一次弯曲多个部位时，对回弹的影响较大。一般认为摩擦可增大变形区的拉应力，使零件的形状更接近于模具形状。但拉弯时摩擦的影响是非常不利的。

（7）间隙　在弯曲 U 形件时，凸、凹模之间的间隙对回弹有较大的影响；间隙越大，回弹角越大。

弯曲件回弹量的大小还受弯曲件形状、板材厚度偏差、板材性能的波动、模具圆角半径等多种因素影响。

3. 回弹值的确定

由于回弹角度受多种因素的影响，为了得到形状与尺寸精度满足设计要求的工件，通常在设计与制造模具时，必须要考虑材料的回弹值。一般先根据经验数值和简单的计算来初步确定模具工作部分的尺寸，然后再在试模时进行修正。

（1）小变形程度（$r/t \geqslant 10$）自由弯曲时的回弹值　当相对弯曲半径 $r/t \geqslant 10$ 时，卸载后弯曲件的角度和圆角半径的变化都较大，如图 2-14 所示。凸模工作部分圆角半径和角度叮用下式计算，然后在生产中进行修正。

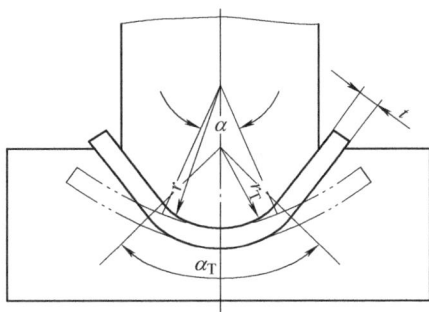

图 2-14　相对弯曲半径较大时的回弹现象

$$r_{\mathrm{T}} = \frac{r}{1 + 3\dfrac{\sigma_{\mathrm{s}} r}{Et}}$$

$$\varphi_{\mathrm{T}} = \varphi - (180° - \varphi)\left(\frac{r}{r_{\mathrm{T}}} - 1\right)$$

式中　r——工件的圆角半径（mm）；

$\qquad r_{\mathrm{T}}$——凸模工作部分圆角半径（mm）；

$\qquad \varphi_{\mathrm{T}}$——弯曲凸模角度（°），$\varphi_{\mathrm{T}} = 180° - \alpha_{\mathrm{T}}$；

$\qquad \varphi$——弯曲件角度（°），$\varphi = 180° - \alpha$；

$\qquad t$——坯料厚度（mm）；

$\qquad E$——弯曲材料的弹性模量（MPa）；

$\qquad \sigma_{\mathrm{s}}$——弯曲材料的屈服强度（MPa）。

需要指出的是，上述公式为近似计算公式。根据生产经验，修磨凸模时，增大弯曲半径比减小弯曲半径容易。因此，对于 r/t 值较大的弯曲件，生产中希望压弯后零件的曲率半径比图样要求略小，以便于在试模后进行修正。

（2）大变形程度（$r/t < 5$）自由弯曲时的回弹值　当相对弯曲半径 $r/t < 5$ 时，弯曲半径的回弹值不大，一般只考虑角度的回弹，表 2-5 所列为自由弯曲 V 形件，当弯曲带中心角

为 90°时，部分材料的平均回弹角。当弯曲件的弯曲带中心角不为 90°时，其回弹角的计算公式为

$$\Delta\alpha = (\alpha/90)\Delta\alpha_{90}$$

式中　α——弯曲件的弯曲带中心角（°）；

　　　$\Delta\alpha_{90}$——弯曲带中心角为 90°时的平均回弹角（°），其值见表 2-5。

表 2-5　单角自由弯曲 90°时的平均回弹角 $\Delta\alpha_{90}$

材　　料	r/t	材料厚度 t/mm		
		< 0.8	0.8 ~ 2	> 2
软钢 $R_m = 350MPa$	< 1	4°	2°	0°
软黄铜 $R_m \le 350MPa$	1 ~ 5	5°	3°	1°
铝、锌	> 5	6°	4°	2°
中硬钢 $R_m = 400 \sim 500MPa$	< 1	5°	2°	0°
硬黄铜 $R_m = 350 \sim 400MPa$	1 ~ 5	6°	3°	1°
硬青铜	> 5	8°	5°	3°
	< 1	7°	4°	2°
硬钢 $R_m > 350MPa$	1 ~ 5	9°	5°	3°
	> 5	12°	7°	5°
	< 2	2°	3°	4.5°
硬铝 2A12	2 ~ 5	4°	6°	8.5°
	> 5	6.5°	10°	14°
	< 2	2.5°	5°	5°
超硬铝 7A40	3 ~ 5	4°	8°	11.5°
	> 5	7°	12°	19°

（3）校正弯曲时的回弹值　校正弯曲时的回弹角可以用实验所得的公式进行计算，其值见表 2-6，公式符号含义如图 2-15 所示。

表 2-6　V 形件校正弯曲时的回弹角 $\Delta\beta$

材　　料	弯曲角 β			
	30°	60°	90°	120°
08 钢、10 钢、Q195	$\Delta\beta = 0.75\dfrac{r}{t} - 0.39$	$\Delta\beta = 0.58\dfrac{r}{t} - 0.80$	$\Delta\beta = 0.43\dfrac{r}{t} - 0.61$	$\Delta\beta = 0.36\dfrac{r}{t} - 1.26$
15 钢、20 钢、Q215、Q235	$\Delta\beta = 0.69\dfrac{r}{t} - 0.23$	$\Delta\beta = 0.64\dfrac{r}{t} - 0.65$	$\Delta\beta = 0.43\dfrac{r}{t} - 0.36$	$\Delta\beta = 0.37\dfrac{r}{t} - 0.58$
25 钢、30 钢	$\Delta\beta = 1.59\dfrac{r}{t} - 1.03$	$\Delta\beta = 0.95\dfrac{r}{t} - 0.94$	$\Delta\beta = 0.78\dfrac{r}{t} - 0.79$	$\Delta\beta = 0.46\dfrac{r}{t} - 1.36$
35 钢	$\Delta\beta = 1.51\dfrac{r}{t} - 1.48$	$\Delta\beta = 0.84\dfrac{r}{t} - 0.76$	$\Delta\beta = 0.79\dfrac{r}{t} - 1.62$	$\Delta\beta = 0.51\dfrac{r}{t} - 1.71$

注：$\Delta\beta$ 的单位为 rad。

4. 减小回弹的对策

由于在弯曲工艺中弯曲件回弹所产生的误差，很难得到合格的零件尺寸。同时由于材料的力学性能和厚度的波动，要完全消除弯曲件的回弹几乎是不可能的，但可以采取一些措施

来减小或补偿回弹所产生的误差。控制弯曲件回弹的措施如下：

（1）选择力学性能较好的材料　材料的力学性能对弯曲件的回弹有很大影响，所以在进行产品设计时，应选择屈服强度 σ_s 较小、弹性模量 E 较大、硬化指数 n 较小的材料，以减小弯曲件的回弹角 $\Delta\alpha$。

（2）设计合理的弯曲件结构　由于弯曲件的相对弯曲半径 r/t 及弯曲截面惯性矩 I 对弯曲件的回弹都有较大影响，在设计弯曲件结构时，相对弯曲半径在大于最小相对弯曲半径的前提下应尽量小。同时，在不

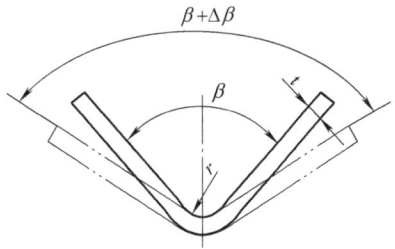

图 2-15　V 形件校正弯曲的回弹

影响弯曲件使用性能的前提下，可以在弯曲区压制加强筋，以增加弯曲件的截面惯性矩，也能够较好地抑制回弹。

（3）改变变形区的应力状态　弯曲变形区的切向应力是引起回弹的根本原因，改变切向应力的分布，使弯曲断面上拉、压应力的差减小，可以抑制回弹；适当改变模具结构可以实现这一目的。

1）校正法。把弯曲凸模的角部做成局部凸起的形状，在弯曲变形终了时，凸模力将集中作用在弯曲变形区，迫使内层金属受挤压，产生切向伸长变形，在卸载后回弹将适当减小。一般认为，当弯曲变形区金属的校正压缩量为板厚的 2% ～5% 时就可以得到较好的效果。

2）纵向加压法。在弯曲过程结束时，用凸模上的凸肩沿弯曲毛坯的纵向加压，使变形区内外层金属切向均受压缩（图 2-16），减小了与内层毛坯切向应力的差，可以减小回弹。

3）拉弯法。在板材进行弯曲的同时，在长度方向施加拉力，可以改变弯曲变形区的应力状态，使内层切向压应力转变为拉应力，从而使回弹减小。这种方法主要用于大曲率半径的弯曲零件（如飞机蒙皮、大客车车身覆盖件等）。有时为了提高弯曲件精度，在弯曲后再加大拉力进行"补

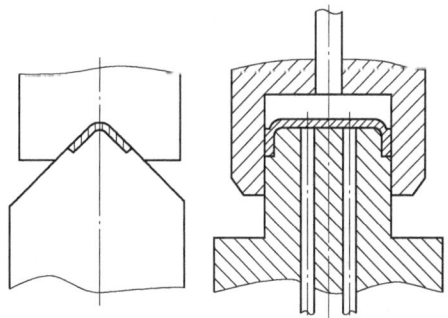

图 2-16　采用纵向加压法的模具结构

拉"，也可以减小回弹。对于一般小型的单角或双角弯曲件，可减小模具间隙，使弯曲处的材料变薄挤压拉深，也可以取得明显的拉弯效果。

（4）利用回弹自身特点　弯曲件的回弹是不可避免的，但可以根据回弹趋势和回弹值的大小，预先对模具工作部分进行相应的形状和尺寸修正，使出模后的弯曲件获得要求的形状和尺寸。这种方法简便易行，在生产实际中得到了广泛应用，可通俗地称为"矫枉过正"。

1）补偿法。单角弯曲时，根据估算的回弹值或由回弹图表中查出的回弹值，在模具上采取相应的对策使弯曲件出模后的回弹得到补偿。例如，将凸模的圆角半径和顶角预先做小些，再经调试修磨，使弯曲件回弹后恰好等于所要求的角度，如图 2-17a、b 所示。

进行 U 形弯曲时，采用较小的间隙甚至负间隙，可以减小回弹。有压板时，将回弹值做在下模上（图 2-17c），并使上下模间隙为最小板厚；在凸模两侧做出回弹角（图 2-17d）；

对于回弹较大的材料，将凸模和顶板做成圆弧曲面，当弯曲件从模具中取出后，曲面部分伸直补偿了回弹（图 2-17e）。

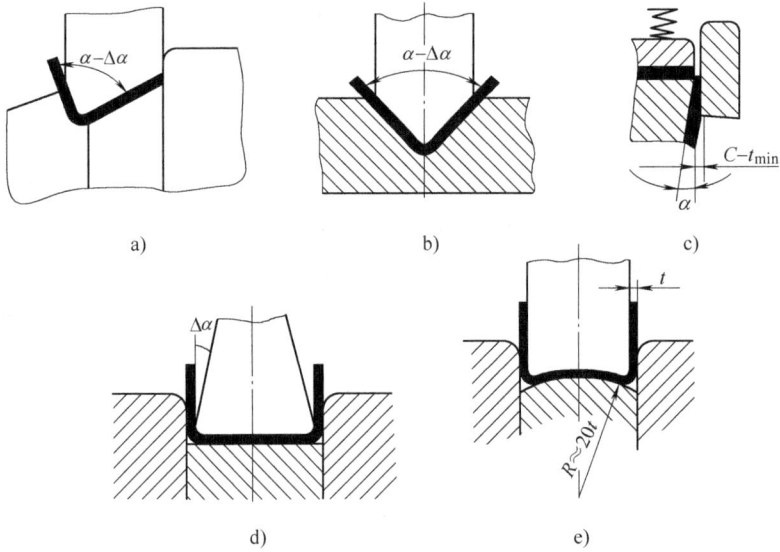

图 2-17　克服回弹的模具结构

2）软模法。用橡胶或聚氨酯等软材质的凹模代替金属凹模，用调节凸模压入软凹模深度的方法控制弯曲回弹，使卸载后弯曲件回弹减小，以此获得较高精度的零件。

此外，也可利用弯曲工艺对回弹进行控制。如在允许的情况下采用加热弯曲，用校正弯曲代替自由弯曲，在操作时进行多次镦压等。

六、弯曲时的偏移

1. 偏移现象的产生

板料在弯曲过程中沿凹模圆角滑移时，会受到凹模圆角处摩擦阻力的作用，当坯料各边所受到的摩擦阻力不等时，有可能使坯料在弯曲过程中沿零件的长度方向产生移动，使零件两直边的高度不符合零件技术要求，这种现象称为偏移。产生偏移的原因很多。图 2-18a、b 所示为由零件坯料形状不对称造成的偏移，图 2-18c 所示为由零件结构不对称造成的偏移，图 2-18d、e 所示为由弯曲模结构不合理造成的偏移。此外，凸、凹模圆角不对称以及间隙不对称等，也会导致弯曲时产生偏移现象。

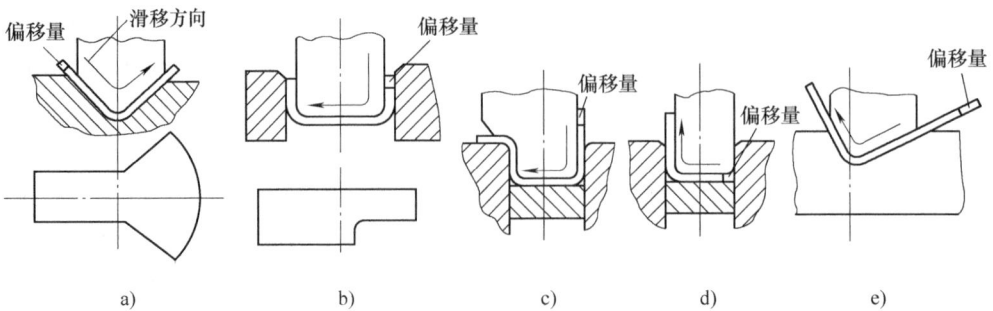

图 2-18　弯曲时的偏移现象

2. 消除偏移的措施

1）利用压料装置，使坯料在压紧状态下逐渐弯曲成形，从而防止坯料的滑动，并且能够得到较为平整的零件，如图 2-19a、b 所示。

2）利用坯料上的孔或先冲出来的工艺孔，采用定位销插入孔内再弯曲，从而使得坯料无法移动，如图 2-19c 所示。

3）将不对称的弯曲件组合成对称弯曲件后再弯曲，然后再切开，使坯料弯曲时受力均匀，不易产生偏移，如图 2-19d 所示。

4）模具制造准确，间隙调整对称。

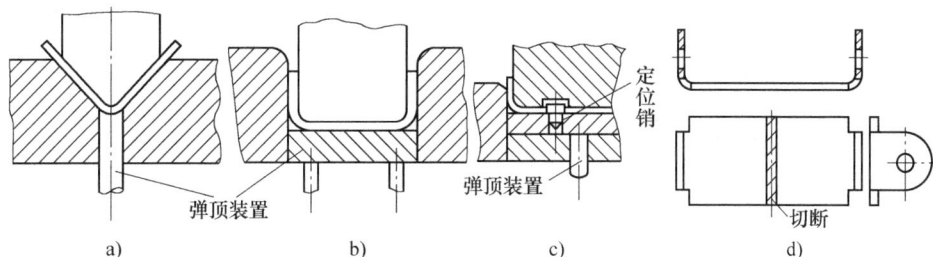

图 2-19　克服偏移的措施

七、弯曲力的计算

1. 自由弯曲的弯曲力

V 形件弯曲力的计算公式为

$$F_z = \frac{0.6KBt^2 R_m}{r + t}$$

U 形件弯曲力的计算公式为

$$F_z = \frac{0.7KBt^2 R_m}{r + t}$$

式中　F_z——材料在冲压行程结束时的自由弯曲力；

　　　B——弯曲件的宽度；

　　　t——弯曲材料的厚度；

　　　r——弯曲件的内弯曲半径；

　　　R_m——材料的抗拉强度；

　　　K——安全系数，一般取 $K = 1.3$。

2. 校正弯曲力

校正弯曲力的计算公式为

$$F_j = Ap$$

式中　F_j——校正弯曲力；

　　　A——校正部分投影面积；

　　　p——单位面积校正力，其值见表 2-7。

3. 顶件力或压料力

当弯曲模设有顶件装置或压料装置时，其顶件力 F_d 或压料力 F_y 可近似取为自由弯曲力

的 30% ~ 80%，即

$$F_{\text{d}} = (0.3 \sim 0.8)F_{\text{z}}$$

$$F_{\text{y}} = (0.3 \sim 0.8)F_{\text{z}}$$

表 2-7　单位面积校正力 p　　　　　　　　　　　（单位：MPa）

材　料	料厚 t/mm		材　料	料厚 t/mm	
	≤3	3 ~ 10		≤3	3 ~ 10
铝	30 ~ 40	50 ~ 60	10 钢、20 钢	80 ~ 100	100 ~ 120
黄铜	60 ~ 80	80 ~ 100	25 钢、35 钢	100 ~ 120	120 ~ 150

4. 压力机吨位的选取

对于有压料的自由弯曲，有

$$F \geqslant F_{\text{y}} + F_{\text{z}}$$

对于校正弯曲，由于校正弯曲力比压料力或顶件力大得多，故 F_{y} 可以忽略不计，即

$$F \geqslant F_{\text{j}}$$

八、常见弯曲模的结构

弯曲模的结构与一般冲裁模具的结构相似，分为上模、下模两部分，一般由凸模、凹模、定位件、卸料件、导向件及紧固件等组成。弯曲模的结构应根据弯曲件的形状、精度要求及弯曲工序来确定。下面介绍弯曲模的典型结构及特点。

1. V 形件弯曲模

V 形件形状简单，可一次弯曲成形。V 形件的弯曲方法有两种：一种是以工件弯曲角的角平分线方向对称弯曲，称为 V 形弯曲；另一种是垂直于工件一条边的方向弯曲，称为 L 形弯曲。

（1）一般 V 形件弯曲模　一般 V 形件弯曲模的基本结构如图 2-20 所示。该模具的优点是结构简单，在压力机上安装及调试方便，对材料厚度的公差要求不高，且工件在弯曲冲程终了时能得到校正，因而回弹较小，工件的平面度较好。图 2-20 中顶杆 1 既起弯曲后顶出工件作用，又起压料作用（防止材料偏移）。

（2）L 形件弯曲模　L 形件弯曲模常用于两直边长度相差较大的单角弯曲件，其基本结构如图 2-21a 所示。弯曲件的长直边被夹紧在凸模 2 和压料板 4 之间，另一边沿凹模 1 圆角滑动并竖直向上弯曲。由于采用了定位销钉定位和压料装置，压弯过程中工件不易偏移。但因竖边部分无法得到校正，所以工件回弹较大。图 2-21b 所示是有校正作用的 L 形件弯曲模。由于凹模和压料板的工作面有一定的倾斜角，凸模下压时竖边能得到一定程度的校正，所以弯曲后工件回弹较小。倾斜角一般取 1° ~ 5°。

2. U 形件弯曲模

（1）一般 U 形件弯曲模　图 2-22 所示为一般 U 形件弯曲模。弯曲时，工件沿凹模圆角滑动进入凸、凹模间隙；凸模回升时，顶料装置将工件顶出。由于材料的回弹，工件一般不会包在凸模上。

（2）夹角小于 90° 的 U 形件弯曲模　图 2-23 所示为夹角小于 90° 的 U 形件弯曲模，它的下模部分设有一对回转凹模 4。弯曲前，回转凹模在弹簧 3 的拉力作用下处于初始位置，工

件用定位板 2 定位。弯曲时，凸模先将其弯成 U 形，然后继续下降，迫使工件底部压向回转凹模 4，使两边的回转凹模向内侧旋转，将工件弯曲成形。弯曲完成后，凸模上升，弹簧使回转凹模复位。

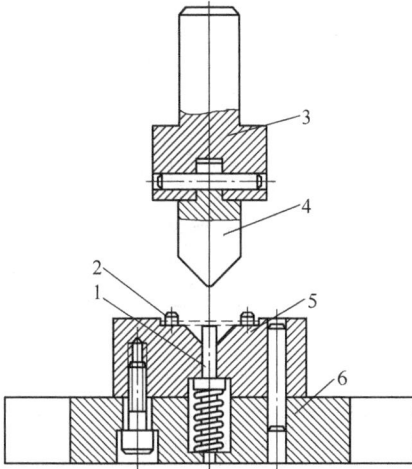

图 2-20　一般 V 形件弯曲模
1—顶杆　2—挡料销　3—模柄
4—凸模　5—凹模　6—下模板

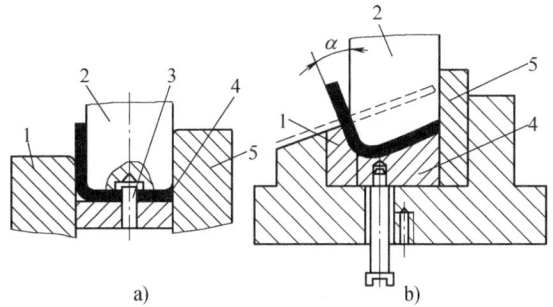

图 2-21　L 形件弯曲模
1—凹模　2—凸模　3—定位销钉
4—压料板　5—凹模挡块

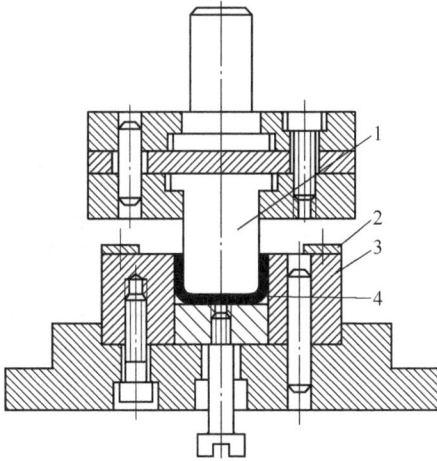

图 2-22　一般 U 形件弯曲模
1—凸模　2—定位板　3—凹模　4—工件

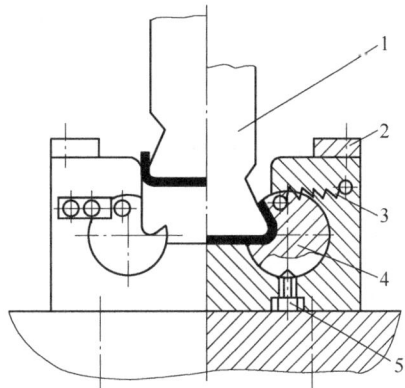

图 2-23　夹角小于 90°的 U 形件弯曲模
1—凸模　2—定位板　3—弹簧
4—回转凹模　5—限位螺钉

（3）带斜楔的 U 形件弯曲模　图 2-24 所示为带斜楔的 U 形件弯曲模。工件首先在凸模 6 的作用下压成 U 形，随着上模座 4 继续下行，弹簧 3 被压缩，装于上模座 4 上的两斜楔 2 压向滚柱 1，使活动凹模块 5、7 分别向中间移动，将 U 形件两侧边向内压弯成形。当上模回程时，弹簧 8 使活动凹模复位，零件从凸模侧向取出。

3．Z 形件弯曲模

图 2-25 所示为一种 Z 形件弯曲模。由于 Z 形件两直边弯曲方向相反，所以弯曲模必须要有两个方向的弯曲动作。弯曲前，由于橡胶 3 作用使凹模 6 与凸模 7 的端面平齐。弯曲

时，凸模 7 与顶料板 1 将工件夹紧，由于托板 2 上橡胶的弹力大于作用在顶料板 1 上弹顶装置的弹力，迫使顶料板 1 向下运动，完成左端弯曲。当顶料板 1 接触下模座后，上模继续下降，迫使橡胶 3 压缩，凹模 6 和顶料板 1 完成右端的弯曲。当压柱 4 与上模座 5 相碰时，整个零件完成弯曲。

4. 圆形件弯曲模

对于圆筒直径小于或等于 15mm 的小圆形件，一般先将工件弯成 U 形，然后再弯成圆形，其模具结构如图 2-26 所示。对于圆筒直径大于或等于 20mm 的大圆形件，一般先将工件弯成波浪形，然后再弯成圆形，其模具结构如图 2-27 所示。弯曲完后，零件套在凸模上，可顺凸模轴向取出零件。

5. 弯曲模设计要点

1）根据弯曲件的形状、尺寸、精度要求及生产批量，确定是否可以一次成形或需要多次成形，选用单工序弯曲模或复合模、级进模弯曲成形，进而确定合理的模具结构形式。

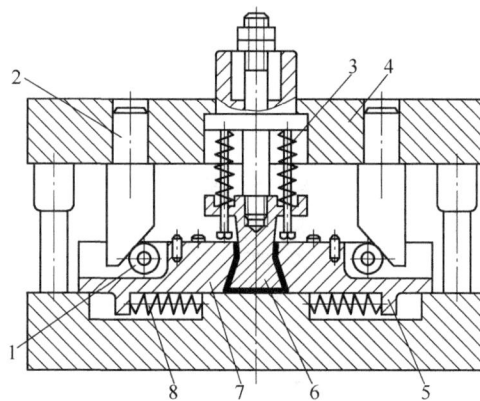

图 2-24　带斜楔的 U 形件弯曲模
1—滚柱　2—斜楔　3、8—弹簧　4—上模座
5、7—活动凹模块　6—凸模

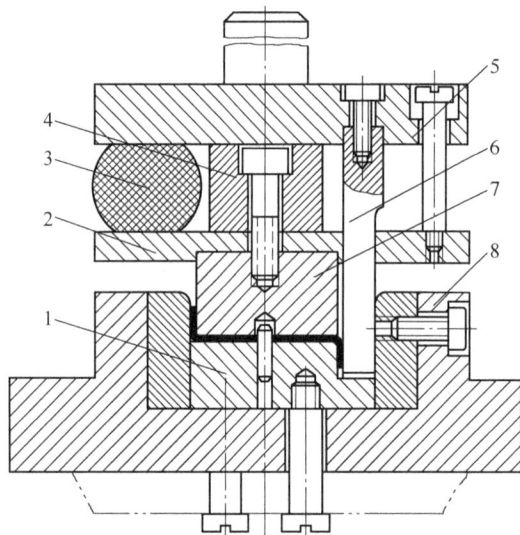

图 2-25　Z 形件弯曲模
1—顶料板　2—托板　3—橡胶　4—压柱
5—上模座　6—凹模　7—凸模　8—下模座

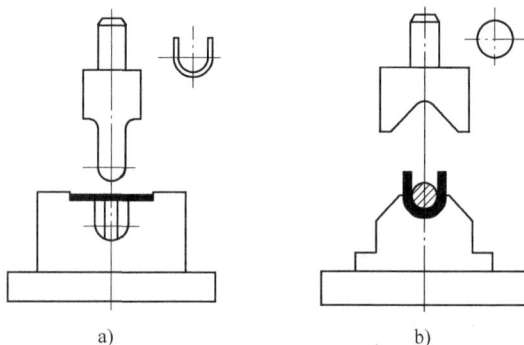

图 2-26　小圆形件弯曲模
a）弯成 U 形件　b）弯成圆筒形

2）对于尺寸精度要求较高的弯曲件，为了减小回弹，应选择校正弯曲。

3）弯曲方向对模具结构的影响十分明显，尽量采用垂直方向成形，必要时才采用侧向成形、反向成形或多角度、多方向成形。

4）尽量利用弯曲件上的特征孔（或工艺孔）进行定位。在多次弯曲时，尽量使定位基准一致。当无法用孔定位时，要采用弹压装置（如顶件板）压紧弯曲件材料，防止材料在弯曲变形过程中产生偏移。

5）凸、凹模的圆角半径和间隙对弯曲变形影响较大。选用值太小时，易产生变薄、开裂及影响弯曲件表面质量。

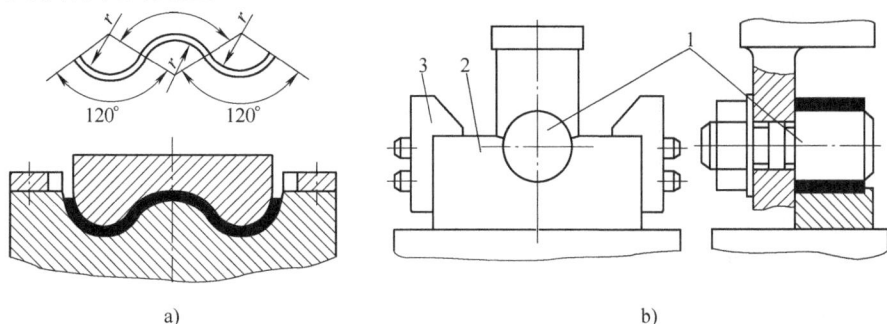

图 2-27　大圆形件弯曲模
a）弯成波浪形　b）弯成圆筒形
1—凸模　2—下凹模　3—定位块

6）对精度要求不高、批量小的工件进行弯曲时，可以不必采用导向模架。复杂形状的弯曲件采用级进模成形时，应采用导向模架。对于校正弯曲，当校正力较大时，应提高模座的强度和刚度。

7）弯曲成形后，工件的取出应方便、安全；弯曲件粘附在凸模上时，应设置良好的弹性卸料装置。

项 目 实 施

一、成形工艺分析

连接棒弯曲件如图 2-1 所示。其零件材料为 SAE1008-1010 棒材，棒材直径为 $\phi 5_{-0.3}^{0}$ mm，该种型号的材料性能相当于我国的 08 钢或 10 钢，零件尺寸精度要求不高，未注线性尺寸公差为 ±0.5mm，未注角度公差为 ±1°。

根据零件的结构特点，连接棒零件的冲压工艺分为下料（切断）、弯曲两道基本工序。其中弯曲属于较为典型的 U 形弯曲，由于零件为圆柱形棒材，所以弯曲工艺可以同时进行多个零件的弯曲成形，综合考虑零件的生产批量、设备使用情况等因素，决定一次弯曲多个零件。这样既可提高效率，又可降低模具的成本。

零件的尺寸公差较大，精度要求不高，基本尺寸为 $\phi 5$mm 的实心棒材，并根据实际生产经验，可以不考虑零件弯曲时的回弹及偏移现象。同时，由于弯曲件厚度尺寸较大，所需弯曲力则较大，所以工件弯曲时需要将其压紧固定，然后再进行弯曲成形。

二、模具设计

根据成形工艺的分析，连接棒弯曲模具设计相关的基本参数计算如下。

1. 零件展开尺寸计算

$$L_z = \sum L_{zh} + \sum L_w$$

$$\sum L_{zh} = (20.5 + 80 + 15 + 2.5)\,\text{mm} = 118\,\text{mm}$$

$$\sum L_w = 3 \times \frac{\pi \alpha}{180°}(r + xt) = 3 \times \frac{\pi \times 90°}{180°} \times (5 + 0.32 \times 5)\,\text{mm} \approx 31\,\text{mm}$$

由于 $r/t = 1$，所以上式中取 $x = 0.32$，并将 $r = 5\text{mm}$，$t = 5\text{mm}$ 代入公式。零件展开总长度尺寸 $L_z = (118 + 31)\text{mm} = 149\text{mm}$。

2. 单个零件弯曲力计算

连接棒弯曲力按照自由弯曲力进行计算，即

$$F_z = \frac{0.7 K B t^2 R_m}{r + t}$$

$$F_z = \frac{0.7 \times 1.3 \times 5 \times 5^2 \times 450}{5 + 5}\text{N} = 5118.75\text{N}$$

顶件力或压料力的计算为

$$F_d = (0.3 \sim 0.8) F_z = (0.3 \sim 0.8) \times 5118.75\text{N} = (1535.6 \sim 4095)\text{N}$$

连接棒弯曲模具是 10 个零件同时进行加工的，所以总弯曲力为 51187.5N，根据弯曲力初选设备为 JB23—60，之后还需要根据模具与设备的尺寸等进行校核。

3. 模具主要零件的结构设计

（1）凸模零件结构设计　由于弯曲模具的结构中，弯曲成形的凸模、凹模受力较大，所以凸模采用整体式结构。弯曲成形时，模具的主要工作零件不承受瞬时的冲击力，而是比较平稳、缓慢地受力，所以凸模通过螺钉、销钉直接固定在上模板上。连接棒零件弯曲时不需考虑回弹等现象，所以凸模的尺寸设计直接以零件弯曲的内侧基本尺寸为依据。凸模采用 Cr12MoV 材料，淬火后硬度为 58 ~ 62HRC。弯曲成形面的表面粗糙度 Ra 值为 0.8μm，其余为 6.3μm。凸模的结构及尺寸设计如图 2-28 所示。

（2）凹模结构设计　由于弯曲件连接棒的直径较大（厚度尺寸较大），同时连接棒零件属于不对称弯曲，所以弯曲时会产生较大的侧向力，根据零件弯曲的结构特点，凹模结构设计为镶块的形式，由四个镶块在一个凹模框内合围成形。模具一次弯曲 10 个连接棒零件，弯曲时，连接棒零件由凹模的入口（尺寸 $R5$）进入凹模并向下弯曲。凹模零件的材料及技术要求与凸模相同，一个凹模镶块零件的结构尺寸如图 2-29 所示。

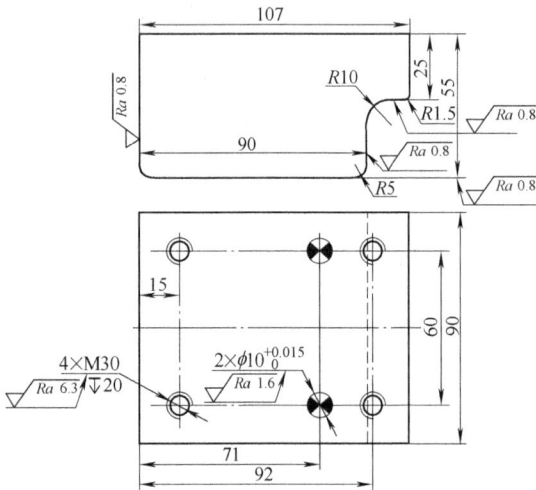

图 2-28　凸模零件

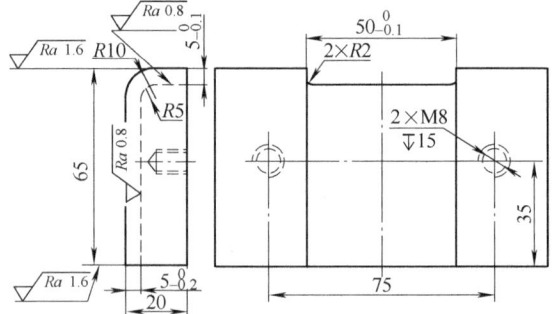

图 2-29　凹模镶块零件

（3）凹模框结构设计　凹模框零件的主要功能是支撑各个凹模镶块所受的弯曲力。连接棒弯曲模的凹模采用镶拼式的结构形式，在连接棒零件弯曲成形时，各个镶拼的凹模镶块分别会受到向外的推力（弯曲力产生的分力），为支撑凹模镶块抵挡较大的弯曲成形推力，设计采用中空的、四周为整体式的凹模框结构（图2-30）。为了提高凹模框零件的综合力学性能，需采用调质热处理以增强韧性和强度。

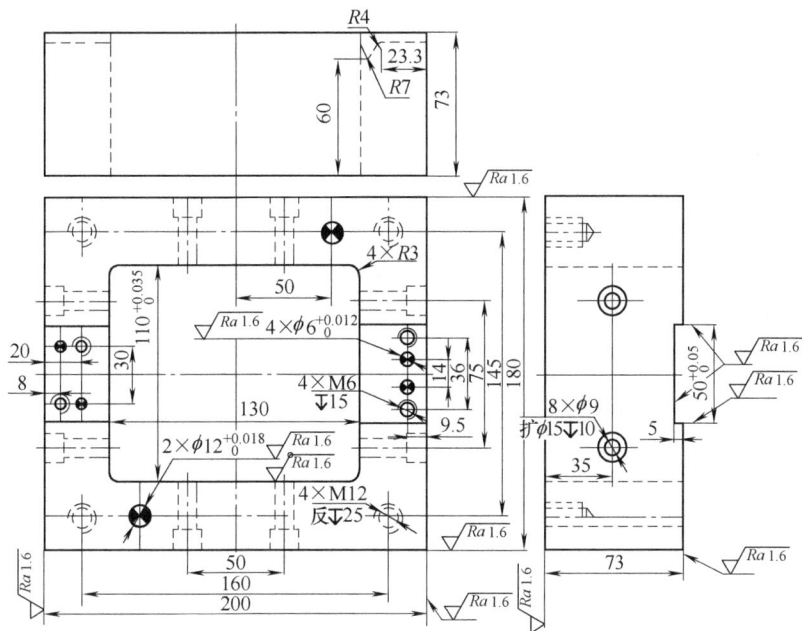

图 2-30　凹模框零件

凹模框零件的技术要求：材料为 45 钢，热处理要求调质 28 ~ 32HRC，其余表面粗糙度 Ra 值为 6.3μm。

4. 模具总体结构设计

连接棒零件弯曲模具的总体结构如图2-31所示。

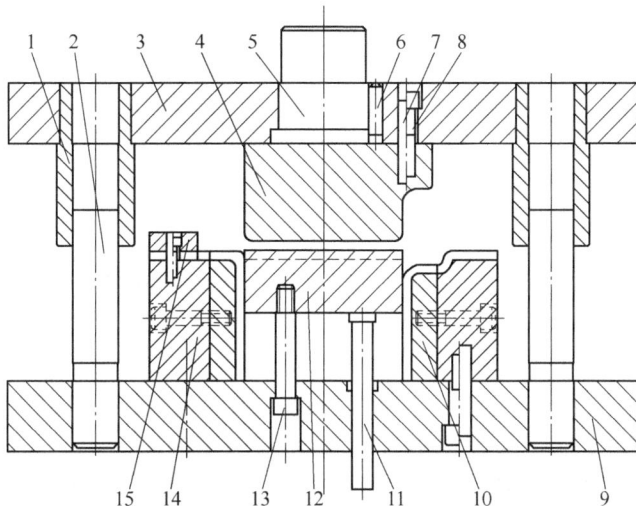

图 2-31　连接棒零件弯曲模具

1—导套　2—导柱　3—上模板　4—凸模　5—模柄　6、7—圆柱销　8—内六角圆柱头螺钉　9—下模板
10—凹模镶块　11—顶杆　12—顶块　13—卸料螺钉　14—凹模框　15—定位块

　　模具工作之前，先把 10 个连接棒零件放置在顶块 12 的槽内，槽的宽度尺寸与凹模镶块的槽宽度尺寸相同，为 $50^{0}_{-0.1}$ mm，工件一端与定位块 15 接触进行端面定位。模具工作时，凸模 4 向下运动先与顶块 12 接触，将工件夹紧，之后工件在夹紧的状态下进入凹模进行弯曲成形，由于弯曲侧向力较大，凹模设计为凹模框中设置四个凹模镶块的结构形式。弯曲成形结束后，由顶杆 11 推动顶块 12 将工件推出凹模，由于零件存在一定的回弹，所以工件不会包覆在凸模上，故凸模不需设置卸料结构。为便于生产时操作方便，模具的模架采用后侧两导柱、导套的结构形式。

拓 展 项 目

侧托架板双向弯曲成形与模具设计

1. 工艺分析

　　侧托架板零件如图 2-32 所示，其零件的四边均需进行弯曲（弯边），零件弯曲的特点是四边中两组边分别向相反方向弯曲。零件材料为 SPC1，材料厚度 $t = 1.0$ mm，所有弯曲边的内圆角半径 $r = 1$ mm，弯曲边相对于平面基准的尺寸为 (18 ± 0.5) mm。

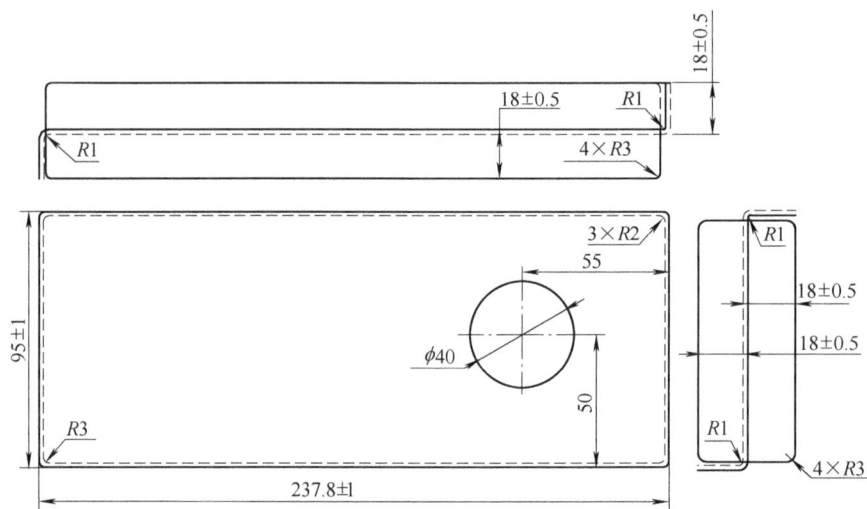

图 2-32　侧托架板零件图

　　侧托架板零件弯曲时采用零件本身的 $\phi 40$ mm 孔及一个边的外形进行弯曲工序的定位。根据零件的尺寸精度及结构特点，如果采用单边单向多次弯曲，则每次弯曲时的受力变形将影响 $\phi 40$ mm 孔的尺寸精度，同时分次、多次弯曲也无法保证各弯曲边的尺寸统一，所以考虑在一副模具上同时进行双向弯曲，这样也可以节约设备的使用，降低单个产品零件的价格，减少模具工序数量，降低生产成本。

　　根据零件的工艺分析，侧托架板零件的工序划分为落料冲孔（复合模）和弯曲两道基本工序。

2. 模具结构设计

　　侧托架板双向弯曲模具的结构如图 2-33 所示。

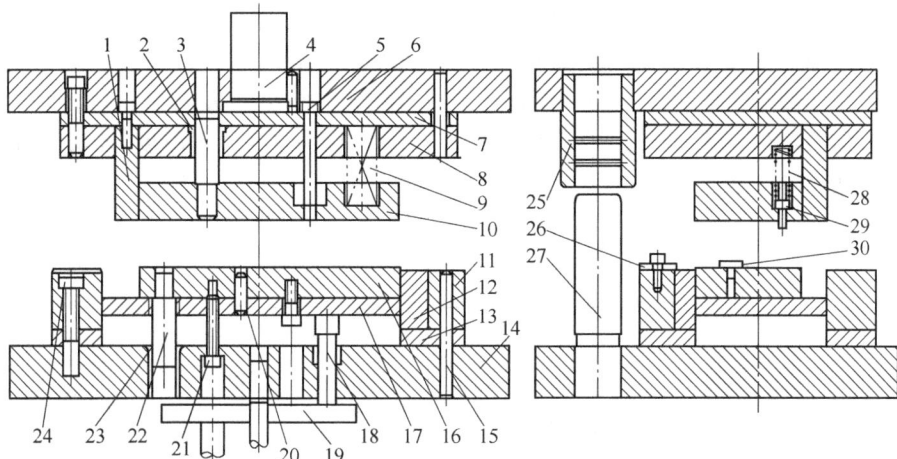

图 2-33 侧托架板双向弯曲模的结构图

1—弯曲凸模 2、23—小导套 3、22—小导柱 4—模柄 5、21—卸料螺钉 6—上模板 7—上垫板
8—上固定板 9—矩形弹簧 10—上弯曲压料板 11—凹模框 12—凹模镶块 13—下垫板 14—下模板
15、20—圆柱销 16—下弯曲压料板 17—支承板 18—顶杆 19—托板 24—内六角圆柱头螺钉
25—导套 26—定位板 27—导柱 28—弹簧 29—压料钉 30—定位钉

  侧托架板双向弯曲模具分别采用上、下弯曲压料板与弯曲凸、凹模配合，完成零件的双向弯曲；上、下弯曲压料板分别采用小导柱、小导套进行精确的导向定位。零件的双向弯曲不是同时进行的，而是有先后顺序的双向弯曲，先后顺序弯曲的动作是根据上、下模部分所提供的大小不同的力进行的。上弯曲压料板采用了数个矩形弹簧提供弹压力，下模则由液压机床的液压缸提供力。由于液压机床所提供的力较大，在模具弯曲成形的开始过程中，下弯曲压料板受机床液压缸的支承作用保持不动，此时，上模的矩形弹簧受力被压缩，弯曲凸模与下弯曲压料板进行零件两个边的向下单向弯曲；当向下弯曲结束后，上弯曲压料板与上固定板贴合（上模没有了运动空间），此时上模向下的推力大于下模液压缸提供的支承力，则下弯曲压料板被推动向下运动，由上弯曲压料板与凹模镶块完成零件两个边的向上单向弯曲。通过上述动作完成零件的双向弯曲成形。

  零件弯曲成形结束后，上模向上退出凹模，由于弯曲成形时，零件被弯曲的边是贴紧凸模和凹模面的，且零件是双向相反方向弯曲

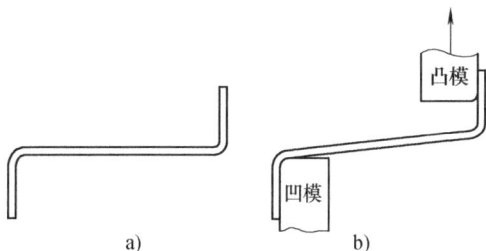

图 2-34 弯曲件开模时的变形示意图

（图 2-34a），所以零件弯曲的边有可能在开模时贴着凸模并跟随移动，其示意图如图 2-34b所示，这样容易将零件拉变形。为避免这种现象，在模具的上模设置了数个压料钉（件 29）和弹簧（件 28），使得开模时压料钉受弹簧力的作用将弯曲件推压在下模上，从而使弯曲件不跟随凸模向上运动。

拓 展 练 习

1. 简述冲压弯曲成形的工艺过程及基本特点。

2. 简述弯曲成形工艺中回弹产生的原因及其影响因素。

3. 简述弯曲成形工艺中回弹的特点及常用的控制回弹的措施。

4. 简述弯曲成形工艺中，弯曲件偏移的原因及相关的解决办法。

5. 分析封板零件（图 2-35）的弯曲成形工艺（封板零件的材料厚度 $t = 0.8\text{mm}$），并进行弯曲模具的结构设计。

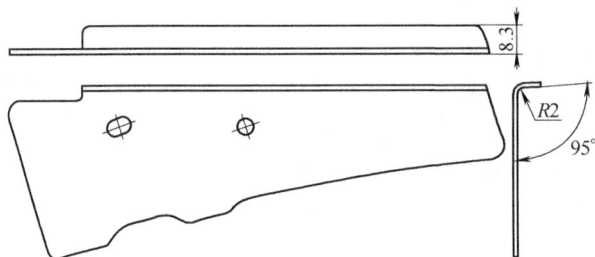

图 2-35　封板零件

6. 分析横梁零件（图 2-36）的弯曲成形工艺，并设计弯曲模具结构。

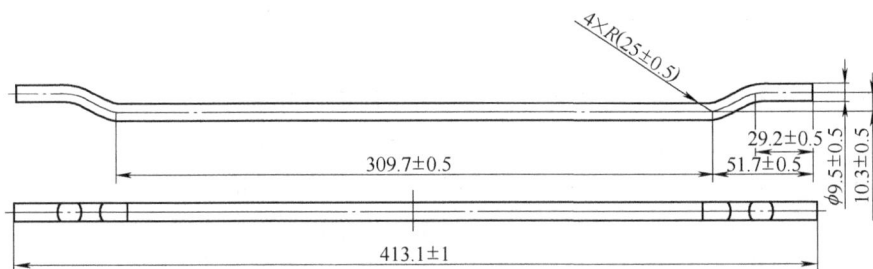

图 2-36　横梁零件

项目三 变流漏斗拉深成形工艺与模具设计

项目目标

1）了解冲压工艺中拉深变形过程及应力、应变状态。
2）了解拉深成形工艺中的主要质量问题及相关解决方法。
3）了解拉深系数及拉深次数与模具结构的关系。
4）能计算简单拉深件毛坯尺寸等参数。
5）能理解简单零件拉深成形工艺及工序划分与模具结构设计。

项目分析

1. 项目介绍

变流漏斗零件外形如图 3-1b 所示，材料为 S/S 439（不锈钢），材料厚度 $t = 2\text{mm}$。图 3-1a 所示为变流漏斗零件的尺寸要求，零件两端均为开口形状，大小端的直径之比接近 1:2（尺寸变化很大）。由于零件为不锈钢材料，所以不能采用管材进行成形，需要采用板材进行拉深成形。

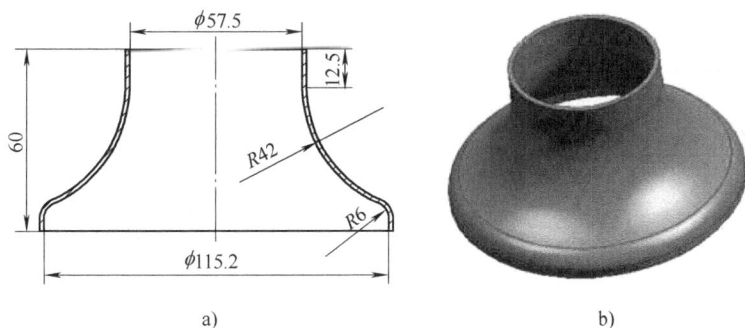

图 3-1 变流漏斗零件

2. 项目基本流程

通过变流漏斗零件拉深工艺分析，了解拉深成形工艺过程中零件的基本变形过程，及其变形过程中的应力、应变状态；了解拉深成形工艺中常见的质量问题及相关的解决方法；能计算简单拉深零件的拉深系数，并确定零件的拉深次数；能计算简单拉深零件的毛坯尺寸；通过变流漏斗零件的工艺分析，能分析简单拉深件的工序划分，并设计简单零件的典型拉深工序的模具结构。

理 论 知 识

拉深是指将一定形状的平板毛坯通过拉深模冲压成各种形状的开口空心件，或以开口空心件为毛坯通过拉深进一步使空心件改变形状和尺寸的一种冲压加工方法，是冲压生产中应用最广泛的工序之一。

拉深工艺可分为两类：一类是以平板为毛坯，在拉深过程中不产生较大程度的变薄，筒壁与筒底厚度较为一致，称为不变薄拉深；另一类是以空心有底开口零件为毛坯，通过减小壁厚成形零件，称为变薄拉深。

用拉深工艺制造的零件很多，通常将其归纳为三大类：①旋转体零件，如搪瓷杯、搪瓷盒、车灯壳、喇叭等；②盒形件，如饭盒、汽车油箱、电容器外壳等；③形状复杂件，如汽车覆盖件等。在用拉深工艺制造的零件中，旋转体拉深件最为常见。

一、拉深变形过程

如图 3-2 所示，直径为 D、厚度为 t 的圆形毛坯，经过拉深模拉深，可得到直径为 d_1（零件的平均直径为 d_{1m}）、高度为 h 的圆筒形工件。圆形的平板毛坯如何变成筒形件？将平板毛坯（图 3-3）的三角形阴影部分 b_1、b_2、b_3 等切去，将留下部分的狭条 a_1、a_2、a_3 等沿直径为 d_{1n} 的圆周弯折过来，再把它们加以焊接，就成为一个圆筒形工件。这个圆筒形工件的高度 $h = 0.5(D - d_{1n})$。但在实际拉深过程中，并没有把三角形材料切掉，这部分材料在拉深过程中通过产生的塑性流动而转移了。其结果是：一方面工件壁厚增加了 Δt；另一方面更为主要的是，工件高度增加了 Δh，使得工件高度 $h > 0.5(D - d_{1n})$。

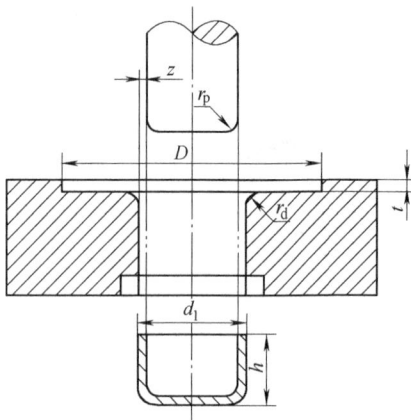

图 3-2　拉深过程

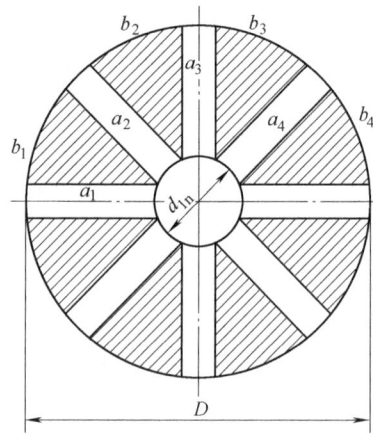

图 3-3　材料的转移

为更进一步了解金属的流动状态，可在圆形毛坯上画出许多等间距 a 的同心圆和等分的辐射线（图 3-4），由这些同心圆和辐射线所组成的网格经拉深后，在筒形件底部的网格基本上保持原来的形状，而在筒形件的筒壁部分，网格则发生了很大的变化。原来直径不等的同心圆变为筒壁上直径相等的水平圆筒线，而且其间距以也逐渐增大，越靠近筒的上部增大得越多，即

$$a_1 > a_2 > a_3 > \cdots > a$$

另外，原来等分的辐射线变成了筒壁上的垂直平行线，其间距缩小了，越靠近口部缩小得越多，即由原来的 $b_1 > b_2 > b_3 > \cdots > b$ 变成

$$b_1 = b_2 = b_3 = \cdots = b$$

如自筒壁取下网格中的一个小单元体来看，在拉深前为扇形的 A_1 在拉深后变成了矩形

A_2，假如忽略很小的厚度变化，则小单元体的面积不变，即 $A_1 = A_2$。扇形小单元体的变形是切向受压缩、径向受拉伸的结果。多余材料则向上转移（见图 3-3 中阴影部分），形成零件筒壁，因此拉深后的高度 $h > 0.5(D - d_{1n})$。

综上所述，拉深变形过程可以归纳如下：

1）在拉深过程中，其底部区域几乎不发生变化。

2）由于金属材料内部的相互作用，金属各单元体之间产生了内应力，在径向产生拉应力 σ_1，在切向产生压应力 σ_3。在 σ_1 和 σ_3 的共同作用下，凸缘区的材料在发生塑性变形的条件下不断地被拉入凹模内成为筒形零件的直壁。

3）拉深时，凸缘变形区内各部分的变形是不均匀的，外缘的厚度、硬度最大，变形也最大。

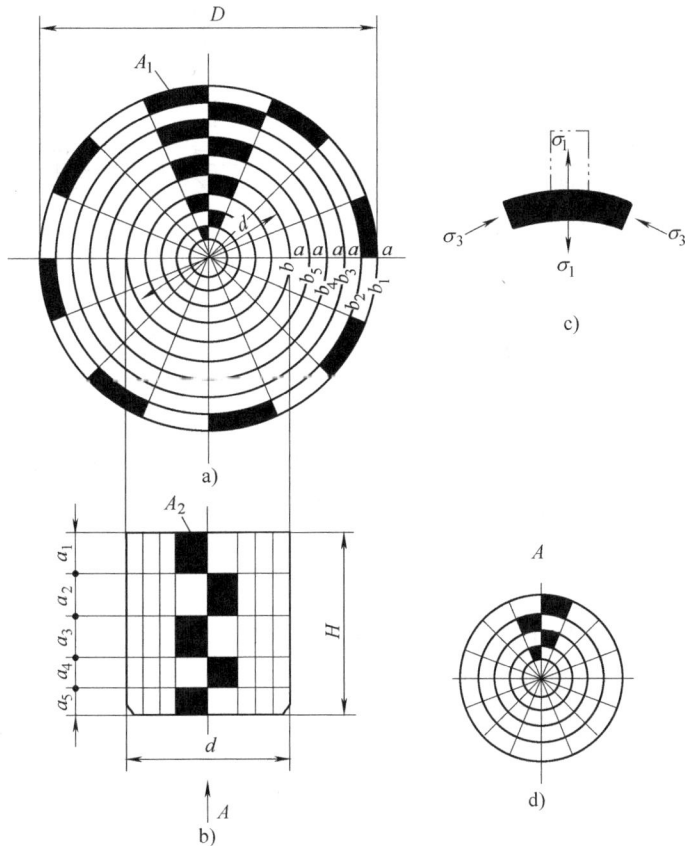

图 3-4　拉深变形特点

二、拉深变形过程中的应力、应变状态

拉深件各部分的厚度是不一样的，而且硬度也不一致。这说明在拉深过程中的不同时刻，毛坯内各部分由于所处的位置不同，它们的变化情况也不同。假设在拉深过程中的某一时刻，毛坯处于如图 3-5 所示的情况，根据毛坯各部分的应力与应变状态，可将其分为五个区域：

1. 平面凸缘部分（主要变形区）

由于模具的作用，该处的材料径向受拉应力 σ_1 的作用，切向受压应力 σ_3 的作用，此应力的最大值出现在毛坯边缘。当有压边圈时，由于压边圈的作用而产生压应力 σ_2。这一应力状态使制件边缘的厚度最大。

2. 凸缘圆角部分（过渡区）

该部分是指位于凹模圆角的部分，该处材料除了切向受压应力 σ_3 作用、径向受拉应力 σ_1 作用外，还承受由于凹模圆角的弯曲作用而产生的压应力 σ_2。其变形情况是：经过凹模圆角时，材料受到弯曲和拉直的作用而产生拉长和变薄，切向产生少量的压缩变形。

3. 筒壁部分（传力区）

该部分的作用是将凸模的拉深力传递到凸缘。由于厚度方向应力 σ_2 为零，因此其为平面应变状态，切应力 σ_3（中间应力）等于轴向拉应力 σ_1 的一半，即 $\sigma_3 = \sigma_1 / 2$。

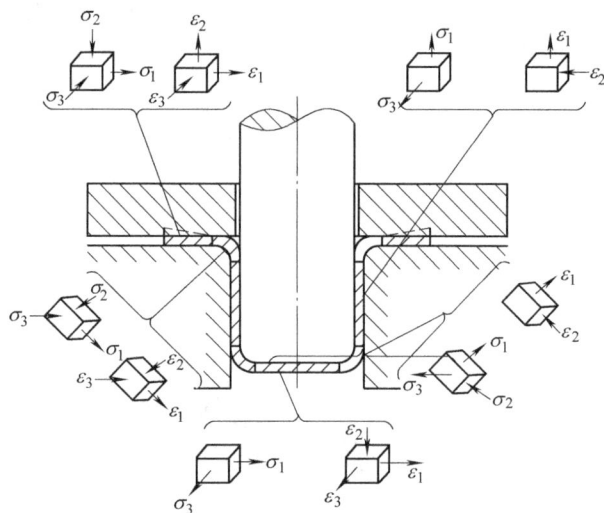

图 3-5 拉深过程中毛坯的应力与应变状态

注：σ_1、ε_1——毛坯径向的应力，应变；

σ_2、ε_2——毛坯厚度方向的应力、应变；

σ_3、ε_3——毛坯切向的应力、应变。

4. 底部圆角部分（第二过渡区）

该部分承受径向拉应力 σ_1 和切向拉应力 σ_3 的作用，同时，在厚度方向由于凸模的压力和弯曲作用而受到压应力 σ_2 的作用，使这部分材料的变薄最为严重，故此处最容易出现破裂。一般而言，变薄最严重的地方发生在筒壁直段与凸模圆角相切的部位，此处称为危险断面。

5. 圆筒件底部

这部分材料受平面拉伸。由于凸模圆角处及端面摩擦的制约，筒底材料的应力与应变均不大，拉深前后的厚度变化甚微，可忽略不计。

三、拉深件的主要质量问题

拉深时容易出现的质量问题主要有：凸缘变形区的起皱、筒壁传力区的拉裂、材料厚度变化不均匀及材料硬化不均匀。

1. 起皱

起皱是指在拉深过程中毛坯边缘形成沿切向高低不平的皱纹。若皱纹很小，则在通过凸、凹模间隙时会被熨平；但皱纹严重时，不但不能熨平皱纹，而且会因皱纹在通过凸、凹模间隙时的阻力过大而使拉深件断裂，即使皱纹通过了凸、凹模间隙，也会因皱纹不能熨平而导致零件报废。拉深件边缘起皱的情况如图 3-6 所示。

起皱是拉深工艺中的严重问题之一。它是由于切向压应

图 3-6 拉深边缘起皱的零件

力过大而使凸缘部分失稳造成的。实践证明，凸缘部分材料的失稳与压杆两端受压失稳相似，它不仅与类似作用在压杆两端的压应力的大小有关，也与类似于压杆粗细程度的凸缘部分材料的相对厚度 $t/(R_t - d_{1m})$ 有关。

在第一道拉深中，起皱的可能性可以用理论法（即当毛坯被拉入凹模时，凸缘部分在切向压应力 σ_1 的作用下发生失稳的条件）求得。但这种理论计算法往往过于烦琐，因此不便在实际生产中应用。

为了防止起皱，在生产实践中通常采用压边圈，如图 3-7 所示。压边圈的压边力作用可使毛坯不易拱起（起皱），以达到防皱的目的。压边力的大小对拉深力有很大影响。压边力太大，会增加危险断面处的拉应力，导致破裂或严重变薄；压边力太小，则防皱效果不好。在实际生产中，压边力 F_Q 的确定多数是建立在实践经验基础上的。这种方法简便可靠，它不仅考虑了材料的

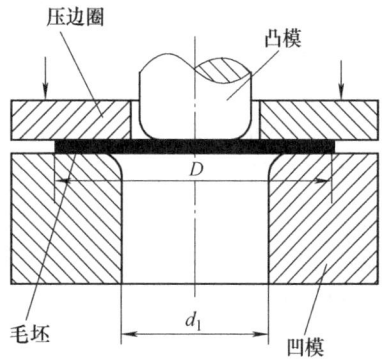

图 3-7　带压边圈的拉深模

种类、厚度，而且还考虑了拉深系数 m 和润滑剂的影响，其单位压边力 q 可按表 3-1 选取。

表 3-1　单位压边力 q （单位：MPa）

材料名称		单位压边力	材料名称	单位压边力
铝		0.8 ~ 1.2	高合金钢、高锰钢、不锈钢	3.0 ~ 4.5
纯铜、硬铝（已退火）		1.2 ~ 1.8	黄铜	1.5 ~ 2.0
软钢	$t < 0.5mm$	2.5 ~ 3.0	高温合金（软化状态）	2.8 ~ 3.5
	$t > 0.5mm$	2.0 ~ 2.5		
镀锡钢板		2.5 ~ 3.0		

目前在实际生产中，为了实现压边作用而常用的压边装置有两类：一类是以橡皮、橡胶弹性体、矩形弹簧、氮气弹簧、液压缸等作为装置的弹性压边装置；另一类是间隙固定式的刚性压边装置。

压边力的计算公式为

$$F_Q = Sq$$

式中　S——在开始拉深瞬间，不考虑凹模圆角时的压边圈面积；

　　　q——单位压边力。

在生产中也可以按压边力为拉深力的 1/4 选取，即

$$F_Q = 0.25F_1$$

式中　F_1——第一道拉深的拉深力。

2. 拉裂

经过拉深变形后，圆筒形零件壁部的厚度与硬度都会发生变化，零件壁部与底部圆角连接处在拉深中一直受到拉力的作用，被挤走的材料很少，因此拉薄的可能性大，变薄程度最严重，也是拉深最容易破裂的地方，这就是拉深件最薄弱的一个断面，称为"危险断面"。当作用在壁上的拉应力超过材料的屈服强度时，危险断面处就会变薄；当拉应力超过抗拉强度时，拉深就会从此断面拉破，这种现象称为拉裂。

拉深是一个塑性变形过程，随着塑性变形的产生，引起了材料的冷作硬化。由于材料的转移量在零件各个部分不相同，因此冷作硬化程度也不同。在拉深件的上部由于挤走的材料较多，变形程度大，冷作硬化程度严重。越靠近拉深件底部，其冷作硬化程度越轻，到接近拉深件底部圆角处几乎没有多余的材料被挤走，所以冷作硬化程度最小。因此此处材料屈服强度也最低，强度最弱，这是危险断面产生的又一个原因。拉深后材料发生硬化可表现为材料的硬度和强度增加，塑性降低，使得以后变形困难。因此在实际生产中，有时在几道拉深工序中需要对半成品零件进行中间退火处理，以降低其硬度，恢复其塑性。

起皱与拉裂是拉深时的主要质量问题。在一般情况下，起皱并不是圆筒件拉深时的主要问题，因为起皱总可以采用压边圈等方法来解决，因此拉裂就成为拉深时的主要破坏形式。拉深时，极限变形程度就是以不拉裂为前提条件的。防止拉裂可以采取的措施包括：通过改善材料的力学性能提高筒壁的抗拉强度，通过正确制订拉深工艺和设计模具降低筒壁所受的拉应力。

四、拉深系数与拉深次数

1. 拉深系数

在制订拉深工艺和设计拉深凹模时，必须预先确定该零件是一次拉深成形还是分多次拉深成形，即确定合理的拉深次数。

从拉深过程的分析可知，拉深件的起皱和拉裂是拉深过程中存在的主要问题，而其中拉裂是首要问题。拉裂往往发生在工件底部转角稍偏上的地方，因为该处是拉深件最薄弱的部位。对于壁厚尺寸要求严格的拉深件，即使没有拉裂，但因该处严重变薄而超差，也会使工件报废。零件究竟需要几次才能拉深成形与拉深系数有关。拉深系数是用来控制拉深时变形程度的一个工艺指标，拉深系数的确定是拉深工艺计算的基础。根据拉深系数可以确定零件的拉深次数及每次拉深的工序尺寸。圆筒形件的拉深系数是指拉深后圆筒形制件的直径与拉深前毛坯（或半成品）直径的比值，即：

第一次拉深　　　　　　　　　　$m_1 = d_1/D$

以后各次拉深　　　　　　　　　$m_2 = d_2/d_1$

　　　　　　　　　　　　　　　$m_3 = d_3/d_2$

　　　　　　　　　　　　　　　　　$\cdots$

式中　　m_1、m_2、m_3、$\cdots$、m_n——各次的拉深系数；

　　　　d_1、d_2、d_3、$\cdots$、d_n——各次拉深制件（或工件）的直径，如图 3-8 所示；

　　　　　　　　　　D——毛坯直径。

拉深系数是拉深工艺中一个重要的工艺参数，可以用来表示拉深过程中的变形程度。拉深系数越小，变形程度越大。在制订拉深工艺时，如拉深系数取值过小（或拉深比取值过大），就会使拉深件起皱、断裂或严重变薄超差。因此，拉深系数的减小有一个客观的界限，这个界限称为极限拉深系数，即指在拉深过程中，受材料的力学性能、拉深条件和材料相对厚度（t/D）等条件限制，保证拉深件不起皱和不断裂的最小拉深系数。在实际生产中，考虑了各种具体条件后，各种材料及结构的拉深件的极限拉深系数见表 3-2 ~ 表 3-8。

在实际生产中不是所有情况都适宜采用极限拉深系数，因为太接近极限拉深系数会引起拉深件在凸模圆角部分过分变薄，而在以后的拉深中，部分变薄严重的缺陷会转移到成品零件的侧壁上，从而降低零件质量。

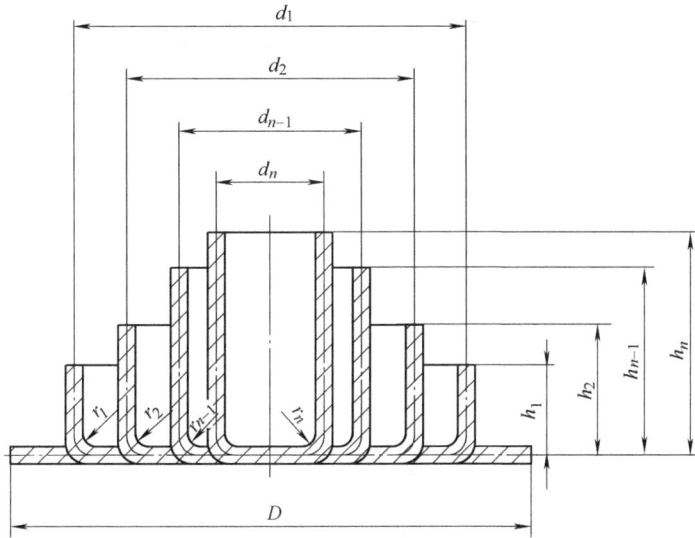

图 3-8 圆筒形件的多次拉深工序图

表 3-2 无法兰筒形件的极限拉深系数（带压边圈）

拉深系数	毛坯相对厚度 t/D（%）					
	2～1.5	1.5～1.0	1.0～0.6	0.6～0.3	0.3～0.15	0.15～0.08
m_1	0.48～0.50	0.50～0.53	0.53～0.55	0.55～0.58	0.58～0.60	0.60～0.63
m_2	0.73～0.75	0.75～0.76	0.76～0.78	0.78～0.79	0.79～0.80	0.80～0.82
m_3	0.76～0.78	0.78～0.79	0.79～0.80	0.80～0.81	0.81～0.82	0.82～0.84
m_4	0.78～0.80	0.80～0.81	0.81～0.82	0.82～0.83	0.83～0.85	0.85～0.86
m_5	0.80～0.82	0.82～0.84	0.84～0.85	0.85～0.86	0.86～0.87	0.87～0.88

注：表中数值适用于 08、10F 和 15F 钢以及软黄铜 H62、H68。

表 3-3 无法兰筒形件的极限拉深系数（不带压边圈）

毛坯相对厚度 t/D（%）	拉 深 系 数					
	m_1	m_2	m_3	m_4	m_5	m_6
0.4	0.90	0.92	—	—	—	—
0.6	0.85	0.90	—	—	—	—
0.8	0.80	0.88	—	—	—	—
1.0	0.75	0.85	0.90	—	—	—
1.5	0.65	0.80	0.84	0.87	0.90	—
2.0	0.60	0.75	0.80	0.84	0.87	0.90
2.5	0.55	0.75	0.80	0.84	0.87	0.90
3.0	0.53	0.75	0.80	0.84	0.87	0.90
>3.0	0.50	0.70	0.75	0.78	0.82	0.85

注：表中数值适用于 08 钢、10 钢和 15Mn 等材料。

表 3-4 带法兰圆筒形件首次拉深极限拉深系数 $[m_{F1}]$

法兰相对直径 d_F/d_1	毛坯相对厚度 t/D_0（%）				
	>0.06~0.2	>0.2~0.5	>0.5~1.0	>1.0~1.5	>1.5
≤1.1	0.59	0.57	0.55	0.53	0.50
>1.1~1.3	0.55	0.54	0.53	0.51	0.49
>1.3~1.5	0.52	0.51	0.50	0.49	0.47
>1.5~1.8	0.48	0.48	0.47	0.46	0.45
>1.8~2.0	0.45	0.45	0.44	0.43	0.42
>2.0~2.2	0.42	0.42	0.42	0.41	0.40
>2.2~2.5	0.38	0.38	0.38	0.38	0.37
>2.5~2.8	0.35	0.35	0.34	0.34	0.33
>2.8~3.0	0.33	0.33	0.32	0.32	0.31

表 3-5 带法兰圆筒形件首次拉深极限拉深高度 $[h_1/d_1]$

法兰相对直径 d_F/d_1	毛坯相对厚度 t/D_0（%）				
	>0.06~0.2	>0.2~0.5	>0.5~1.0	>1.0~1.5	>1.5
≤1.1	0.45~0.52	0.50~0.62	0.57~0.70	0.60~0.80	0.75~0.90
>1.1~1.3	0.46~0.47	0.45~0.53	0.50~0.60	0.56~0.72	0.65~0.80
>1.3~1.5	0.35~0.42	0.40~0.48	0.45~0.68	0.50~0.63	0.58~0.70
>1.5~1.8	0.29~0.35	0.34~0.39	0.37~0.44	0.42~0.53	0.48~0.58
>1.8~2.0	0.25~0.30	0.29~0.34	0.32~0.38	0.36~0.46	0.42~0.51
>2.0~2.2	0.22~0.26	0.25~0.29	0.27~0.33	0.31~0.40	0.35~0.45
>2.2~2.5	0.17~0.21	0.20~0.23	0.22~0.27	0.25~0.32	0.28~0.35
>2.5~2.8	0.13~0.16	0.15~0.18	0.17~0.21	0.19~0.24	0.22~0.27
>2.8~3.0	0.10~0.13	0.12~0.15	0.14~0.17	0.16~0.20	0.18~0.22

表 3-6 带法兰圆筒形件以后各次的拉深系数

拉深系数 m_n	材料相对厚度 t/D_0（%）				
	2~1.5	<1.5~1.0	<1.0~0.6	<0.6~0.3	<0.3~0.15
m_2	0.73	0.75	0.76	0.78	0.80
m_3	0.75	0.78	0.79	0.80	0.82
m_4	0.78	0.80	0.82	0.83	0.84
m_5	0.80	0.82	0.84	0.85	0.86

表 3-7 各种不锈钢的拉深系数（0.5mm 板）

材料牌号	成分	凸模圆角半径 r_p（t 为板厚）				
		$2t$	$4t$	$8t$	$16t$	$32t$
10Cr17（SUS430）	18Cr-0.1C	0.9	0.85	0.80	0.75	0.65
12Cr17Ni7（SUS301）	17Cr-7Ni-0.1C	0.75	0.65	0.55	0.45	0.45

（续）

材料牌号	成分	凸模圆角半径 r_p（t 为板厚）				
		2t	4t	8t	16t	32t
12Cr18Ni9（SUS302） 06Cr19Ni10（SUS304）	18Cr-8Ni-0.1C 18Cr-8Ni	0.85	0.75	0.65	0.55	0.50
06Cr18Ni11Ti（SUS321） 06Cr18Ni11Nb（SUS347） 06Cr17Ni12Mo2（SUS316）	18Cr-8Ni-Ti-0.06C 18Cr-9Ni-Nb-0.06C 18Cr-12Ni-2.5Mo-0.06C	0.90	0.80	0.70	0.65	0.60
10Cr18Ni12（SUS305）	18Cr-13Ni-高 C	0.80	0.70	0.60	0.50	0.45
06Cr23Ni13（SUS309S） 06Cr25Ni20（SUS310S）	22Cr-12Ni-0.06C 25Cr-20Ni-0.06C	0.90	0.85	0.80	0.75	0.70

表 3-8　其他金属材料的极限拉深系数

材料	牌　　号	第一次拉深系数 m_1	以后各次拉深系数 m_n
铝及铝合金	8A06、1035、3A21	0.52 ~ 0.55	0.70 ~ 0.75
杜拉铝（硬铝）	2A11、2A12	0.56 ~ 0.58	0.75 ~ 0.80
黄铜	H62	0.52 ~ 0.54	0.70 ~ 0.72
	H68	0.50 ~ 0.52	0.68 ~ 0.72
纯铜	T2、T3、T4	0.50 ~ 0.55	0.72 ~ 0.80
无氧铜	—	0.52 ~ 0.58	0.75 ~ 0.82
镍、镁镍、硅镍		0.48 ~ 0.53	0.70 ~ 0.75
铜镍合金	—	0.50 ~ 0.56	0.74 ~ 0.84
镀锌钢板		0.58 ~ 0.60	0.80 ~ 0.85
酸洗钢板		0.54 ~ 0.58	0.75 ~ 0.78
不锈钢	06Cr13	0.52 ~ 0.56	0.75 ~ 0.78
	06Cr19Ni10	0.50 ~ 0.52	0.70 ~ 0.75
	1Cr18Ni9Ti	0.52 ~ 0.55	0.78 ~ 0.81
	06Cr18Ni11Nb、14Cr23Ni18	0.52 ~ 0.55	0.78 ~ 0.80
合金钢	30CrMnSiA	0.62 ~ 0.70	0.80 ~ 0.84
膨胀合金	—	0.65 ~ 0.67	0.85 ~ 0.90
钼铱合金	—	0.72 ~ 0.82	0.91 ~ 0.97
钛合金	TA5	0.60 ~ 0.65	0.80 ~ 0.85
锌	—	0.65 ~ 0.70	0.85 ~ 0.90

影响极限拉深系数的因素有以下几点：

（1）板材的内部组织和力学性能　一般来说，当板材的塑性好、组织均匀、晶粒大小适当、屈强比小、板平面方向性小而板厚方向性大时，其拉深性能好，可以采用较小的极限拉深系数。

（2）毛坯的相对厚度 t/D　毛坯的相对厚度 t/D 小时，容易起皱，防皱压板的压力加大，引起的摩擦阻力也大，因此极限拉深系数也相应加大。

（3）模具工作部分的圆角半径　凸模圆角半径过小时，拉深毛坯的直壁部分与底部过渡区的弯曲变形加大，导致危险断面的强度受到削弱，极限拉深系数增加。凹模圆角半径过小时，毛坯沿凹模圆角滑动的阻力增加，毛坯侧壁传力区内的拉应力相应地加大，其结果也提高了极限拉深系数值。

（4）润滑条件及模具情况　润滑条件良好、模具工作表面光滑、间隙正常都能减小摩擦阻力，改善金属的流动情况，使极限拉深系数减小。

（5）拉深方式　采用压边圈拉深时，因不易起皱，极限拉深系数可取小些。不用压边圈时，极限拉深系数可取大些。

（6）拉深速度　一般情况下，拉深速度对极限拉深系数的影响不大，但对于变形速度敏感的金属（如钛合金、不锈钢、耐热钢等），当拉深速度大时，极限拉深系数增大。

2. 拉深次数

实际上拉深系数有两个不同的概念，一个是零件所要求的拉深系数 m_d，即 $m_d = d/D$，式中 d 为零件的直径，而 D 为该零件的毛坯直径；另一个是按材料的性能及拉深条件等所能达到的极限拉深系数（见表 3-2 ~ 表 3-4）。如果零件所要求的拉深系数 m_d 值大于按材料及拉深条件所允许的极限拉深系数，则所给零件只需一次拉深，否则必须进行多次拉深。

（1）计算法　选定首次极限拉深系数 m_1 及以后各次极限拉深系数的平均值 m_n，其计算公式为

$$n = \left[\lg(d_n) - \lg(m_1 D_0) / \lg m_n \right] + 1$$

式中　n——拉深次数；

　　　d_n——零件直径。

当 n 为带小数的值时，进位取整数。例如 $n = 3.4$，则取 $n = 4$。按 $m_1 < m_2 < m_3 < \cdots < m_n$ 的原则并满足 $m = d_n / D_0 = m_1 m_2 m_3 \cdots m_n$，再合理分配拉深系数，即可得到各工序半成品直径：$d_1 = m_1 D_0$，$d_2 = m_2 d_1$，$\cdots$，$d_n = m_n d_{n-1}$。

（2）推算法　根据材料和相对厚度 t/D_0，查表 3-2，可得 m_1、m_2、m_3、$\cdots$、m_n，即可求出

$$d_1 = m_1 D_0$$

$$d_2 = m_2 D_1$$

$$\cdots$$

$$d_n = m_n D_{n-1}$$

一直计算到 $d_n \leqslant d$，如 $d_n = d$，拉深次数和半成品直径即被确定；如 $d_n < d$，则可调整拉深系数，使 $d_n = d = m_1 m_2 m_3 \cdots m_n D_0$。根据调整后的 m_1、m_2、m_3、$\cdots$、m_n 再计算出半成品直径：$d_1 = m_1 D_0$，$d_2 = m_2 D_1$，$\cdots$，$d_n = m_n D_{n-1}$。

（3）查表法　确定拉深次数还可以根据工件的相对高度，即拉深高度与直径之比，可从表 3-9 中查得。

表 3-9　无法兰圆筒件拉深次数的确定

拉深次数 n ＼ 相对高度 h/d	毛坯的相对厚度 t/D（%）					
	2～1.5	1.5～1.0	1.0～0.6	0.6～0.3	0.3～0.15	0.15～0.08
1	0.94～0.77	0.84～0.65	0.71～0.57	0.62～0.5	0.52～0.45	0.46～0.38
2	1.88～1.54	1.60～1.32	1.36～1.1	1.13～0.94	0.96～0.83	0.9～0.7
3	3.5～2.7	2.8～2.2	2.3～1.8	1.9～1.5	1.6～1.3	1.3～1.1
4	5.6～4.3	4.3～3.5	3.6～2.9	2.9～2.4	2.4～2.0	2.0～1.5
5	8.9～6.6	6.6～5.1	5.2～4.1	4.1～3.3	3.3～2.7	2.7～2.0

注：1. 大的 h/d 值适用于第一道工序的大凹模圆角 $R_{凹} = (8～15)t$。

　　2. 小的 h/d 值适用于第一道工序的小凹模圆角 $R_{凹} = (4～8)t$。

　　3. 该表适用材料为 08F、10F。

也可以根据毛坯的相对厚度 t/D（%）与总拉深系数 $m_{总}$，由表 3-10 查得拉深次数。

表 3-10　总拉深系数 $m_{总}$ 与拉深次数的关系（圆筒形带压边圈）

拉深次数 n ＼ 总拉深系数 $m_{总}$	毛坯的相对厚度 t/D（%）				
	2～1.5	1.5～1.0	1.0～0.5	0.5～0.2	0.2～0.06
1	0.33～0.36	0.36～0.40	0.40～0.43	0.43～0.46	0.46～0.48
2	0.24～0.27	0.27～0.30	0.30～0.34	0.34～0.37	0.37～0.40
3	0.18～0.21	0.21～0.24	0.24～0.27	0.27～0.30	0.30～0.33
4	0.13～0.16	0.16～0.19	0.19～0.22	0.22～0.25	0.25～0.29

五、拉深件毛坯尺寸计算

拉深件毛坯尺寸确定得正确与否，直接影响拉深变形的生产过程及生产的经济性。其中生产的经济性体现在材料的合理使用和零件生产流程的安排上，而在冲压生产中，材料的费用占总成本的 60%～80%。对于形状复杂的拉深件毛坯尺寸的确定，一般需要用样片经过试验反复修改，才能最终确定毛坯的形状与尺寸。因此在设计零件生产用模具时，先要设计拉深模，待毛坯形状与尺寸完全确定以后再设计冲裁模（拉深件的落料模）。而试验用样片则可以采取手工放样或电火花线切割、激光切割等加工方法，如果拉深件口部不齐，一般还需要预留切边余量。

1. 毛坯尺寸计算方法

拉深件毛坯尺寸确定的原则有以下两条：

1）体积不变原则（质量不变）。拉深前后材料的体积相等。对于不变薄拉深，可以假设变形过程中材料的厚度不变，则拉深前毛坯面积与拉深后零件的面积相等。

2）相似原则。毛坯形状一般与零件形状相似。如零件的断面是圆形、正方形、长方形或椭圆形，则毛坯的形状也对应相似。但毛坯的周边必须是光滑的曲线，并无急剧的转折。通常具体的计算方法有等体积法、等面积法、分析图解法及作图法等。对于不变薄拉深（实际生产中不变薄拉深几乎很少），一般采取等体积法或等面积法；对于形状复杂的旋转体零件，多采用分析图解法和作图法。

（1）等体积法　计算公式为

$$V = \frac{\pi D^2}{4} t = V'$$

$$D = \sqrt{\frac{4V'}{\pi t}} = 1.13 \sqrt{\frac{V'}{t}}$$

式中　V——毛坯体积；

　　　V'——拉深件体积。

等体积法一般适用于变薄拉深件。

（2）等面积法　计算公式为

$$A = \frac{\pi D^2}{4} = A'$$

$$D = \sqrt{\frac{4}{\pi} A'} = 1.13 \sqrt{A'}$$

式中　A——毛坯面积；

　　　A'——拉深件面积。

等面积法通常作为不变薄拉深工序用来计算毛坯尺寸的依据。

2. 修边余量

在拉深过程中，由于材料存在各向异性，以及凸、凹模之间间隙分布不均匀，板料厚度的波动，摩擦阻力的差异和坯料定位误差等因素的影响，造成拉深件口部或凸缘法兰周边不整齐。特别是经过多次拉深后的制件，口部或凸缘法兰不整齐的现象更为显著，因此必须增加制件的高度或凸缘的直径。拉深后修齐增加的部分即为修边余量，修边余量可以通过切边去除。因此毛坯尺寸的计算必须将加上了修边余

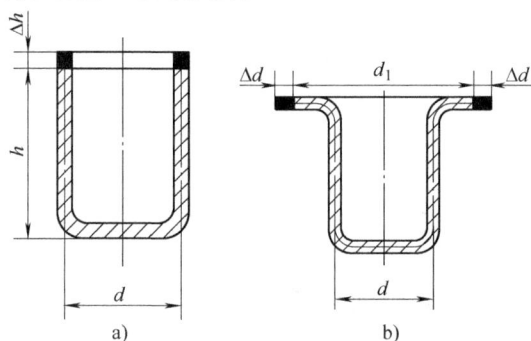

图 3-9　修边余量示意图
a）无凸缘法兰　b）带凸缘法兰

量的制件尺寸作为计算的依据。表 3-11 列出了无凸缘法兰圆筒件的修边余量。表 3-12 列出了带凸缘法兰圆筒件的修边余量。图 3-9 所示为无凸缘法兰和带凸缘法兰的修边余量示意图。

表 3-11　无凸缘法兰圆筒件的修边余量 Δh 　　　　　　（单位：mm）

工件高度 h	工件的相对高度 h/d			
	0.5 ~ 0.8	0.8 ~ 1.6	1.6 ~ 2.5	2.5 ~ 4
≤10	1.0	1.2	1.5	2
10 ~ 20	1.2	1.6	2	2.5
20 ~ 50	2	2.5	3.3	4
50 ~ 100	3	3.8	5	6
100 ~ 150	4	5	6.5	8
150 ~ 200	5	6.3	8	10
200 ~ 250	6	7.5	9	11
>250	7	8.5	10	12

表 3-12 带凸缘法兰圆筒件的修边余量 Δd （单位：mm）

凸缘直径 d_1	凸缘的相对直径 d_1/d			
	<1.5	1.5~2	2~2.5	>2.5
≤25	1.8	1.6	1.4	1.2
25~50	2.5	2.0	1.8	1.6
50~100	3.5	3.0	2.5	2.2
100~150	4.3	3.6	3.0	2.5
150~200	5.0	4.2	3.5	2.7
200~250	5.5	4.6	3.8	2.8
>250	6	5	4	3

六、拉深模工作部分结构参数确定

拉深模工作部分结构参数涉及的尺寸计算包括凸、凹模圆角半径，拉深模凸、凹模间隙和凸、凹模工作部分尺寸。现以圆筒形件为例进行介绍。

1. 凹模圆角半径 $R_凹$

凹模口部圆角半径的大小对拉深过程有很大的影响。凹模口部圆角半径太小，会使材料拉入凹模的阻力增大，从而导致拉深力增大，致使拉深件产生划痕或裂纹；凹模口部圆角半径太大，会使压边圈下的被压毛坯面积减小，从而使材料悬空段增大，拉深件容易起皱。因此 $R_凹$ 大小要合适。圆筒形件首次拉深时凹模圆角半径的计算公式为

$$R_{凹1} = 0.8 \sqrt{(D - D_凹)t}$$

或

$$R_{凹1} = C_1 C_2 t$$

式中　C_1——考虑材料力学性能的系数，对于软钢、硬铝，$C_1 = 1$，对于纯铜、黄铜、铝，$C_1 = 0.8$；

　　　C_2——考虑板厚与拉深系数的系数，其值见表 3-13。

表 3-13 拉深凹模圆角半径系数 C_2

材料厚度 t/mm	拉深件直径 d/mm	拉深系数 m_1		
		0.48~0.55	0.55~0.6	≥0.6
≤0.5	≤50	7~9.5	6~7.5	5~6
	50~200	8.5~10	7~8.5	6~7.5
	>200	9~10	8~10	7~9
0.5~1.5	≤50	6~8	5~6.5	4~5.5
	50~200	7~9	6~7.5	5~6.5
	>200	8~10	7~9	6~8
1.5~3	≤50	5~6.5	4.5~5.5	4~5
	50~200	6~7.5	5~6.5	4.5~5.5
	>200	7~8.5	6~7.5	5~6.5

以后各次拉深时,凹模圆角半径应逐渐减小,其关系为

$$R_{凹n} = (0.6 \sim 0.8)R_{凹n-1}$$

根据工艺要求,$R_凹$ 不应小于材料厚度的两倍。如果零件凸缘法兰处圆角半径太小,则应在末次拉深后增加一道整形工序,使之达到零件的技术要求。表 3-14 所列的拉深凹模圆角半径值即是根据上面的公式计算得出的。

表 3-14　拉深凹模圆角半径 $R_凹$　　　　　　(单位:mm)

$D-d$＼t	≤1	1~1.5	1.5~2	2~3	3~4	4~6
≤10	2.5	3.5	4	4.5	5.5	6.5
10~20	4	4.5	5.5	6.5	7.5	9
20~30	4.5	5.5	6.5	8	9	11
30~40	5.5	6.5	7.5	9	10.5	12
40~50	6	7	8	10	11.5	14
50~60	6.5	8	9	11	12.5	15.5
60~70	7	8.5	10	12	13.5	16.5
70~80	7.5	9	10.5	12.5	14.5	18
80~90	8	9.5	11	13.5	15.5	19
90~100	8	10	11.5	14	16	20
100~110	8.5	10.5	12	14.5	17	20.5
110~120	9	11	12.5	15.5	18	21.5
120~130	9.5	11.5	13	16	18.5	22.5
130~140	9.5	11.5	13.5	16.5	19	23.5
140~150	10	12	14	17	20	24
150~160	10	12.5	14.5	17.5	20.5	25

2. 凸模圆角半径 $R_凸$

凸模圆角半径 $R_凸$ 太小,在拉深变形过程中危险断面处容易拉断。在多工序拉深时,后续工序压边圈的圆角半径等于前道工序的凸模圆角半径,若凸模圆角半径太小,后续工序毛坯跟压边圈的滑动阻力会增加,对拉深不利。但若 $R_凸$ 太大,则会使拉深初始阶段不与模具接触的毛坯宽度增加,因而这部分材料容易起皱(向内皱)。

1) 首次拉深时,选用凸模圆角半径 $R_凸$ 等于或略小于凹模圆角半径 $R_凹$,即

$$R_凸 = (0.7 \sim 1.0)R_凹$$

2) 末次拉深时,凸模圆角半径 $R_凸$ 应等于零件的内圆角半径 R,但必须满足 $R_凸 \geqslant (2 \sim 3)t$,否则要增加整形工序。

3）中间各次拉深时，对于旋转体零件而言，应尽可能使 $R_{凸n}$ 为

$$R_{凸n} = (d_{n-1} - d_n - 2t)/2$$

3. 拉深模凸、凹模间隙

拉深模凸、凹模的单面间隙值 Z 等于凹模直径与凸模直径差值的一半，即 $Z = (D_{凹} - D_{凸})/2$，如图 3-10 所示。间隙值应合理选取：Z 值过小，会增加摩擦力，使拉深件容易破裂，并且容易擦伤表面及降低模具寿命；Z 值过大，又容易使拉深件起皱，且影响工件的精度。

在设计确定拉深模凸、凹模的有关尺寸时，必须先确定其间隙值，并且应根据材质、材料厚度偏差、制件的尺寸精度、表面粗糙度、模具使用寿命及毛坯在拉深中外缘的变厚现象等条件综合进行考虑。筒形件拉深间隙值可以按照以下方法确定。

1）不使用压边圈时，Z 的计算公式为

$$Z = (1 \sim 1.1)t_{max}$$

式中　Z——单面间隙，末次拉深时或精密拉深件取小值，中间拉深取大值；

　　　t_{max}——材料厚度的上极限偏差。

2）使用压边圈时，其间隙值按表 3-15 选取。

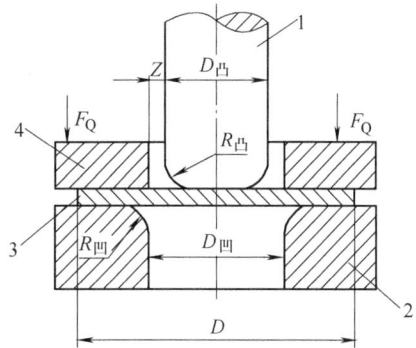

图 3-10　带压边圈拉深模工作部分结构图
1—凸模　2—凹模　3—毛坯　4—压边圈

表 3-15　有压边圈拉深时单面间隙 Z 值

总拉深次数	拉深工序	单面间隙 Z	总拉深次数	拉深工序	单面间隙 Z
1	第一次拉深	$(1 \sim 1.1)t$	4	第一、二次拉深	$1.2t$
				第三次拉深	$1.1t$
2	第一次拉深	$1.1t$		第四次拉深	$(1 \sim 1.05)t$
	第二次拉深	$(1 \sim 1.05)t$			
3	第一次拉深	$1.2t$	5	第一、二、三次拉深	$1.2t$
	第二次拉深	$1.1t$		第四次拉深	$1.1t$
	第三次拉深	$(1 \sim 1.05)t$		第五次拉深	$(1 \sim 1.05)t$

注：1. t 为材料厚度，取材料厚度允许偏差的中间值。

　　2. 拉深精密零件时，最末一次拉深间隙取 $Z = t$。

3）对于精度要求较高的拉深件，为了减小拉深后的回弹，降低零件表面粗糙度值，常采用负间隙拉深，间隙值 $Z = (0.9 \sim 0.95)t$。

4）在多次拉深工序中，除了最后一次拉深外，间隙的取向是没有规定的。对于最后一次拉深，若尺寸标注在外径的拉深件上，以凹模为准，间隙取在凸模上，即减小凸模尺寸可得到间隙；若尺寸标注在内径的拉深件上，以凸模为准，间隙取在凹模上，即增大凹模尺寸可得到间隙。

4. 凸、凹模工作部分尺寸计算及制造公差

（1）凸、凹模工作部分尺寸计算　拉深凸、凹模工作部分尺寸计算及凸、凹模制造公

差的确定仅在最后一道工序时考虑，对于中间工序，没有必要严格要求，因此模具尺寸可以直接取为工序尺寸。最后一道工序拉深模凸、凹模工作部分尺寸及公差应根据工件的要求来确定。确定凸、凹模工作部分尺寸时，还应考虑模具的磨损和拉深件的弹复，如图 3-11 所示。

1）工件要求外形尺寸时（图 3-11a），以凹模尺寸为基准进行计算。

凹模尺寸
$$D_凹 = (D - 0.75\Delta)_0^{+\delta_凹}$$

凸模尺寸
$$D_凸 = (D - 0.75\Delta - 2Z)_{-\delta_凸}^0$$

2）工件要求内形尺寸时（图 3-11b），以凸模尺寸为基准进行计算。

凸模尺寸
$$d_凸 = (d + 0.4\Delta)_{-\delta_凸}^0$$

凹模尺寸
$$d_凹 = (d + 0.4\Delta + 2Z)_0^{+\delta_凹}$$

3）中间工序凸、凹模尺寸。取凸、凹模尺寸等于毛坯的过渡尺寸，若以凹模为基准，

则凹模尺寸
$$D_凹 = D_0^{+\delta_凹}$$

凸模尺寸
$$D_凸 = (D - 2Z)_{-\delta_凸}^0$$

式中 Δ——工件公差（注意工件公差标注为非标准形式时，必须先转化为图 3-11 所示的标准形式）；

     $\delta_凸$——凸模制造公差；

     $\delta_凹$——凹模制造公差；

     Z——凸、凹模单面间隙。

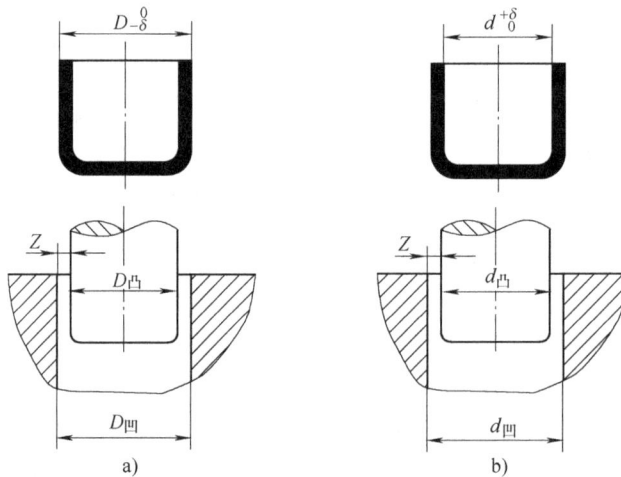

图 3-11 工件尺寸与凸、凹模工作尺寸

a）工件要求外形尺寸   b）工件要求内形尺寸

（2）凸、凹模制造公差　筒形件拉深模凸、凹模制造公差可根据工件材料的厚度和工件直径来选定，其值见表3-16。

表3-16　筒形件拉深模凸、凹模制造公差　　　　　　（单位：mm）

材料厚度 t	工件直径的公称尺寸							
	≤10		10～50		50～200		200～500	
	$\delta_凹$	$\delta_凸$	$\delta_凹$	$\delta_凸$	$\delta_凹$	$\delta_凸$	$\delta_凹$	$\delta_凸$
0.25	0.015	0.010	0.020	0.010	0.030	0.015	0.030	0.015
0.35	0.020	0.010	0.030	0.020	0.040	0.020	0.040	0.025
0.50	0.030	0.015	0.040	0.030	0.050	0.030	0.050	0.035
0.80	0.040	0.025	0.060	0.035	0.060	0.040	0.060	0.040
1.00	0.045	0.030	0.070	0.040	0.080	0.050	0.080	0.060
1.20	0.055	0.040	0.080	0.050	0.090	0.060	0.100	0.070
1.50	0.065	0.050	0.090	0.060	0.100	0.070	0.120	0.080
2.00	0.080	0.055	0.110	0.070	0.120	0.080	0.140	0.090
2.50	0.095	0.060	0.130	0.085	0.150	0.100	0.170	0.120
3.50	—	—	0.150	0.100	0.180	0.120	0.200	0.140

注：1. 表中数据适用于未精压的薄钢板。
　　2. 如采用精压钢板，则凸、凹模制造公差取表中数据的20%～25%。
　　3. 如采用非铁金属，则凸、凹模制造公差取表中数据的50%。

（3）拉深凸模排气孔尺寸　当凸、凹模间隙较小或制件较深时，为了便于凸模下行时制件封闭的容腔内气体能顺利排出，避免制件变形及粘膜拉裂，通常在凸模上开排气孔。凸模排气孔直径的大小可查表3-17。

表3-17　凸模排气孔直径　　　　　　（单位：mm）

凸模直径	≤50	50～100	100～200	＞200
排气孔直径	5	6.5	8	9.5

七、常见拉深模结构

为了避免拉深过程中出现质量问题，一般拉深模常采用带压边圈结构的形式。在设计拉深模时，首先确定拉深次数（确定拉深模具的工序数量），然后进行首次拉深模和以后各次拉深模的设计工作。首次拉深模以落料的坯料进行定位拉深，以后各次拉深模分别利用前道工序的拉深件尺寸进行定位拉深。

1. 带压边圈的拉深模

图3-12所示为带压边圈的拉深模结构图，该拉深件的内腔深度尺寸不大，假设可进行一次拉深成形，根据零件的结构尺寸特点，则需要采用带压边圈的拉深模结构。

图 3-12 所示的带压边圈的拉深模为有压边装置的倒装结构首次拉深模，压边圈和凸模安装在下模，凹模安装在上模，该结构是较为广泛应用的典型带压边圈拉深模结构。

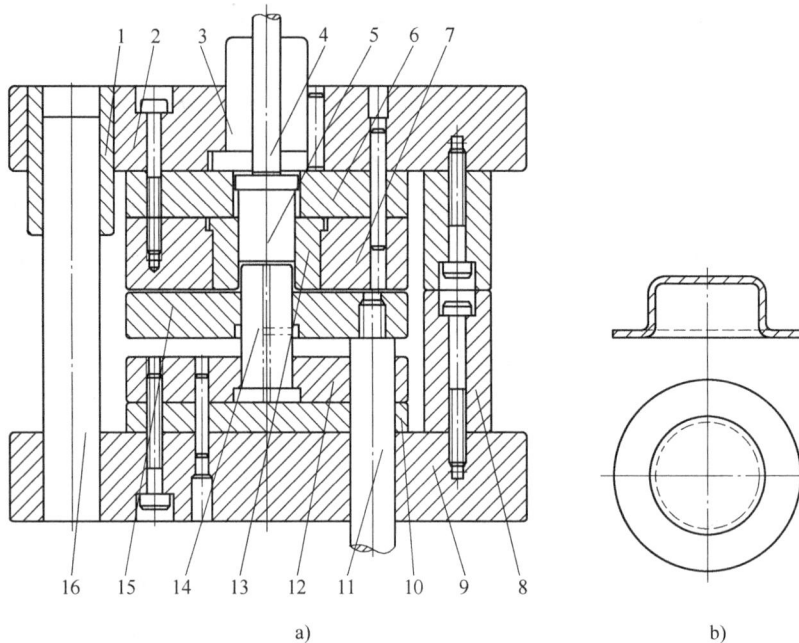

图 3-12 带压边圈的拉深模结构

a）拉深模结构图 b）拉深件图

1—导套 2—上模板 3—模柄 4—打杆 5—打料凸模 6—上垫板 7—拉深凹模固定板
8—限位柱 9—下模板 10—下垫板 11—支承杆 12—拉深凸模固定板 13—拉深凹模
14—拉深凸模 15—压边圈 16—导柱

　　工作时，通过液压机床的液压缸推动模具中的零件支承杆 11（若干个），使得压边圈 15 向上移动，一般压边圈的上表面高出拉深凸模 14 的上端表面 5～10mm 即可，这样可以保证零件料片在进行拉深之前已由压边圈和拉深凹模压紧。之后将平片的圆形拉深坯料放置在压边圈 15 的上表面上（由压边圈上设置的定位零件进行坯料的定位）。上模下行（拉深凹模），在上模的作用下压边圈向下运动，拉深凸模作相对向上的运动，从而进行零件的拉深工艺，零件的拉深深度尺寸由限位柱 8 精确控制。拉深结束后，上模带动拉深凹模 13 上行，压边圈回复至起始位置，将拉深零件从拉深凸模 14 上脱出，使拉深零件留在拉深凹模 13 内；最后通过机床上部的横梁推动打杆 4，再由打杆 4 推动打料凸模 5 将零件从拉深凹模 13 中推出，完成整个零件的拉深工艺过程。

　　2. 落料拉深模

　　落料拉深模常为拉深件的首道工序模具，因拉深多采用带压边圈的结构形式，且拉深工艺零件变形、流动很大，所以带压边圈的拉深件一般需要切边工艺。拉深件的落料尺寸的计算要求不很精确，在模具结构设计允许的情况下，可以将落料工序与首次拉深工序组合为复合工艺。落料拉深模的结构如图 3-13 所示，图 3-13 为结构简图，模架部分的导柱、导套没有画出来。

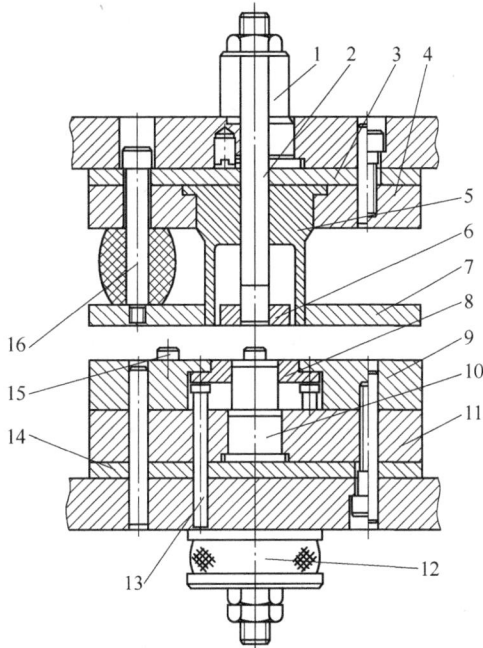

图 3-13　落料拉深模结构简图

1—模柄　2—打杆　3—上垫板　4—上固定板　5—凸凹模　6—打件块　7—卸料板
8—顶块　9—凹模　10—拉深凸模　11—下固定板　12—弹顶器　13—顶杆
14—下垫板　15—挡料钉　16—卸料螺钉

项 目 实 施

一、成形工艺分析

变流漏斗零件如图 3-1 所示，材料为 S/S 439（不锈钢），材料厚度 $t = 2\text{mm}$。由于不锈钢材料的塑性较差，所以不锈钢材料的拉深、变形等工艺具有较大难度，容易产生开裂现象，同时由于变流漏斗零件的结构尺寸的特点不能采用管材成形，所以只能采用板材进行拉深成形。

根据变流漏斗零件的结构尺寸分析可知，由于拉深变形的影响，材料边缘的变形非常大，所以变流漏斗零件不能采用带修边余量的方法进行大端口部的拉深，其拉深工艺需要采用压边圈的结构形式；零件小端的结构与尺寸可以采用冲孔、翻孔的工艺达到要求。由于采用了压边圈，所以零件大端很难通过模具一次成形到结构尺寸（由于零件大、小端均为开口结构，所以在拉深成形工艺中两端的成形不能同时进行），所以变流漏斗的最终结构尺寸还需要通过车削、切割等其他加工手段得以实现（带压边圈工艺的变流漏斗零件如图 3-14 所示）。这样的工艺分析划分对于变流漏斗零件的成本及结构尺寸的保证较为合适。

根据无法兰筒形件的极限拉深系数（带压边圈）表及其毛坯相对厚度参数，对变流漏斗的大端直径 $\phi115.2\text{mm}$ 和小端直径 $\phi57.5\text{mm}$ 分别进行一

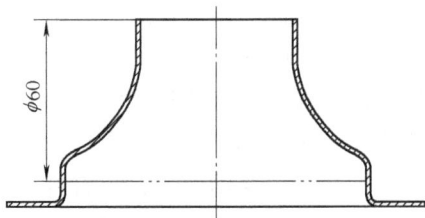

图 3-14　带压边圈变流漏斗工艺图

次拉深成形即可。由于大小端直径之间有圆弧过渡，并有尺寸精度要求，所以需要在大、小端两次拉深之间增加一次过渡拉深成形工艺。

根据上述分析计算，可将变流漏斗零件的模具成形工序划分为五道，分别为落料拉深、第一次拉深、第二次拉深、小端口部冲孔、小端直径翻孔，各道工序的工序图如图 3-15 所示。最后去除大端工艺法兰压边圈，即可达到图样要求。

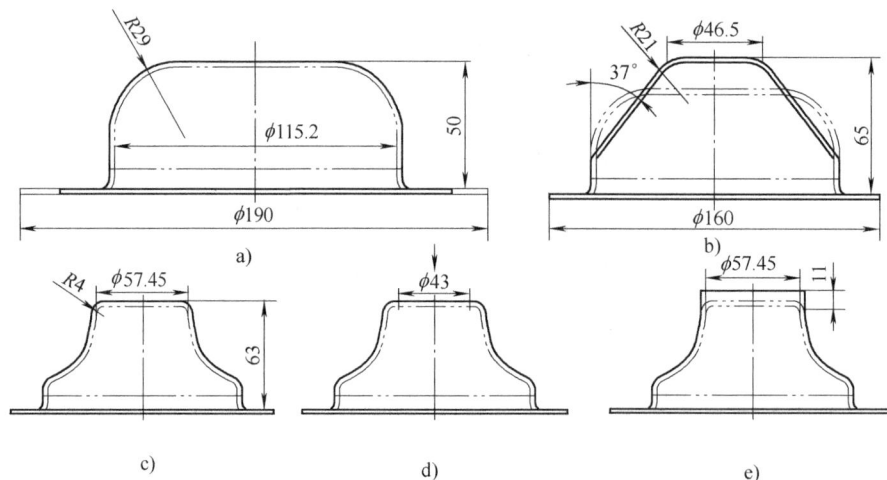

图 3-15 　变流漏斗成形工序图
a）落料拉深　b）第一次拉深　c）第二次拉深　d）小端口部冲孔　e）小端直径翻孔

二、模具设计

拉深模具的理论设计结构往往与实际生产状态有较大差距。在材料的拉深过程中，会发生很复杂的材料流动、变形等不规则的情况，这些流动、变形所产生的结果往往跟理论计算出的结果有较大差距。所以，拉深模通常要将理论计算与实际经验进行有效的结合，通过多次试模掌握实际的材料流动、变形参数，以便在进一步修模时达到零件要求。变流漏斗拉深模的（工序 3）结构如图 3-16 所示。

在前面几道工序成形后，变流漏斗以前道工序成形的形状定位进行第三次拉深；拉深成形之前，通过凹模 7 与卸料板 11 压紧零件的法兰压边圈；拉深结束后，由打杆 5 推动顶件块 4，将零件从凹模孔中推出。

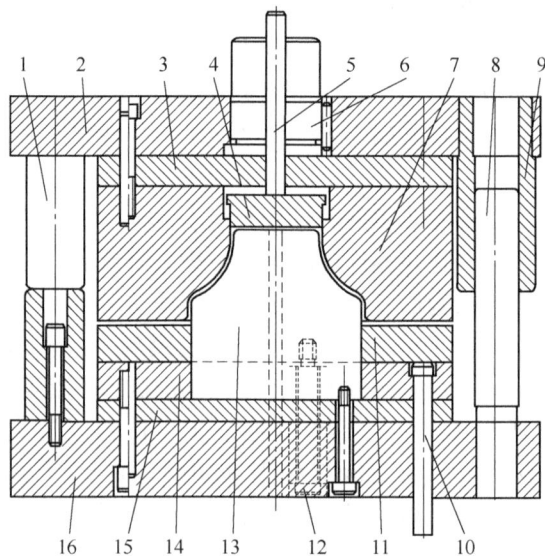

图 3-16 　变流漏斗拉深模（工序 3）结构图
1—限位柱　2—上模板　3—上垫板　4—顶件块　5—打杆　6—模柄　7—凹模　8—导柱　9—导套　10—顶杆　11—卸料板　12—卸料螺钉　13—凸模　14—凸模固定板　15—下垫板　16—下模板

1. 凸模

凸模 13 是变流漏斗拉深模（工序 3）的重要成形零件，其尺寸精度按照工序 3 的工件材料内侧壁的尺寸进行设计。作为重要的拉深成形零件，凸模必须具有较好的耐磨性和寿命，所以采用冲压模具材料中较好的 Cr12MoV，并进行热处理淬火。凸模零件与凸模固定板采用紧配合（过渡配合）的形式，通过凸模固定板进行定位。

凸模零件的中心位置加工一个 $\phi8mm$ 的通孔，用于工件与凸模脱模时透气的孔，防止工件脱模时由于材料内壁与凸模贴合太紧而形成真空状态，使得工件脱模时变形。凸模零件的结构设计如图 3-17 所示。

凸模零件的技术要求：材料为 Cr12MoV，热处理要求淬火硬度 58 ~ 62HRC，标注"＊"的尺寸与固定板紧配合（过渡配合）；其余表面粗糙度 Ra 值为 6.3μm。

2. 凹模

拉深成形时，经过前道拉深成形工序的工件放置在模具下模部分的凸模上进行定位，凹模与下模部分的卸料板夹紧工件的法兰边进行本道工序的拉深成形。凹模零件与凸模一样是变流漏斗零件拉深成形模具的重要成形零件，凹模的内型腔尺寸按照变流漏斗成形工序 3 的工件外表面尺寸设计，凹模下表面与型腔的结合处是拉深工艺中材料流动进入的口部，此处设计为 $R5mm$ 的过渡圆角。凹模零件的材料及技术要求与凸模类似，凹模直接采用销钉与模具的上模部分进行定位，用螺钉联接锁紧。凹模零件的结构设计如图 3-18 所示。

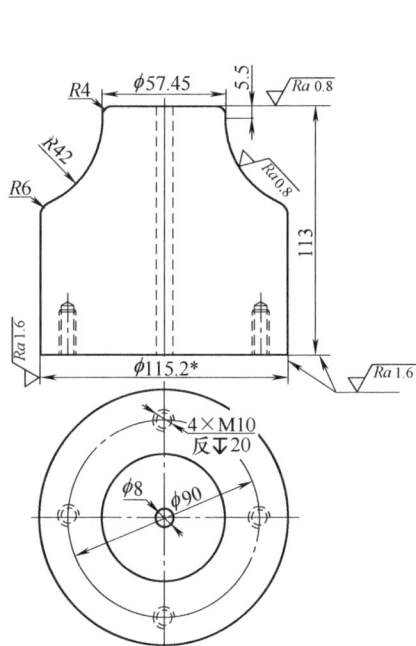

图 3-17 凸模零件

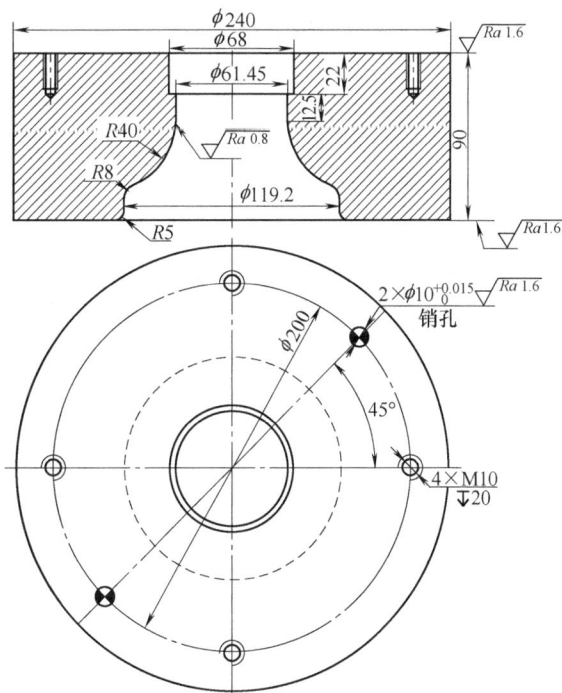

图 3-18 凹模零件

凹模零件的技术要求：材料为 Cr12MoV，热处理要求淬火硬度 58 ~ 62HRC；其余表面粗糙度 Ra 值为 6.3μm。

3. 凸模固定板

凸模固定板 14 的主要功能是固定凸模，对凸模进行定位。由于凸模本身结构比较小，而且凸模是重要的成形零件，所以不能直接在凸模零件上开设销钉孔，不能利用销钉对凸模零件进行定位，所以借助于凸模固定板与凸模紧配合（过渡配合），再对凸模固定板进行定位，从而对凸模定位。凸模固定板的结构设计如图 3-19 所示。

凸模固定板的技术要求：材料为 45 钢，热处理要求调质硬度 28 ~ 32HRC，其余表面粗糙度 Ra 值为 6.3μm。

4. 卸料板

卸料板 11 的主要功能有两个，一是在变流漏斗拉深成形时起到压边圈的功能，二是在本工序拉深结束后，变流漏斗零件脱模时卸料的功能。卸料时，由压力机的液压缸提供动力，通过顶杆 10 推动卸料板进行工作。模具向下成形拉深时也是通过机床液压缸和顶杆支撑卸料板起到压边圈的作用。根据这两个主要的功能，卸料板中心孔与凸模零件最大外径采用滑配设计（小间隙配合），卸料板需要具有较高的硬度和耐磨性。卸料板的结构设计如图 3-20 所示。

卸料板的技术要求：材料为 45 钢，热处理要求淬火硬度 43 ~ 48HRC，标注 "*" 的尺寸与凸模滑配合（小间隙配合），其余表面粗糙度 Ra 值为 6.3μm。

5. 顶件块

变流漏斗完成拉深工艺时，工件可能会留在凹模内腔里，在凹模内腔的中心顶部设计顶件块（件4）可起到向下顶工件的作用。顶件块 4 通过打杆 5 提供顶件力（压力机的上滑块有个横梁，通过横梁打击打杆 5 提供向下的顶件力）。为保证顶件块对成形工件的推力均匀，不发生侧向偏移，顶件块与凹模上部内孔采用滑配设计（小间隙配合），顶件块需要具有较强的硬度和耐磨性。顶件块的结

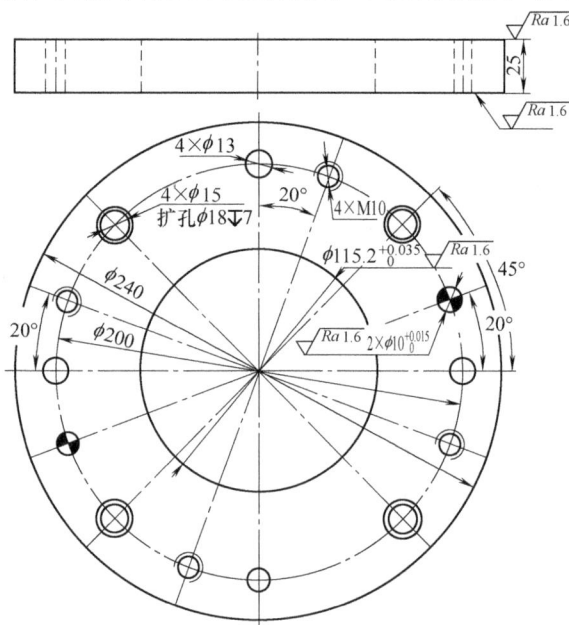

图 3-19　凸模固定板零件

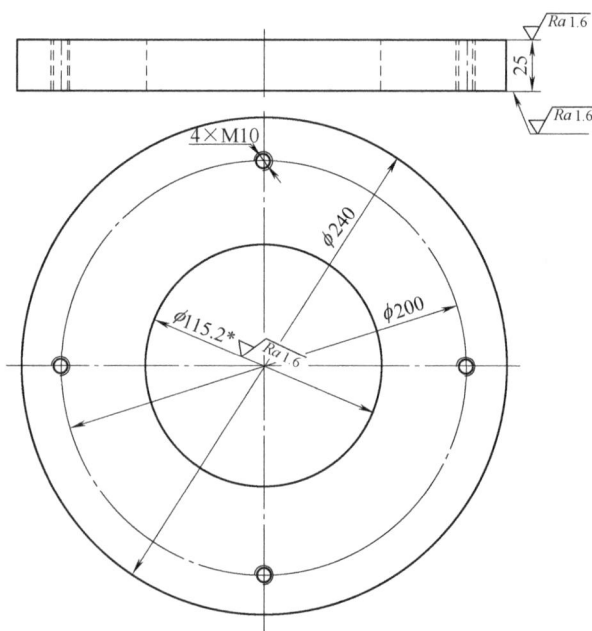

图 3-20　卸料板零件

构设计如图 3-21 所示。

顶件块的技术要求：材料为 45 钢，热处理要求淬火硬度 43～48HRC，标注" ＊ "的尺寸与凹模滑配合（小间隙配合），其余表面粗糙度 Ra 值为 6.3μm。

6. 上、下垫板

上、下垫板的主要功能是承载弯曲力，减小其对模具模架板的影响。模架板零件一般不进行热处理（模架需要安装导柱、导套、销钉等零件，热处理工艺会影响这些零件的精度），所以其硬度和耐磨性有限，长时间在较大力的作用下容易变形及局部磨损，所以在模架板与凸模、凹模零件之间设置垫板。上、下垫板的结构设计如图 3-22、图 3-23 所示。

上、下垫板的技术要求：材料为 45 钢，热处理要求淬火硬度 43～48HRC，其余表面粗糙度 Ra 值为 6.3μm。

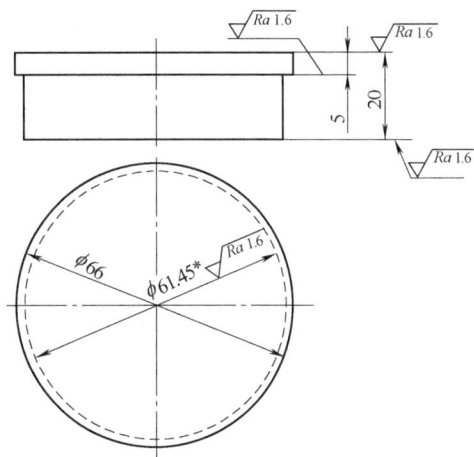

图 3-21 顶件块零件

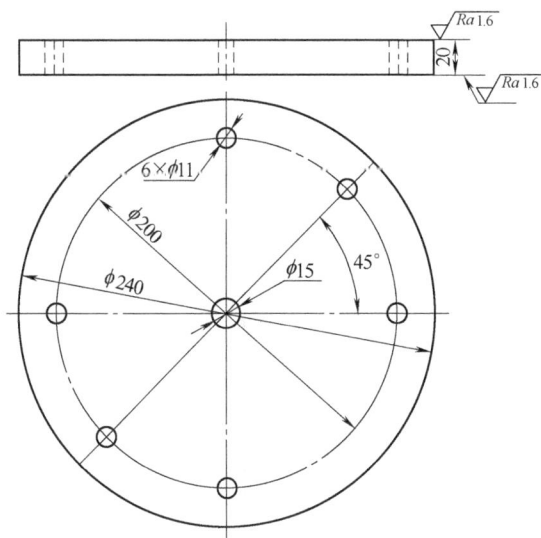

图 3-22 上垫板零件

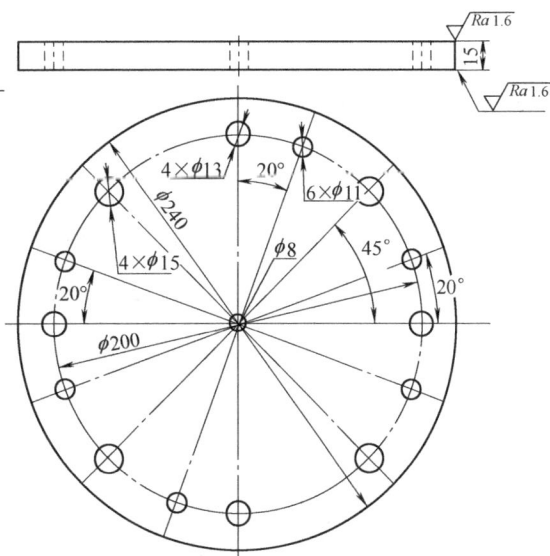

图 3-23 下垫板零件

7. 上模板

变流漏斗拉深模（工序 3）的模架采用的是非标准的后侧导柱钢板模架，上模板的主要功能是承载模具中所有的上模部分的零件。模具导向件中的导套安装在上模板上，与下模的导柱进行导向合模，上模板上的导套孔尺寸需与下模板的导柱孔尺寸一致，以保证模具上下部分的准确配合。根据所应用机床的特点和模具安装方式，在上模板上设置了模柄零件。模具与机床安装时，通常上模板上表面与机床滑块的下表面贴合紧密，同时考虑到模具与机床的正常维护时可能有些防锈油滴在表面，使得上模板与机床贴合更为紧密，在模具上下模合模时，导柱会进入到导套孔内进行配合，需要在上模板的上表面两个导套位置处开设宽

6mm、深3mm 的排气槽。上模板的结构设计如图 3-24 所示。

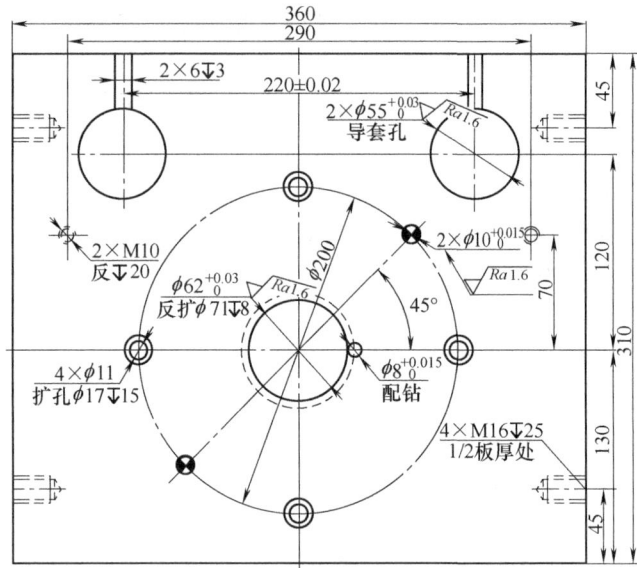

图 3-24　上模板零件

上模板的技术要求：材料为 45 钢，板厚 40mm，上、下两平面的表面粗糙度 Ra 值为 1.6μm，其余表面的表面粗糙度 Ra 值为 6.3μm。

8. 下模板

下模板是安装模具下模部分的载体，下模板上安装的导柱零件与上模板导套配合构成模架，其技术要求与上模板基本相同。下模板的结构设计如图 3-25 所示。

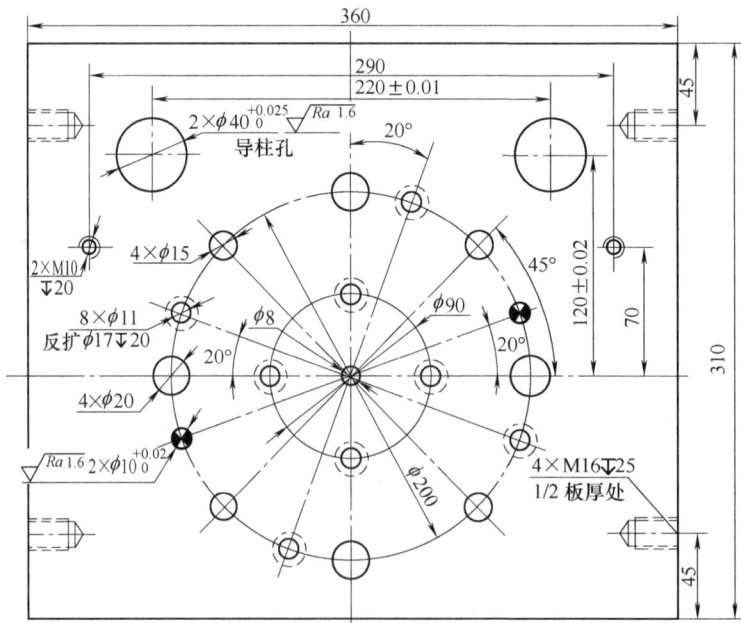

图 3-25　下模板零件

下模板的技术要求：材料为 45 钢，板厚 50mm，上、下两平面的表面粗糙度 Ra 值为 1.6μm，其余表面的表面粗糙度 Ra 值为 6.3μm。

拓 展 项 目

变流漏斗落料拉深成形工艺与模具设计

1. 工艺分析

变流漏斗零件的落料拉深工序如图 3-15a 所示。落料拉深为变流漏斗零件的首道工序，也是首次拉深工序，拉深直径为 φ115.2mm，拉深深度为 50mm，首次拉深凸模圆角可取大些（取 R29mm）。作为落料拉深的复合模，其设计能否达到实际生产的要求，主要考虑凸凹模零件是否具有一定的强度，以及相关的结构功能。

根据零件的三维模型可得到变流漏斗零件的体积，再根据拉深件毛坯尺寸计算公式（体积法），可得到变流漏斗零件毛坯的直径尺寸约为 φ193.8mm；由于通常拉深件的壁厚会变薄，所以拉深件毛坯直径尺寸可圆整为 φ190mm。

毛坯件为圆形，直径尺寸较大，所以零件的排样采用单排直排的形式。采用固定挡料销的挡料与导料的结构形式。

2. 模具设计

变流漏斗落料拉深复合模的结构如图 3-26 所示。

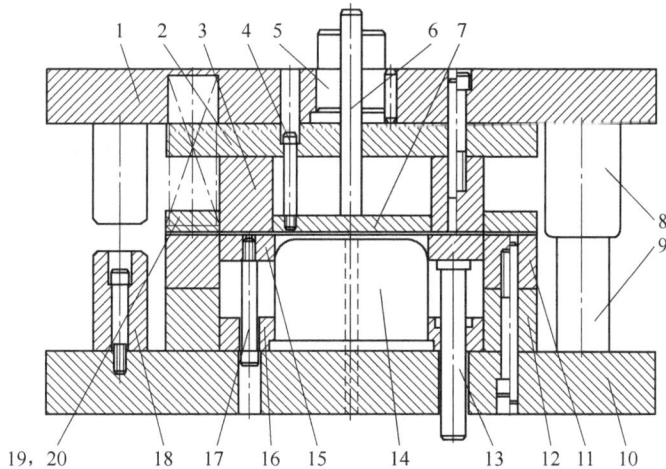

图 3-26 变流漏斗落料拉深复合模结构图

1—上模板 2—上垫板 3—凸凹模 4—卸料螺钉 5—模柄 6—打杆 7—压料板 8—导套
9—导柱 10—下模板 11—落料凹模 12—下垫板 13—顶杆 14—拉深凸模 15—压边圈
16—下固定板 17—卸料螺钉 18—限位柱 19—矩形弹簧 20—卸料板

变流漏斗落料拉深复合模是先进行落料再进行拉深的成形工艺模具。排样条料由固定挡料销定侧搭边和工件间的搭边尺寸，条料放置于压边圈 15 上，此时由于顶杆 13 的作用，压边圈 15 高于落料凹模 11 的上表面。模具工作时，由凸凹模 3 先与压边圈接触，将条料压紧，然后进行落料；落料之后，拉深毛坯件在压边圈的作用下，通过拉深凸模 14 与凸凹模的内孔凹模进行拉深成形。拉深成形后，压边圈同时起到卸料的作用。为防止零件留在凸凹模的内孔中，在凸凹模的内孔中设置压料板 7，通过其与打杆 6 的配合进行上模的卸料。

模具中的凸凹模零件与冲裁工艺复合模具的凸凹模零件类似，但在结构和功能上有所不同。落料拉深凸凹模零件如图 3-27 所示。零件材料采用 W6Mo5Cr4V2 高速工具钢，这种材料的突出特点是具有很高的硬度、耐磨性及热硬性，可用于制造要求耐磨性高的冷热变形模具。尺寸 $\phi 190$mm 与落料凹模间存在 $0.16 \sim 0.20$mm 的双面间隙。

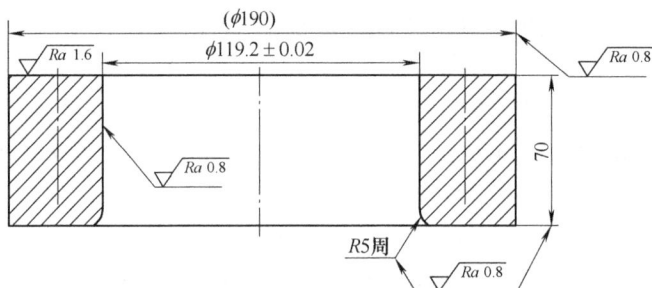

图 3-27　落料拉深凸凹模零件

拓 展 练 习

1. 简述零件在拉深成形工艺中常见的质量缺陷，并提出相应的解决办法。

2. 简述拉深同一零件带压边圈和不带压边圈模具结构的区别，并分析压边圈的主要作用。

3. 简述拉深零件中，零件拉深的次数如何确定，拉深系数的作用及其与拉深次数的关系。

4. 分析图 3-28 所示的导向漏斗零件（材料为 S/S 403，材料厚度 $t = 2$mm）的冲压成形工艺，确定拉深次数及各道基本工序。利用体积法进行零件的毛坯件展开尺寸计算。

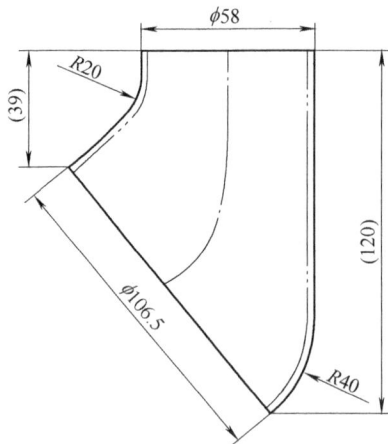

图 3-28　导向漏斗零件

项目四 端盖成形工艺与模具设计

项目目标

1）了解冲压成形工艺中局部成形、局部胀形的工艺特点。
2）了解冲压成形工艺中翻边、翻孔的工艺特点。
3）了解冲压成形工艺中缩口、扩口的工艺特点。
4）了解冲压成形工艺中整形、旋压等局部成形的工艺特点。
5）能分析简单零件冲压成形工艺中的局部成形工艺。
6）能进行翻孔、翻边成形工艺的预孔尺寸计算。
7）能分析具有局部成形零件的工序并设计简单成形工艺的模具结构。

项目分析

1. 项目介绍

端盖零件是一款汽车零部件产品，如图 4-1 所示。端盖零件材料为 SUH409 耐热钢（日本 JIS 标准耐热钢），该材料常用于发动机排气管等动力系统排气部分，材料厚度 $t = 1.5$mm。端盖零件具有较为典型的局部成形特点，零件周边是一圈深度为 $12_{-0.5}^{\;0}$mm，带

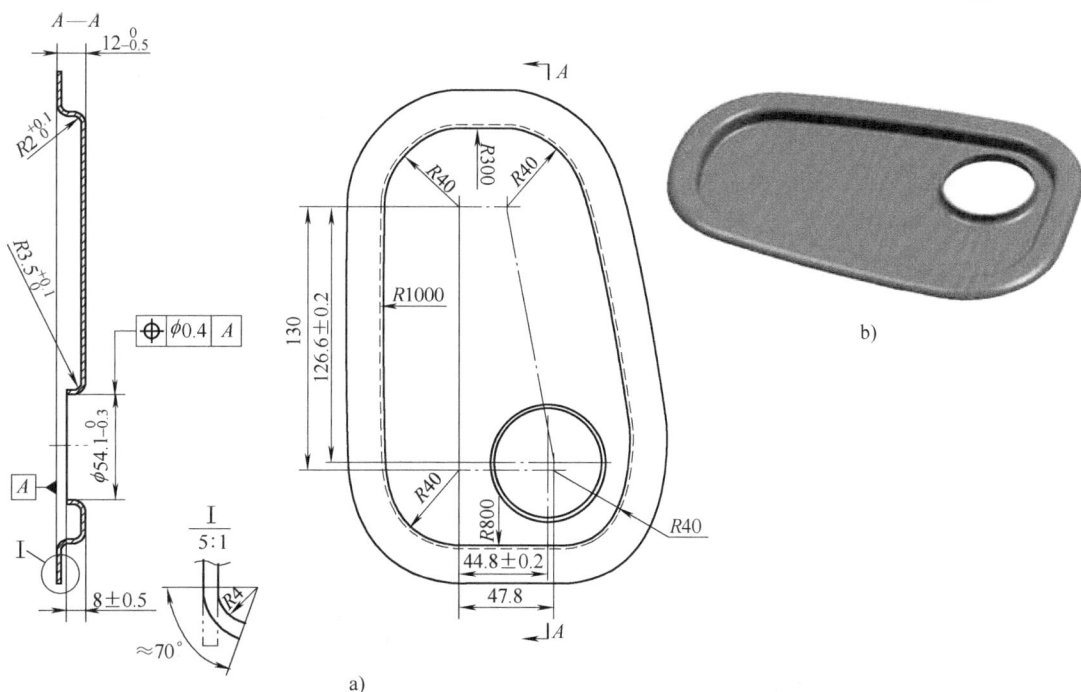

图 4-1 端盖零件
a）尺寸结构图　b）三维模型图

$R4mm$ 圆弧边的成形轮廓，在零件的大平面上有一个内径为 $\phi54.1_{-0.3}^{0}mm$，深度为（8 ± 0.5） mm 的翻孔。

2. 项目基本流程

通过端盖零件冲压成形工艺的分析与模具结构的设计，分析较为复杂零件的成形工艺，划分零件的成形工序；确定零件局部成形的各项工艺参数，计算局部成形中翻孔工艺的相关尺寸；合理设计局部成形的模具零件结构，设计典型冲压成形工艺的模具总体结构。

理 论 知 识

一、胀形

胀形是指利用模具强迫板料厚度变薄和表面积增大，以获得所需零件的冲压工艺方法。常用的胀形成形工艺有起伏成形（局部成形）、圆柱空心坯料的胀形等。

1. 起伏成形（局部成形）

起伏成形也称为局部成形，是指在板料上局部发生胀形而形成凸起或凹进的冲压工艺方法。常见的起伏成形有压加强筋、压凸包、压字等，如图4-2所示。经过起伏成形后的冲压件，特别是生产中广泛应用的压筋成形，不仅提高了强度、刚度，而且还美化了零件的外观。

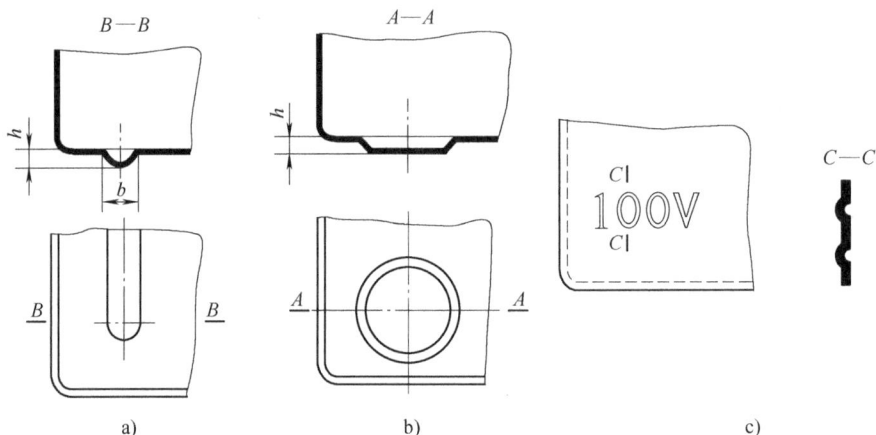

图 4-2　起伏成形（局部成形）

a) 压加强筋　b) 压凸包　c) 压字

起伏成形相当于深度不大的局部拉深，主要是靠局部材料的变薄来实现的。所以起伏成形的极限变形程度常用变形区的伸长率来近似确定（图4-3），即

$$\varepsilon = (l - l_0)/l_0 \leqslant K\delta$$

式中　ε——起伏成形的极限变形程度；

l_0、l——起伏成形前、后材料的长度
（mm）；

δ——材料单向拉深的伸长率；

K——形状系数，压筋成形取 $K = 0.7$
~0.75。

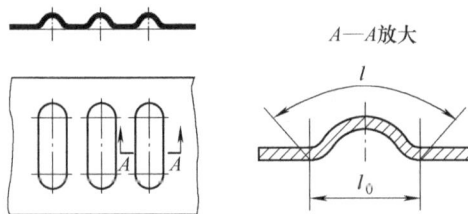

图 4-3　起伏成形前后材料的长度

如果起伏成形零件能满足上述条件，则可采用一次成形。否则需采用两次成形，如图4-4所示，第一次采用大直径的球形凸模成形，使变形区达到在较大范围内聚料和均匀变形的目的（图4-4a），第二次成形到所要求的尺寸（图4-4b）。

起伏成形的模具结构较简单，只要凸、凹模根据零件形状加工出相吻合的形状即可，但要求有较高的表面质量，否则成形后的零件容易破裂或者表面毛糙。

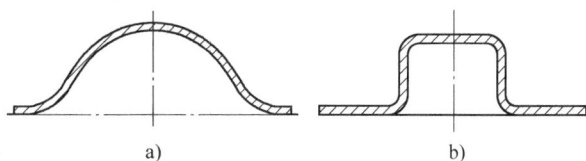

图 4-4 二次成形的加强筋

2. 圆柱形空心毛坯胀形

圆柱形空心毛坯胀形是指将空心件或管状坯料沿径向向外扩张，胀出所需凸起曲面的一种冲压加工方法。采用这种方法可以制造如高压气瓶、波纹管、自行车三通接头，以及火箭发动机上的一些异形空心件。

根据所用模具的不同，可将圆柱形空心毛坯胀形分为两类：一类是刚性凸模胀形，另一类是软模胀形。

（1）刚性凸模胀形 刚性分瓣凸模胀形是指利用锥形铁芯块将分块凸模向四周胀开，使空心件或管状坯料沿径向向外扩张，胀出所需凸起曲面的方法。分块凸模的数目越多，所得到的工件精度就越高，但也很难得到很高精度的制件。由于模具结构复杂，制造成本高，胀形变形不均匀，不易胀出形状复杂的空心件，因此在生产中常采用软模进行胀形。

（2）软模胀形 软模胀形的结构主要有橡胶凸模胀形、倾注液体法胀形、充液橡胶囊法胀形等形式。胀形时，毛坯放在凹模内，利用介质传递压力，使毛坯直径胀大，最后贴靠凹模成形。软模胀形的优点是传力均匀、工艺过程简单、生产成本低、制件质量好、可加工大型零件。软模胀形使用的介质有橡胶、PVC塑料、石蜡、高压液体和压缩空气等。

二、翻边

翻边是指利用模具将工件上的孔边缘或外缘边缘翻成竖立的直边的冲压工序。根据工件边缘的形状和应变状态不同，翻边工件可分为内孔翻边和外缘翻边；根据竖边壁厚的变化情况，翻边可分为不变薄翻边和变薄翻边；外缘翻边又可分为外凸外缘翻边和内凹外缘翻边，如图4-5所示。

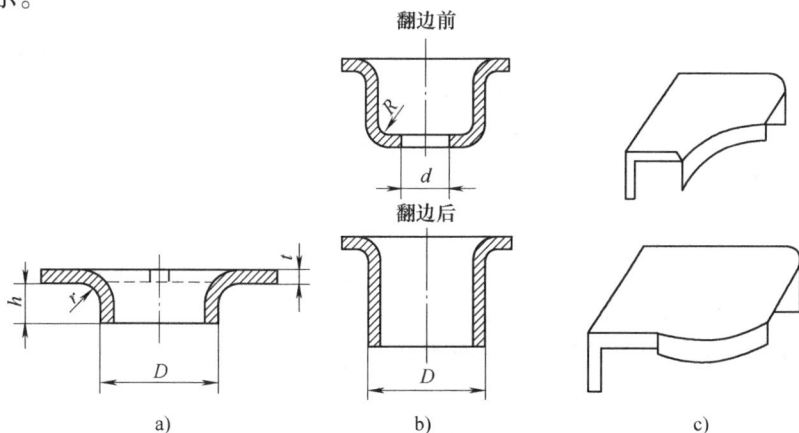

图 4-5 翻边示意图
a）内孔翻边 b）拉深件翻边 c）外缘翻边

1. 内孔翻边

（1）内孔翻边的变形特点及变形系数　内孔翻边主要的变形是坯料受切向和径向拉深，越接近预孔边缘变形越大，因此，内孔翻边的失败往往是边缘拉裂，拉裂与否主要取决于拉深变形的大小。内孔翻边的变形程度用翻边系数 K_0 表示，即

$$K_0 = d_0/D$$

即翻边前预孔的直径 d_0 与翻边后的平均直径 D 的比值。K_0 值越小，则变形程度越大。圆孔翻边时，孔边不破裂所能达到的最小翻边系数称为极限翻边系数。K_0 值可从表 4-1 中查得。

表 4-1　各种材料的翻边系数

经退火的毛坯材料		翻边系数	
		K_0	K_{max}
镀锌钢板（白铁皮）		0.70	0.65
软钢	$t = 0.25 \sim 2.0mm$	0.72	0.68
	$t = 3.0 \sim 6.0mm$	0.78	0.75
黄铜 $t = 0.5 \sim 6.0mm$		0.68	0.62
铝 $t = 0.5 \sim 5.0mm$		0.70	0.64
硬铝合金		0.89	0.80
钛合金	TA1（冷态）	$0.64 \sim 0.68$	0.55
	TA1（加热至 $300 \sim 400℃$）	$0.40 \sim 0.50$	—
	TA5（冷态）	$0.85 \sim 0.90$	0.75
	TA5（加热至 $500 \sim 600℃$）	$0.65 \sim 0.70$	0.55
不锈钢、高温合金		$0.65 \sim 0.69$	$0.57 \sim 0.61$

极限翻边系数与许多因素有关，主要有以下几个：

1）材料的塑性。塑性好的材料，其极限翻边系数小。

2）孔的边缘状况。翻边前孔边缘断面质量好、无撕裂、无毛刺，则有利于翻边成形，极限翻边系数小。

3）材料的相对厚度。翻边前预孔的孔径 d_0 与材料厚度 t 的比值越小，则断裂前材料的绝对伸长可大些，故极限翻边系数相应较小。

4）凸模的形状。球形、抛物面形和锥形的凸模较平底凸模有利于翻边成形，故极限翻边系数相应较小。

（2）内孔翻边的工艺计算及翻边力计算　内孔翻边工艺计算有两方面内容：一方面是根据翻边零件的尺寸，计算毛坯预孔的尺寸 d_0；另一方面是根据允许的极限翻边系数，校核一次翻边可能达到的翻边高度 H，如图 4-6 所示。

1）平板毛坯内孔翻边时的预孔直径及翻边高度。内孔的翻边预孔直径 d_0 可近似地按弯曲展开计算，即

$$d_0 = D_0 - 2(H - 0.43r - 0.72t)$$

内孔的翻边高度为

$$H = \frac{D_0}{2}\left(1 - \frac{d_0}{D_0}\right) + 0.43r + 0.72t$$

内孔的翻边极限高度为

$$H_{\max} = \frac{D_0}{2}\left(1 - K_{0\min}\right) + 0.43r + 0.72t$$

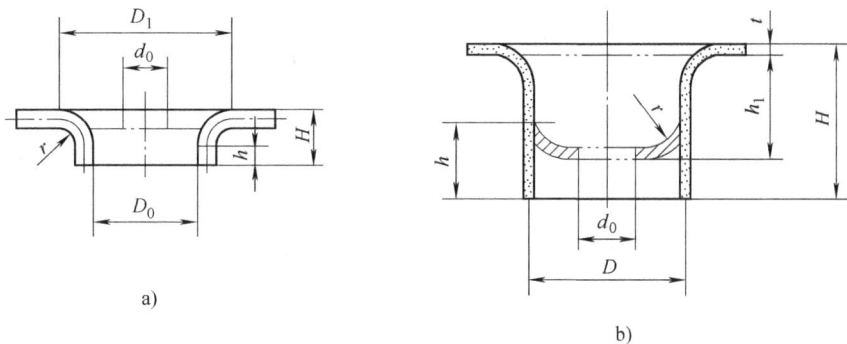

图 4-6 内孔翻边尺寸计算

a）平板毛坯翻边 b）在拉深件底部翻边

2）在拉深件的底部冲孔翻边。其工艺计算过程是：先计算允许的翻边高度 h，然后按零件的要求高度 H 及 h 确定拉深高度 h_1 及预孔直径 d_0。允许的翻边高度为

$$h = \frac{D}{2}(1 - K_0) + 0.57\left(r + \frac{t}{2}\right)$$

预孔直径 d_0 为

$$d_0 = K_0 D$$

或

$$d_0 = D + 1.14\left(r + \frac{t}{2}\right) - 2h$$

拉深高度为

$$h_1 = H - h + r$$

3）非圆孔翻边。非圆孔翻边的变形性质比较复杂，它包括圆孔翻边、弯曲、拉深等变形。对于非圆孔翻边的预孔，可以分别按翻边、弯曲、拉深展开，然后用作图法将各展开线光滑连接。在非圆孔翻边中，由于变形性质不相同（应力、应变状态不同）的各部分相邻，对翻边和拉深均有利，因此翻边系数可取圆孔翻边系数的 80% ~90%。

4）翻边力。翻边力一般不大，其计算公式为

$$F = 1.1\pi(D - d_0)t\sigma_s$$

式中 σ_s——材料的屈服强度。

其余符号含义均与前面公式相同。

（3）螺纹底孔的变薄翻边 材料的竖边变薄是指由拉应力作用使材料自然变薄，是翻边的自然现象。当工件很高时，也可采用减小凸、凹模间隙，强迫材料变薄的方法，以提高生产率和节约材料。

螺纹底孔的变薄翻边属于体积成形，凸模的端头做成锥形（或抛物线形），凸、凹模之间的间隙小于材料厚度，翻边时孔壁材料变薄而高度增加。

对于低碳钢、黄铜、纯铜及铝，其翻边预孔直径为

$$d_0 = (0.45 \sim 0.5)d_1$$

翻边孔的外径为

$$d_3 = d_1 + 1.3t$$

翻边高度为

$$h = \frac{t(d_3^2 - d_0^2)}{d_3^2 - d_1^2} + (0.1 \sim 0.3)\text{mm}$$

凹模圆角半径一般取 $r = (0.2 \sim 0.5)t$，但不小于0.2mm。

表4-2 列出了用变薄加工小螺纹底孔的尺寸，表4-3 列出了小螺孔变薄翻边的凸模尺寸。

表4-2　在金属板上翻边小螺纹底孔的尺寸　　　　　　（单位：mm）

螺孔直径	料厚 t	d_0	d_1	h	d_3
M2	0.8	0.8	1.6	1.6	2.7
	1.0			1.8	3.0
M2.5	0.8	1	2.1	1.7	3.2
	1.0			1.9	3.5
M3	0.8	1.2	2.5	2.0	3.6
	1.0			2.1	3.8
	1.2			2.2	4.0
	1.5			2.4	4.5
M4	1.0	1.6	3.3	2.6	4.7
	1.2			2.8	5.0
	1.5		3.6	3.0	5.4
	2.0			3.2	6.0

表4-3　小螺孔变薄翻边的凸模尺寸　　　　　　（单位：mm）

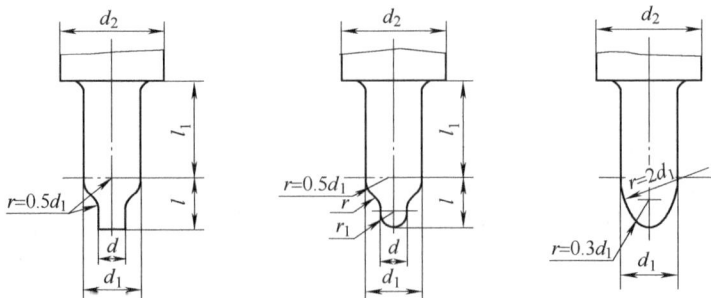

（续）

螺孔直径	d	d_1	d_2	l	l_1	r	r_1
M2	0.8	1.6	4	1.5	4.5	1	0.4
M2.5	1.0	2.1	—	2	5.5	—	0.5
M3	1.2	2.5	5	2.5	6.0	—	0.7
M4	1.6	3.3	—	3.5	6.5	1.5	0.9

2. 外缘翻边

外凸的外缘翻边，其变形性质、变形区应力状态与不用压边圈的浅拉深相同，如图4-7a所示。变形区主要为切向压应力，变形过程中材料易起皱。内凹的外缘翻边，其特点近似于内孔翻边，如图4-7b所示，变形区主要为切向拉深变形，在变形过程中，材料的边缘易开裂。从变形性质来看，复杂形状零件的外缘翻边是弯曲、拉深、内孔翻边等的组合。

外凸的外缘翻边变形程度 $E_凸$ 的计算公式为

$$E_凸 = \frac{b}{R+b}$$

内凹的外缘翻边变形程度 $E_凹$ 的计算公式为

$$E_凹 = \frac{b}{R-b}$$

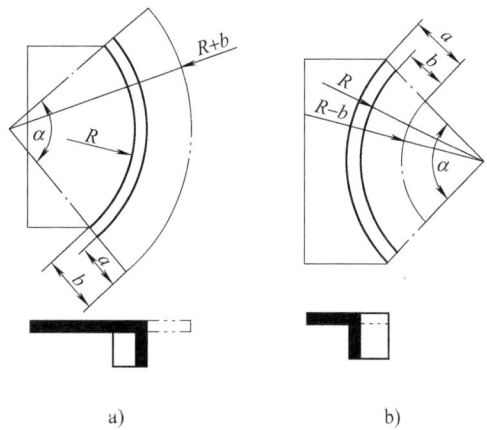

图 4-7 外缘翻边
a) 外凸的外缘翻边 b) 内凹的外缘翻边

三、缩口

缩口是指将预先成形好的圆筒件和管件坯料通过缩口模具将其口部直径缩小的一种成形方法。缩口的应用比较广泛，可用于子弹壳、钢制气瓶、钢管拉拔、自行车车架管等的加工。

在缩口变形的过程中，坯料变形区受到两个方向的压应力作用。其中切向压应力是主应力，使直径缩小，厚度和高度增加，易产生切向失稳而起皱。而非变形区的筒壁由于受到轴向压应力作用，易产生轴向失稳而起皱。所以失稳起皱是缩口加工的主要障碍。缩口的变形程度可用坯料缩口后的直径与缩口前的直径之比来表示，该比值称为缩口系数。材料塑性越好，厚度越大，所允许的缩口系数越小，当零件缩口系数小于其允许值时，则需采用多次缩口。常见的缩口形式有斜口式、直口式和球面式，如图4-8所示。缩口模的结构根据支承情况可分为无支承、外支承和内外支承三种。无支承形式的模具结构简单，但缩口过程中坯料稳定性差，允许的缩口系数较大；外支承形式的模具，缩口时坯料稳定性较前者好；内外支承形式的模具结构较前两者复杂，但缩口时坯料稳定性最好，允许的缩口系数为三者中最小。

四、校平与整形

校平与整形是指利用模具使坯件局部或整体产生不大的塑性变形，以消除平面误差、提高制件形状及尺寸精度的冲压成形方法。

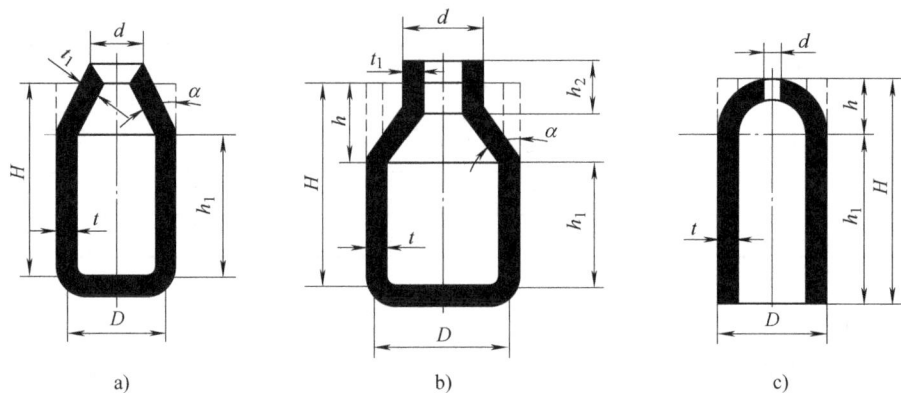

图 4-8　常见的缩口形式
a) 斜口式　b) 直口式　c) 球面式

1. 校平与整形的工艺特点

校平与整形允许的变形量很小，因此必须使坯件的形状和尺寸与制件非常接近。校平和整形后制件精度较高，因而对模具成形部分的精度要求也相应提高。通常校平与整形工艺安排在成形工艺之后，一般为最后一道工序。

校平与整形时，应使坯件内的应力、应变状态有利于减少卸载后由于材料的弹性变形而引起制件形状和尺寸的弹性恢复。

2. 校平

校平多用于冲裁件，以消除冲裁过程中拱弯造成的不平。对薄料和表面不允许有压痕的制件，一般采用光面校平模；对较厚的普通制件，一般采用齿形校平模。

3. 整形

整形一般用于弯曲、拉深成形工序之后。整形模与一般成形模具相似，只是工作部分的定形尺寸精度高，要求表面粗糙度值更小，圆角半径和间隙值都较小。

整形时，必须根据制件形状的特点和精度要求，正确地选定产生塑性变形的部位、变形的大小和恰当的应力、应变状态。弯曲件的镦校所得到的制件尺寸精度高，是目前经常采用的一种校正方法，如图 4-9 所示。但带孔的弯曲件或宽度不等的弯曲件，不宜采用镦校，因为镦校时易使孔产生变形。

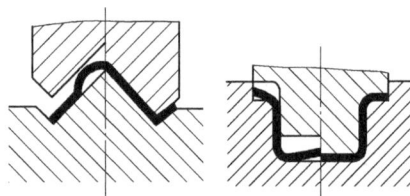

图 4-9　弯曲件的镦校

拉深件的整形采用负间隙拉深整形法，其间隙可取为 $(0.9 \sim 0.95)t$ （t 为料厚）。可把整形工序与最后一道拉深工序结合成一道工序来完成。整形模也常用于复杂零件成形工艺的后道工序，以克服零件局部成形不到位及局部修正的作用。

五、旋压

旋压是指将平板或空心坯料固定在旋压机的模具上，在坯料随机床主轴转动的同时，用旋轮或赶棒加压于坯料，使之产生局部的塑性变形。在旋轮的进给运动和坯料的旋转运动共同作用下，使局部的塑性变形逐步地扩展到坯料的全部表面，并紧贴于模具，完成零件的旋压加工。

旋压加工的优点是设备和模具都比较简单（没有专用的旋压机时可用车床代替），除可成形如圆筒形、锥形、抛物面形或其他各种曲线构成的旋转体外，还可加工相当复杂形状的旋转体零件，以及大型反射体等零件。其缺点是生产率较低，劳动强度较大，比较适用于试制和小批量生产。旋压通常有普通旋压和变薄旋压两种。

1. 普通旋压

图 4-10 所示是平板坯料的旋压过程示意图。顶块把坯料压紧在模具上，机床主轴带动模具和坯料一同旋转，赶棒加压于坯料并反复赶辗，于是由点到线，由线及面，使坯料逐渐紧贴于模具表面而成形。

为了使平板坯料变为空心的筒形零件，必须使坯料切向收缩、径向延伸。但与普通拉伸不同，旋压时赶棒与坯料之间基本为点接触。坯料在赶棒的作用下，产生两种变形：一种是与赶棒直接接触的材料产生局部凹陷的塑性变形，另一种是坯料沿着赶棒加压的方向大片倒伏。前一种现象为旋压成形所必需，因为只有使材料局部塑性变形，螺旋式地由筒底向外发展，才有可能引起坯料的切向收缩和

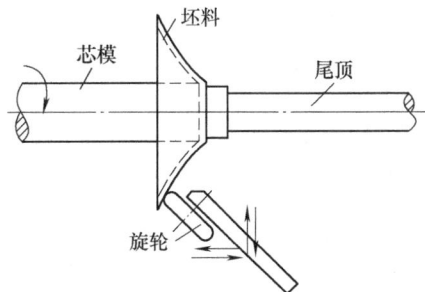

图 4-10 旋压加工

径向延伸，最终取得与模具一致的外形。后一种现象则使坯料产生大片皱折，振动摇晃，失去稳定或产生撕裂，妨碍旋压过程的进行，因此必须避免。

旋压的基本要点：

（1）合埋的转速 如果转速太低，坯料将在赶棒作用下翻腾起伏，极不稳定，导致旋压工作难以进行。转速太高，则坯料与赶棒接触次数太多，容易使坯料过度辗薄。合理的转速一般是：软钢为 $400 \sim 600 \mathrm{r/min}$，铝为 $800 \sim 1200 \mathrm{r/min}$。当坯料直径较大、厚度较薄时取小值，反之则取较大值。

（2）合理的过渡形状 旋压操作首先应从坯料靠近模具底部圆角处开始，得到过渡形状；然后再轻赶坯料的外缘，使其变为浅锥形，得到过渡形状，这样做是因为锥形的抗压稳定性比平板高，材料不易起皱。后续的操作和前述相同，即先赶辗锥形件的内缘，使这部分材料贴模（过渡形状），然后再轻赶外缘（过渡形状）。如此多次反复赶辗，直到零件完全贴模为止。

（3）合理加力 赶棒的加力一般凭经验，加力不能太大，否则容易起皱。同时赶棒着力点必须不断转移，使坯料均匀延伸。

一次旋压的变形程度过大时，旋压时容易起皱，工件壁厚变薄严重，甚至破裂，故应限制其极限旋压系数。当工件需要的变形程度比较大时，便需要多次旋压。多次旋压是由连续多道工序在不同尺寸的旋压模具上进行的，并且都以底部直径相同的锥形过渡。旋压成形的变形程度以旋压系数 m 表示，即

$$m = d/D$$

式中 d——工件直径（工件为锥形件时，则 d 为圆锥最小直径）；

D——坯料直径。

圆筒形件的极限旋压系数 $m_{\min} = 0.6 \sim 0.8$，圆锥形件的极限旋压系数 $m_{\min} = 0.2 \sim 0.3$。

2. 变薄旋压

在锥形件的变薄旋压过程中，旋压机的尾座顶块把坯料压紧在模具上，使其随同模具一起旋转，旋轮通过机械或液压传动强力加压于坯料，旋轮沿给定轨迹移动并与坯料保持一定间隙，使坯料厚度产生预定的变薄，加工成所需的零件。变薄旋压的主要特点为：

1）与普通旋压相比，变薄旋压在加工过程中坯料凸缘不产生收缩变形，因此没有凸缘起皱问题，也不受坯料相对厚度的限制，可以一次旋压出相对深度较大的零件。变薄旋压一般要求使用功率大、刚度大并有精确靠模机构的专用强力旋压机。

2）与冷挤压相比，变薄旋压是局部变形，因此变形力比冷挤压小得多。某些用冷挤压加工困难的材料，采用变薄旋压则可加工。

3）经强力旋压后，材料晶粒紧密细化，提高了强度，表面质量也较好，表面粗糙度 Ra 值可达 $0.4\mu m$。

变薄旋压件常见的零件形状有抛物线形、半球形和圆筒形，其变形原理与锥形件相同，设计时可参考相关手册。

六、挤压工艺与模具

挤压是指将挤压模具安装在压力机上，利用压力机简单的往复运动，使金属在模腔内产生塑性变形，从而获得所需尺寸、形状及性能的机械零件的方法。挤压通常是在室温条件下进行的，不需要对毛坯进行加热，所以常称为冷挤压。挤压加工可以在挤压压力机上进行，也可以在普通机械压力机、液压机、摩擦压力机或高速锤上进行。

1. 挤压的分类

根据挤压时金属流动方向与凸模运动方向的关系，可以将挤压分为正挤压、反挤压、复合挤压和径向挤压。

（1）正挤压　正挤压时，金属的流动方向与凸模的运动方向相同。图 4-11a 所示是正挤压实心工件的情形，它的加工过程是先将毛坯放在凹模内，凹模底部有一个大小与所制零件外径相同的孔，然后用凸模去挤压毛坯。在挤压时，由于凸模压力的作用，使金属达到塑性状态，产生塑性流动，强迫金属从凹模的小孔中流出，从而制成所需要的零件。一般来说，正挤压可以制造各种形状的实心工件（采用实心毛坯），也可以制造各种形状的管子和弹壳类零件。图 4-11b 所示为采用空心毛坯或杯形毛坯。

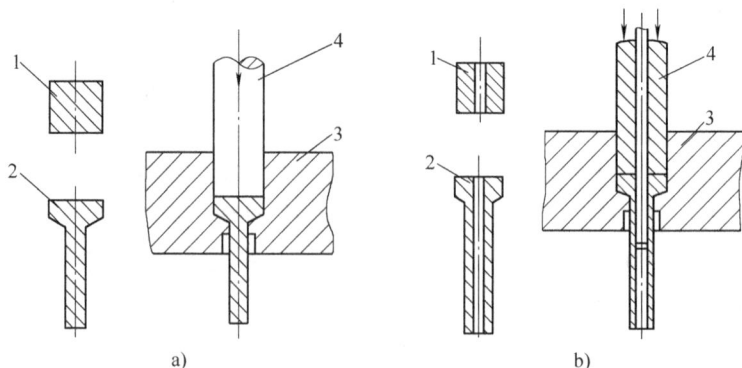

图 4-11　正挤压
a）实心　b）空心
1—毛坯　2—挤压件　3—凹模　4—凸模

（2）反挤压　反挤压时，金属的流动方向与凸模的运动方向相反。图 4-12 所示是反挤压空心杯形工件的情形，其加工过程是把扁平的毛坯放在凹模底上，凹模与凸模在半径方向上的间隙等于杯形零件的壁厚。当凸模向毛坯施加压力时，金属便沿凸模与凹模之间的间隙向上流动，从而制成所需的空心杯形零件。

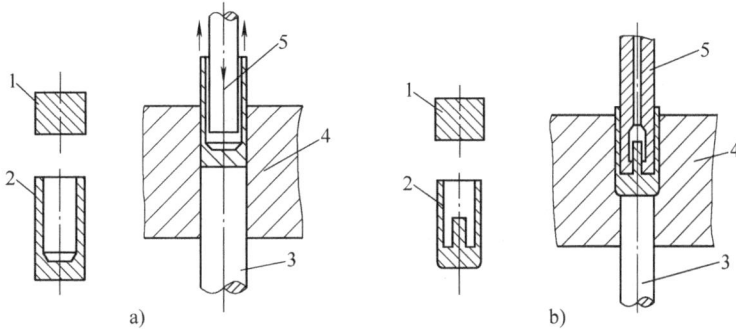

图 4-12　反挤压
1—毛坯　2—挤压件　3—顶杆　4—凹模　5—凸模

（3）复合挤压　复合挤压时，毛坯上一部分金属的流动方向与凸模的运动方向相同，而另一部分金属的流动方向则相反。图 4-13 所示为复合挤压的情况。采用复合挤压的方法可以制造各种带有凸起的复杂形状的空心工件。

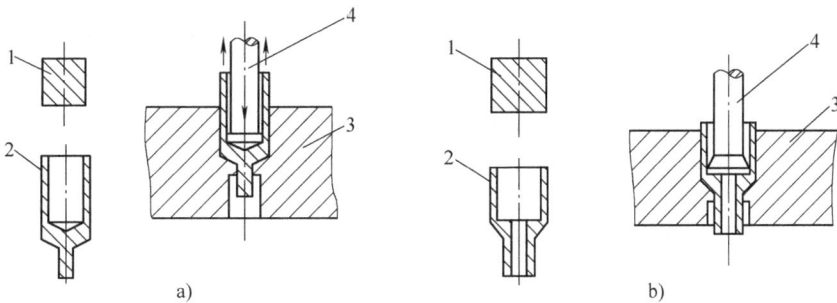

图 4-13　复合挤压
1—毛坯　2—挤压件　3—凹模　4—凸模

（4）径向挤压　径向挤压时，金属的流动方向与凸模的运动方向垂直。采用实心毛坯或管状毛坯可挤压制成盘类零件或内壁有凸出要求的零件。

2. 挤压的特点及主要问题

挤压的特点如下：

1）坯料变形区塑性好，变形抗力大。

2）挤压零件质量高，其尺寸公差等级一般可达 IT7，表面粗糙度 Ra 值可达 0.2~1.6μm。

3）生产率高。

4）节约原材料。

挤压时，为使被挤压的材料产生塑性变形流动，模具须承受巨大的反作用力。为顺利实施挤压工艺，必须考虑和解决以下几方面的问题：

1）选用适合于挤压加工的材料。

2）采用正确、合理的挤压工艺方案。

3）选用合理的毛坯软化热处理方案。

4）采用合理的毛坯表面处理方法及选用最理想的润滑剂。

5）设计并制造适合挤压特点的模具结构，保证成品达到所要求的质量，同时还应保证模具有较长的工作寿命、较高的生产率，生产安全可靠。

6）选择合适的挤压模具材料及其热处理方法。

7）选择适合于挤压工艺特点的机器与设备。

3. 挤压常用材料

挤压材料应具有一定的塑性。挤压时金属处于三向压应力状态，此时一般材料可具有较好的塑性，对成形有利。但在金属流动过程中，由于受摩擦、壁厚不均匀、凹模形状等因素的影响，金属内部会产生附加应力，在此应力的作用下容易引起低塑性金属产生裂纹而使产品报废。因此，对挤压材料应有一定的塑性要求。

挤压材料的机械强度要低。因为挤压时要用模具来控制金属的变形，变形抗力的大小直接影响模具的寿命。机械强度高的金属，其变形抗力大，导致模具寿命降低。

对材料的组织状态应有一定的要求，晶粒结构应尽可能均匀、细小且呈球状。对非金属夹杂数量、形状、分布情况也有要求。同时材料的表面状况应良好。

目前随着挤压技术的不断发展和新型模具材料的应用，可用于挤压的材料越来越多。常用的挤压材料见表4-4。

表4-4　常用的挤压材料

材料名称		材　料　牌　号
铝及铝合金	纯铝	1070A、1060、1050A、1035、1200
	防锈铝	5A02、5A05、3A21
	硬铝	2A11、2A12、2A13
	锻铝	2A50、2A14
	超硬铝	7A09
铜及铜合金	纯铜	T1、T2、T3
	黄铜	H62、H68、H70、H80、H85、H90
锌及锌合金	纯锌	纯 Zn
	锌铜	Zn-Cu 合金
	锌铝镁	Zn-Al-Mg 合金
铁	纯铁	DT1

（续）

材料名称		材　料　牌　号
钢	优质碳素钢、结构钢	08F、15F、10、15、20、25、35、40、45、50、15Mn、16Mn、20Mn
	深冲钢	S10A、S15A、S20A
	合金结构钢	15Cr、20Cr、30Cr、40Cr、15CrMo、20CrMo、30CrMo、35CrMo、42CrMo、12CrNi2、30Mn2、40CrNiMo
	不锈钢	12Cr13、20Cr13、30Cr13、14Cr17Ni2、06Cr19Ni10、12Cr18Ni9
	轴承钢	GCr6、GCr9、GCr15
	碳素工具钢	T8、T9

4. 挤压毛坯

（1）挤压对毛坯的要求　挤压用毛坯表面应保持光洁，不能有裂纹、折叠等缺陷，否则经挤压后上述缺陷将进一步扩大而导致挤压件报废。一般要求毛坯表面粗糙度 Ra 值小于 $6.3\mu m$。

在实际生产中常采用的挤压毛坯的几何形状如图 4-14 所示。图 4-14a、b 所示的结构可由原材料直接制成，可用于正挤压和反挤压；图 4-14c、d 所示的两种毛坯是经反挤压预成形制成的，主要用于空心件正挤压。

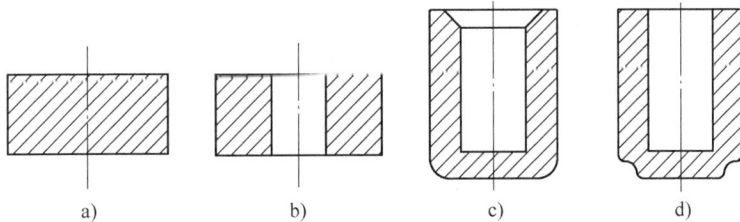

图 4-14　毛坯的基本形状

（2）毛坯尺寸的计算　毛坯尺寸是根据体积不变的条件进行计算的。如挤压后还需进行切削加工，则计算毛坯体积时还应加上修边余量体积，即

$$V_o = V_p + V_s$$

式中　V_o——坯料体积；

　　　　V_p——挤压件体积；

　　　　V_s——修边余量体积，不同挤压件的修边余量可按表 4-5 及表 4-6 选取。

表 4-5　旋转体挤压件高度修边余量　　　　　　　　（单位：mm）

挤压件高度 h	<10	10~20	20~30	30~40	40~60	60~80	80~100
修边余量 Δh	2	2.5	3	3.5	4	4.5	5

注：1. 当挤压件高度大于 100mm 时，修边余量为高度的 5%。

　　2. 复合挤压件的修边余量应适当增加。

　　3. 矩形挤压件的修边余量按表中所列数据加倍。

表 4-6　大量生产铝质外壳所用的修边余量　　　　　　（单位：mm）

挤压件高度 h	15～20	20～50	50～100
修边余量 Δh	8～10	10～15	15～20

注：表中所列数据适于大量生产壁厚为 0.3～0.4mm 的铝质反挤压杯形件。

　　毛坯内、外径可根据凸、凹模相应尺寸确定，毛坯外径一般比凹模直径尺寸小 0.1～0.2mm，以便毛坯放入凹模；毛坯内径一般比挤压件内孔（或芯轴）直径小 0.1～0.05mm。当工件内孔表面粗糙度要求不高时，毛坯内径也可以比零件内孔大 0.1～0.2mm。径向尺寸确定后即可计算出毛坯的横截面面积。再由求得的毛坯体积计算出毛坯高度 H_o，计算公式为

$$H_o = \frac{V_o}{A_o}$$

式中　A_o——毛坯的横截面面积。

5. 挤压力的计算

　　挤压力的确定是设计挤压模具、选择模具材料和挤压设备吨位的依据。计算挤压力的方法主要有图算法、公式计算法及经验公式法。目前公式计算法由于计算方法复杂且准确性差而用得不多；而图算法由于试验条件及材料种类的局限性，也影响了其应用范围。相比之下，经验公式法计算较为方便且具有相当高的准确性。

　　根据资料，镦挤压力的计算公式为

$$F = pA = xnR_m A$$

式中　A——凸模工作部分面积；

　　　x——模具形状系数（图 4-15）；

　　　n——挤压方式及变形程度修正系数；

　　　R_m——材料的抗拉强度。

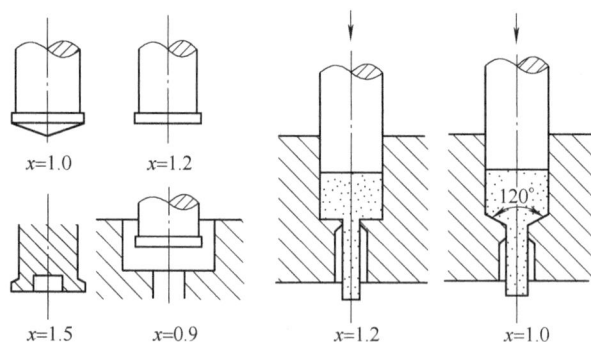

图 4-15　模具形状系数

6. 常用挤压模具结构

　　当挤压模具处于非常恶劣的工作状态下时，它承受的单位压力特别高；金属的强烈流动和摩擦会产生大量的热量，使模具工作部分温度可达 200～350℃；挤压通常采用挤压机或

普通机械压力机，所以模具要承受冲击力和周期性载荷。考虑到以上因素，故挤压模具一定要设计得正确、合理。挤压模具由工作部分、导向部分、卸料和顶出部分、紧固部分组成。

（1）正挤压模具 图4-16所示是用于钢铁金属空心零件正挤压的模具简图。凸模16的心部装有凸模芯轴15，凸模芯轴15的心部设有通气孔与模具外部相通。凸模16的上顶面与淬硬的垫板13接触，以便扩大上模板3的承压面积。凹模2经垫块8与垫板9固定于下模板11上。由图中可以看出，凸模与凹模的中心位置是不能调整的，凸、凹模之间的对中精度完全靠导柱7与导套6以及各个固定零件之间的配合精度来保证。由图还可知，凸模回程时，挤压件将留在凹模内，因此需在模具下模板上设置顶出杆10。

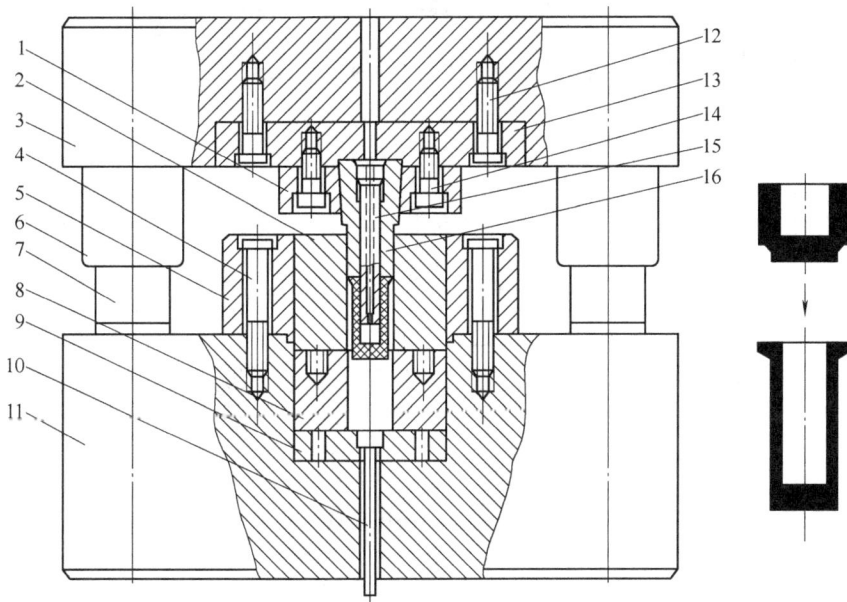

图 4-16 正挤压模具简图

1—凸模固定圈 2—凹模 3—上模板 4、12、14—螺钉 5—凹模固定板
6—导套 7—导柱 8—垫块 9、13—垫板 10—顶出杆 11—下模板

15—凸模芯轴 16—凸模

（2）反挤压模具 图4-17所示是在小型（无顶出装置）压力机上使用的钢铁金属反挤压模具，它是一种典型的具有导向装置的反挤压模具。为便于反挤压件从凹模中取出，设计了间接顶出装置；反挤压力在下模完全由顶件器25承受，顶件力由反拉杆式联动顶出装置（由件3、件28、件30、件31、件32、件33组成）提供。该顶出装置在模座下方带有活动板31，当挤压件顶出一段距离后，通过带斜面的斜块33将活动板31撑开，使顶杆32的底面悬空，使其靠自重复位，为下一次放置毛坯做好准备。活动板31靠其外圈的拉簧30合并。上模设计了卸件装置，由于杯形挤压件较深，为加强凸模的强度，除工作段外，凸模的直径加粗并开出三道卸料槽，供带有三个内爪形的卸料圈17卸料。

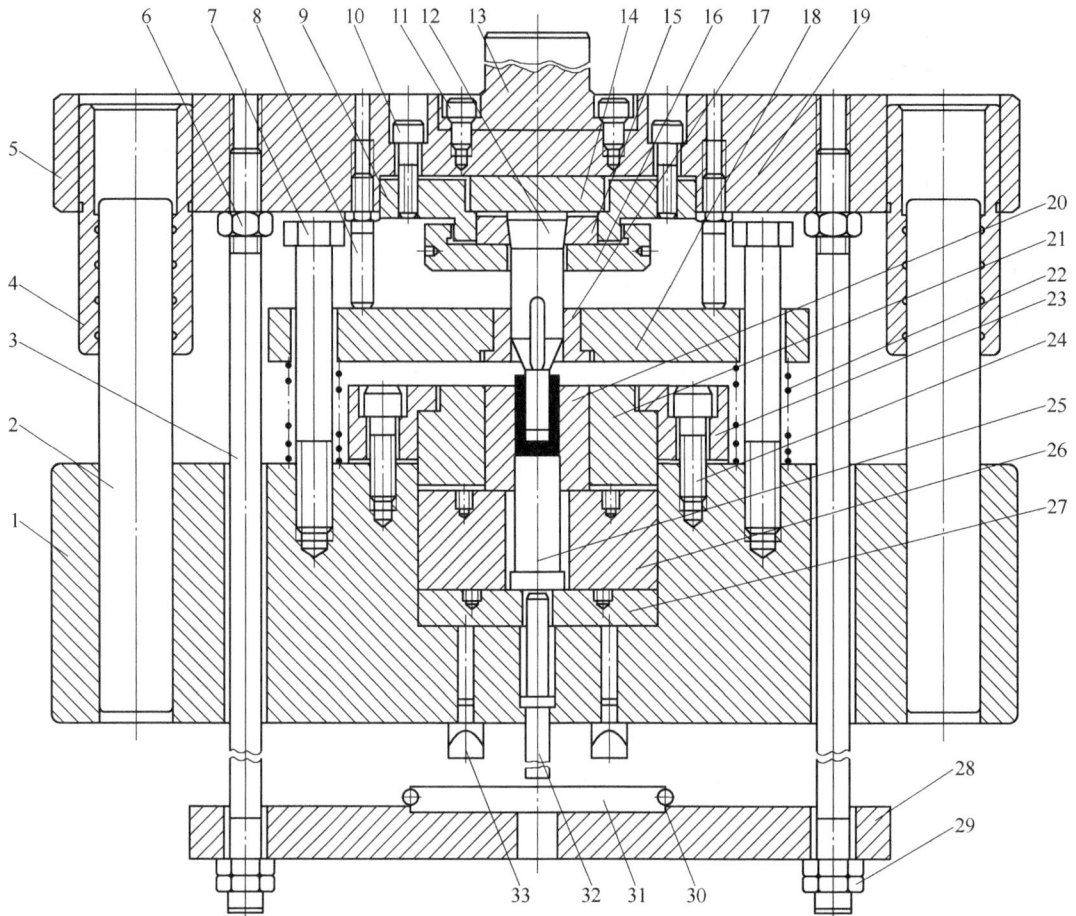

图 4-17　反挤压模具

1—下模座　2—导柱　3—拉杆　4—导套　5—上模座　6、29—螺母　7—限位螺栓　8—压柱　9—定
位圈　10、11、24—螺钉　12—凸模　13—模柄　14、26、27—垫块　15—加强圈　16—紧固圈
17—卸料圈　18—卸料板　19—压力垫块　20—凹模　21—预应力圈　22—弹簧　23—压板
25—顶件器　28—顶板　30—拉簧　31—活动板　32—顶杆　33—斜块

项 目 实 施

一、成形工艺分析

端盖零件如图 4-1 所示，材料为 SUH409 耐热钢（日本 JIS 标准耐热钢），材料厚度 $t =$
1.5mm。端盖零件的结构不是很复杂，具有冲压成形工艺中典型的局部成形的工艺特点。端
盖零件以中间的大平面作为零件的基准面，周边有成形的轮廓，内部平面有一个翻孔。

根据端盖零件的结构特点分析其成形工序，零件内部平面上的翻孔是个独立的特征，是
一道独立的工序；端盖周边的轮廓形状具有较浅深度的拉深特点，可以通过一次拉深得到深
度为 $12_{-0.5}^{\ 0}$ mm 的拉深件，同时零件周边上有半径为 $R4$mm、断面与基准平面约 $70°$ 夹角的弧
边，由于拉深工艺中需要以零件的周边凸缘为压边圈，所以零件周边的弧边特征不能与拉深
工艺同时进行。为降低成本，减少模具工序数量，可以将端盖零件的翻孔工序与周边弧边的
成形工序设置在一副模具上（两工序在结构特征上留有一定的设计空间）。

根据上述分析，端盖零件的成形工序可划分为落料、成形（浅拉深）、弧边成形与翻孔。成形（浅拉深）工序在翻孔工序之前，所以翻孔工序的预孔不能与落料同时进行（不能设计为落料冲孔的复合模具），故翻孔工序的预孔也设置在弧边成形与翻孔模上。

二、模具设计

根据上述成形工艺分析，端盖零件弧边成形与翻孔模具结构如图4-18所示。

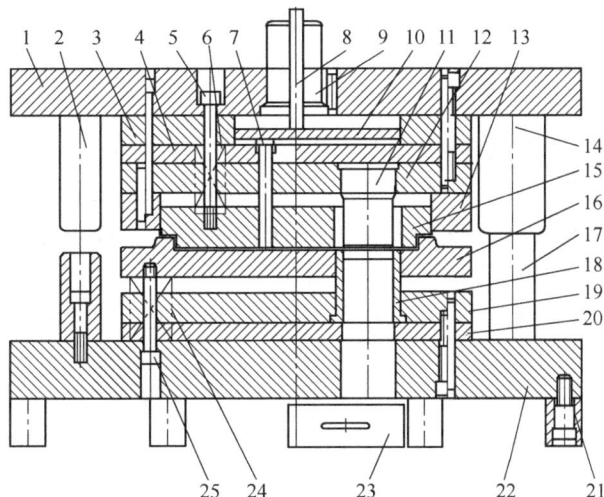

图4-18　端盖零件弧边成形与翻孔模具结构

1—上模板　2—限位柱　3—空心垫板　4—上垫板　5、25—卸料螺钉　6、24—矩形弹簧　7—推杆
8—打杆　9—模柄　10—过桥板　11—冲孔凸模　12—上固定板　13—成形凹模　14—导套
15—压板　16—卸料板　17—导柱　18—凸凹模　19—下固定板
20—下垫板　21—垫块　22—下模板　23—废料盒

该道工序的零件成形由前道拉深成形的零件形状进行定位，由压板15和卸料板16将端盖零件压紧，先冲翻孔的预孔，后压板15与凸凹模18进行翻孔成形，成形凹模13与卸料板16进行零件周边弧边的成形。为防止零件与压板15的内孔贴紧而留在上模内，故采用打杆8推过桥板10，再推动推杆7把零件从上模卸下来。

模具结构中凸凹模零件18是一个很重要的零件，其内孔作为冲孔凹模，外圆周边作为翻孔凸模的结构，该零件是否具有一定的强度和工艺性，是翻孔预孔的冲裁能否与翻孔设置在一副模具中的关键，凸凹模零件结构尺寸如图4-19所示。翻孔预孔（冲孔）尺寸的计算公式为

$$d = D - 2(H - 0.43r - 0.72t)$$

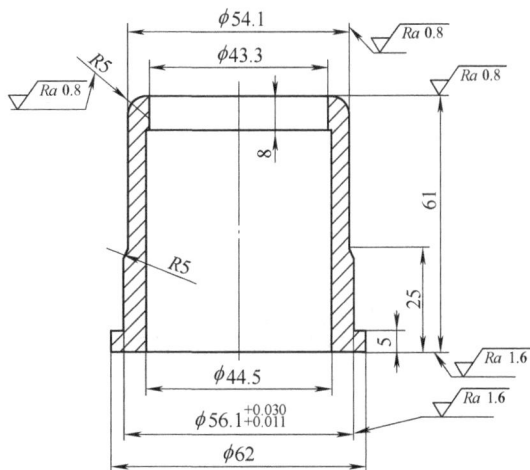

图4-19　凸凹模零件尺寸结构图

得　　　　　　　$d = [54.1 - 2 \times (8 - 0.43 \times 3.5 - 0.72 \times 1.5)] \text{mm} = 43.27\text{mm}$

圆整为 43.3mm。

故翻孔所需冲裁预孔的尺寸为 $\phi 43.3$mm，该尺寸与冲孔凸模 11 配 $0.15 \sim 0.18$mm 的双面间隙。

三、模具主要零件结构设计

端盖零件弧边成形与翻孔模具中的模架、垫板等零件，与前面几个项目中的零件功能及技术要求相同，结构设计基本类似，这里就不做介绍了，主要介绍端盖模具中的主要零件的结构设计。

1. 压板

件 15（压板）的主要功能有两个，第一个功能是与下模的件 16（卸料板）进行端盖零件的弧边成形，即成形端盖零件周边深度为 12mm 的弧边；第二个主要功能是作为翻孔的凹模。根据压板零件的主要功能，该零件是重要的成形零件，所以在材料的选用、技术要求等方面都有较高的要求，压板周边外形根据凹模内型腔加工后的实测尺寸进行滑配（小间隙配合）。压板零件的结构设计如图 4-20 所示。压板的弹力是由设置在上面的 5 个矩形弹簧提供的。设计模具时，压板上的 5 个矩形弹簧的弹力小于下模支撑卸料板的矩形弹簧的数量及大小，这样可以控制模具运行的先后顺序，即压板随着上模向下运动时，由于压板的弹力小，所以压板做相对于上模的向上运动（此时下模卸料板的弹簧支撑力大，则卸料板保持不动），即进行端盖周边弧边成形（翻孔工序是在压板与上固定板贴合时才开始的，即在完成弧边成形之后）。压板的最大外形尺寸为参考尺寸（用于备料）。

压板的技术要求：材料为 Cr12MoV，热处理要求淬火 $58 \sim 62$HRC，外形与凹模内型腔滑配，其余表面的表面粗糙度 Ra 值为 $6.3\mu\text{m}$。

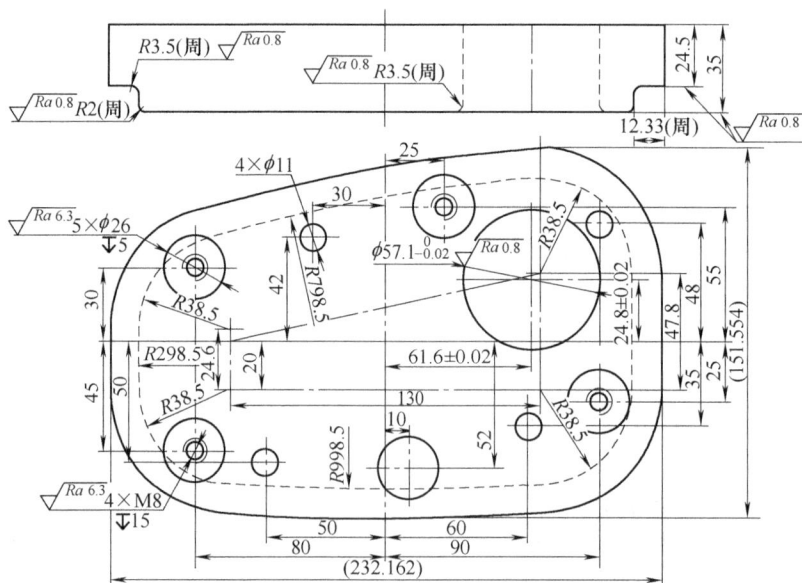

图 4-20　压板零件

2. 成形凹模

成形凹模 13 的主要功能是与卸料板成形端盖零件周边一圈 R4mm 的小弧边。作为成形零件，需要一定的硬度与耐磨性。成形凹模零件的结构设计如图 4-21 所示。

成形凹模的技术要求：材料为 Cr12MoV，热处理要求淬火 58 ~ 62HRC，其余表面的表面粗糙度 Ra 值为 6.3μm。

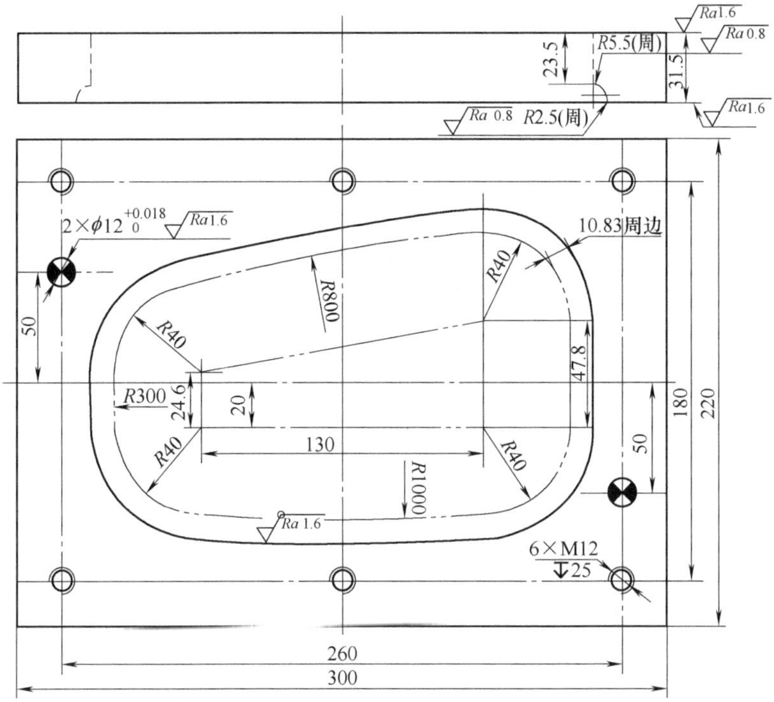

图 4-21　成形凹模零件

3. 卸料板

卸料板 16 的主要功能有三个，一是与压板成形端盖零件的周边弧边，二是与成形凹模成形端盖零件周边一圈 R4mm 的小弧边，三是进行端盖零件与翻孔凸凹模的卸料。卸料板也是重要的成形零件，卸料板与翻孔凸凹模零件外径滑配（小间隙配合）。卸料板零件的结构设计如图 4-22 所示。

卸料板的技术要求：材料为 Cr12MoV，热处理要求淬火 58 ~ 62HRC，标注"＊"的尺寸与凸凹模零件滑配，其余表面的表面粗糙度 Ra 值为 6.3μm。

4. 空心垫板

空心垫板 3 的主要功能是为过桥板 10 提供厚度空间及推杆卸料的运动行程。根据端盖零件的成形工艺特点，零件与上模压板的贴合面积较大，且翻孔凹模与零件接触，所以在上模需要设置卸料机构。由于上模的固定板、垫板等零件上都没有足够的空间可以设置过桥板，所以需另外设计空心垫板。为提高空心垫板零件的综合强度与性能，零件需要进行调质热处理。空心垫板零件的结构设计如图 4-23 所示。

空心垫板的技术要求：材料为 45 钢，板厚为 25mm，热处理要求调质 23 ~ 28HRC，上、下两平面的表面粗糙度 Ra 值为 1.6μm，其余表面的表面粗糙度 Ra 值为 6.3μm。

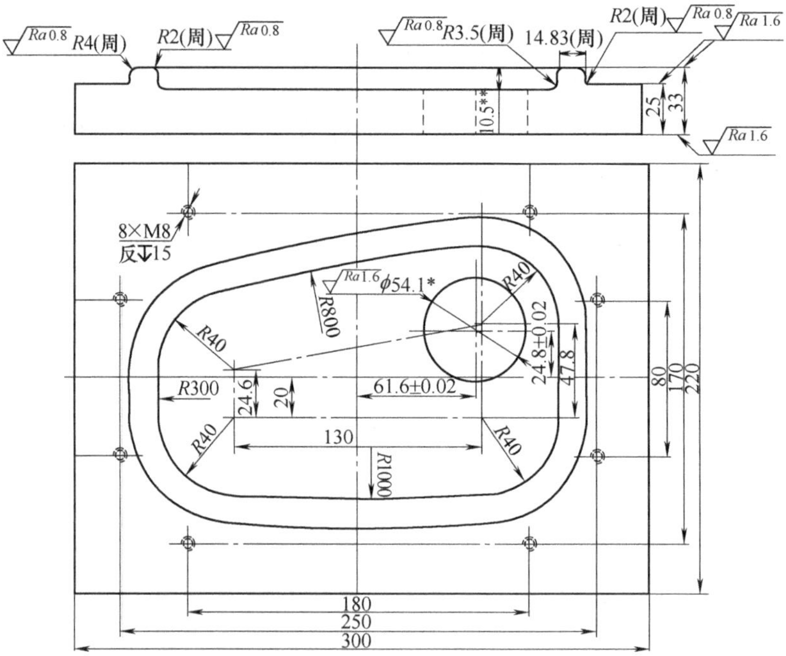

图 4-22   卸料板零件

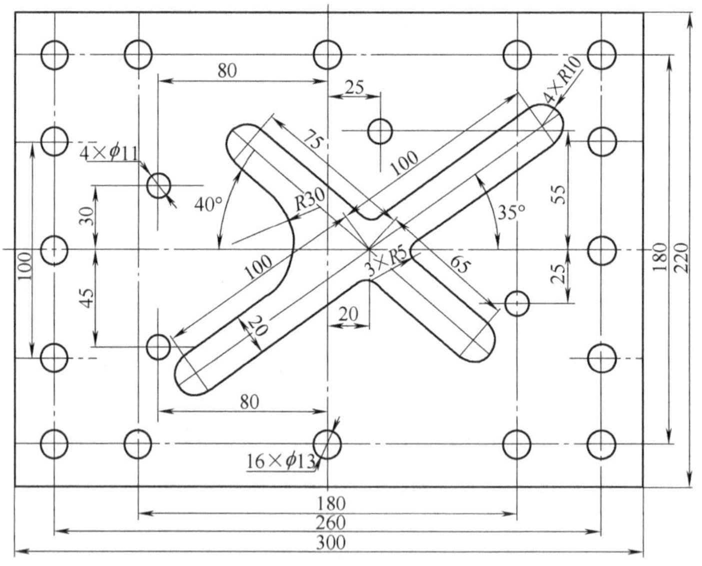

图 4-23   空心垫板零件

5. 过桥板

过桥板 10 的主要功能是传递打杆 8 的力，推动推杆 7，完成上模的脱模功能。由于端盖零件的结构特点，以及复合工艺模具的复杂结构，推杆无法均匀等分地设置在模具上，所以需要根据推件力特别设计推杆的位置（兼顾受力平衡等问题）。过桥板零件的结构设计如

图 4-24 所示。由于过桥板要传递并承受一定的打击力，所以需要一定的硬度与耐磨性。过桥板的外形通过线切割加工工艺与空心垫板滑配（小间隙配合），保证工作时不歪斜、不卡滞。

过桥板的技术要求：材料为 45 钢，板厚为 8mm，热处理要求淬火 43~48HRC，外形与空心垫板滑配，表面粗糙度 Ra 值均为 $1.6\mu m$。

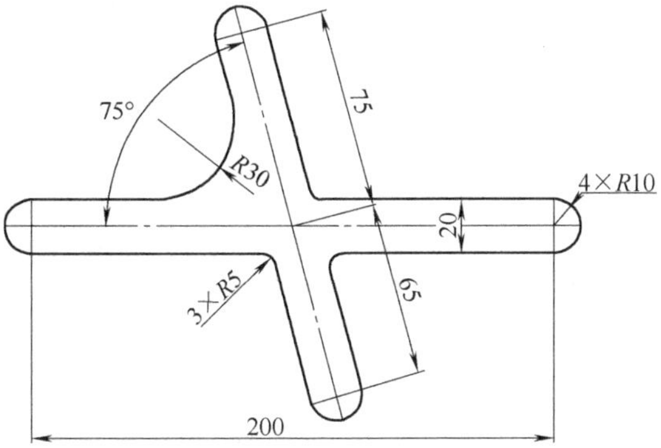

图 4-24　过桥板零件

6. 上、下固定板

上、下固定板分别是模具中的件 12、件 19，其主要功能是固定凸模、凸凹模零件，并与模架定位连接。上固定板零件的结构设计如图 4-25 所示，下固定板零件的结构设计如图 4-26 所示。由于矩形弹簧的自由长度与压缩量的关系，上、下固定板上分别开设放置矩形弹簧的孔，为增强固定板的综合性能，需采用调质热处理工艺。

上、下固定板的技术要求：材料为 45 钢，板厚为 25mm，热处理要求调质 23~28HRC，上、下两平面的表面粗糙度 Ra 值为 $1.6\mu m$，其余表面的表面粗糙度 Ra 值为 $6.3\mu m$。

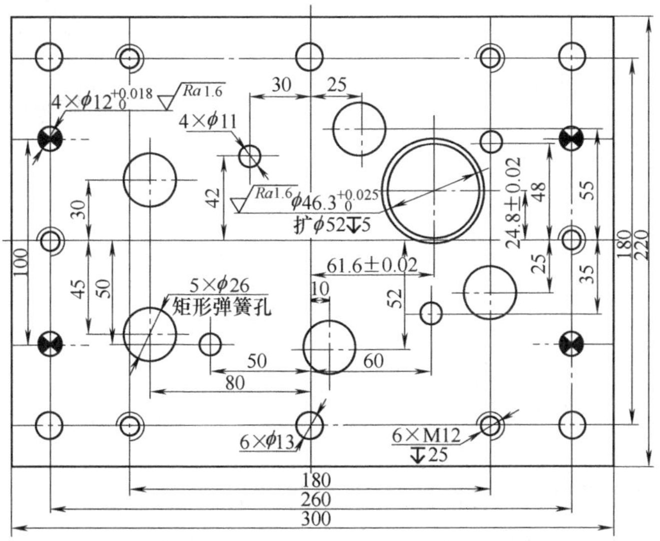

图 4-25　上固定板零件

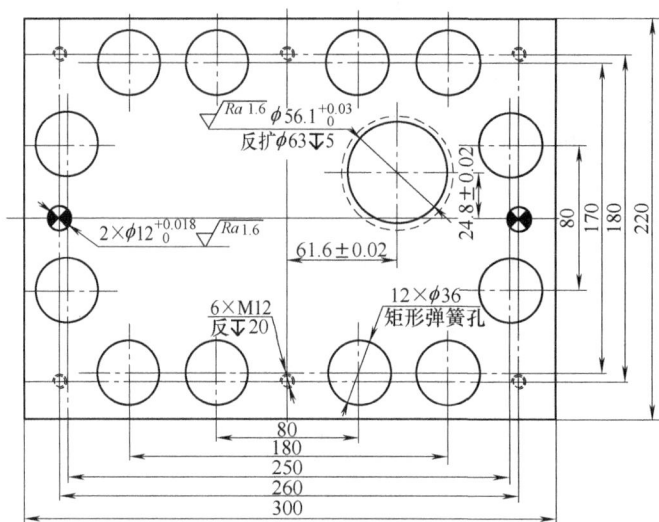

图4-26　下固定板零件

拓 展 项 目

转向器固定支架零件成形与模具设计

1. 工艺分析

转向器固定支架零件如图4-27所示，零件具有较为复杂的空间轮廓形状，零件成形的过程中材料的流动、变形量会比较大。零件的成形工艺是一种拉深、弯曲、局部成形等的综合成形工艺，由于零件的成形过程不易控制，所以在实际生产中，这类复杂成形的模具往往要经过多次试模、调整才能最终确定模具生产的相关参数（特别是压边力等参数）。转向器固定支架零件材料为热轧钢板SPHE，材料厚度 $t = 0.9\text{mm}$。

零件除了具有复杂的形状之外，其各个面上还有一些冲裁孔和翻孔，由于受零件成形时材料的变

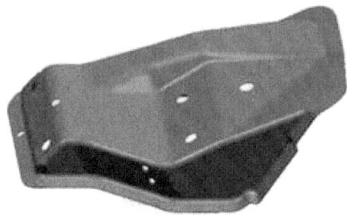

图4-27　转向器固定支架零件

形、流动的影响，这些特征孔的成形工序不能设置在零件复杂成形之前。同时由于零件成形时材料的流动、变形，零件的最大周边轮廓在成形后将会变得杂乱无序，无法得到图4-27所示零件的规则均匀的周边轮廓形状与尺寸，所以零件需要在成形工艺之后设置切边工艺。零件具有局部成形的特征，这些特征往往在零件整体成形时无法成形到位，同时考虑零件材料具有一定的回弹等特性，故需要在零件整体成形之后设置整形工艺。

根据上述零件的工艺分析，转向器固定支架零件冲压成形的基本工序可划分为落料、整体成形、整形、切边、冲孔（侧冲孔、翻孔等）。零件成形需要均匀、平稳的力，所以选用液压机作为成形设备。

2. 模具结构设计

根据上述零件的工艺分析,转向器固定支架零件的整体成形工序图如图 4-28 所示。零件的整体成形工序之前先进行落料工序。由于零件成形条件复杂,需要进行切边,为避免产生过多的废料,提高材料利用率,落料模具需要在整体成形模具试模、调整确定了合理的落料件尺寸之后才能进行设计、生产。整体成形用的落料件(试模片)可以用切割等加工方法获得。

转向器固定支架零件的整体成形模具结构如图 4-29 所示。

转向器固定支架零件整体成形比较复杂,材料的流动、变形比较严重,模具采用压边圈 8 与凹模 6 配合压紧料片;零件成形

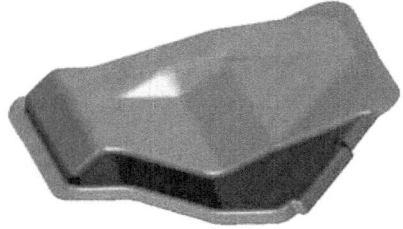

图 4-28　转向器固定支架
零件整体成形工序图

前,顶块 7 在机床液压缸 21、过桥板 2、导向柱 19 的作用下,使成形顶块的基准平面与凹模 6 的成形平面大致平行;之后凸模 9 向下运动,推动顶块进入凹模内进行零件的成形。零件的外缘边是该零件成形的基准边,零件成形时的方向(凸模、凹模的位置)如图 4-30 所示。

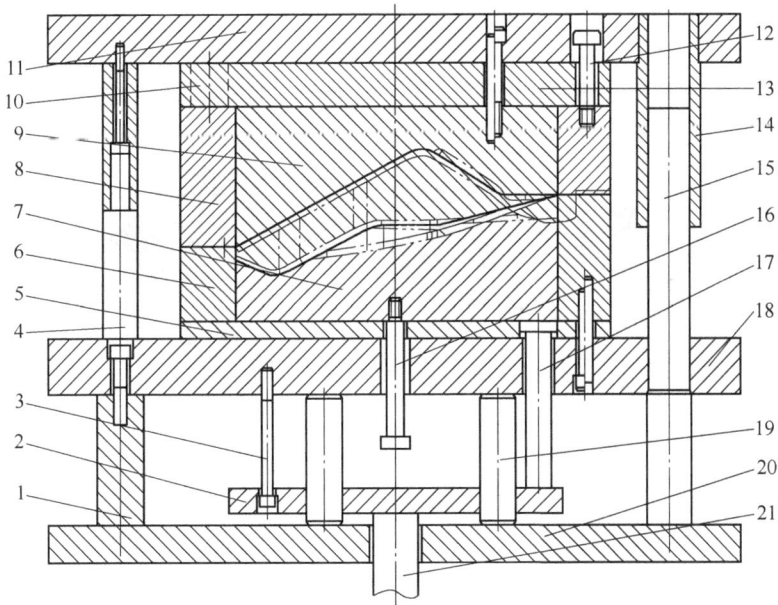

图 4-29　转向器固定支架零件整体成形模具结构

1—垫脚　2—过桥板　3、12、16—卸料螺钉　4—限位柱　5—下垫板　6—凹模

7—顶块　8—压边圈　9—凸模　10—矩形弹簧　11—上模板

13—上垫板　14—导套　15—导柱　17—顶杆　18—下模板

19—导向柱　20—下底板　21—机床液压缸

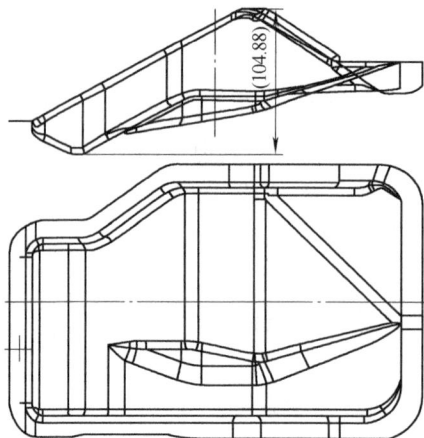

图 4-30　转向器固定支架零件成形方向图

拓 展 练 习

1. 简述冲压成形工艺中零件局部成形的种类及其特点。

2. 简述胀形、缩口、成形、整形、旋压等成形工艺的条件及常见的缺陷，并分析原因。

3. 简述翻孔的工艺特点，比较翻孔与弯边工艺各自的成形特点。

4. 简述零件复杂成形工艺和局部成形工艺与冲裁成形工艺之间的关系，以及工序划分的基本特点。

5. 分析图 4-31 所示横梁零件的成形工艺，划分该零件的成形工序，并设计零件整体成形的模具结构。

图 4-31　横梁零件

项目五　卷收器齿片连续冲压成形
工艺与模具设计

项 目 目 标

1）了解冲压成形工艺中连续冲压成形工艺的基本特点及应用。
2）了解连续冲压成形工艺中零件排样的基本要求及方法。
3）能进行简单冲压零件的连续模具排样设计。
4）能确定较少工序连续模具的定距、导料、刃口等部分的合理结构。
5）能分析较少工序零件的连续模具排样及工序划分。
6）能设计简单零件或 5、6 个工位的连续模具结构。

项 目 分 析

1. 项目介绍

卷收器齿片零件如图 5-1 所示，材料为 SPHC—P，材料厚度 $t = 1.5\text{mm}$。此零件为较为简单的平面冲裁件，没有弯曲、成形、局部成形等复杂的成形工艺，零件的主要结构与尺寸是零件外轮廓的齿形周边以及内部的各种孔的特征。零件为典型的冲裁件，根据零件的结构尺寸特点，零件上的冲裁特征不能同时进行冲裁，需要进行工序的划分。根据零件的生产批量及生产成本等条件，考虑采用连续模具的结构形式。

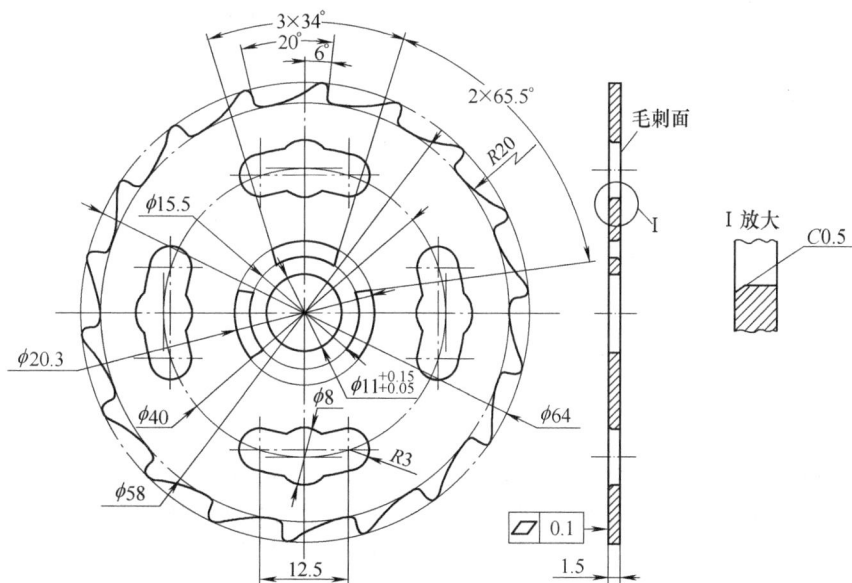

图 5-1　卷收器齿片零件

2. 项目基本流程

通过卷收器齿片零件的连续成形工艺分析及模具设计，学习较为简单零件的连续成形工艺分析，划分成形工序，合理进行连续成形零件排样图的设计；掌握连续模排样设计的基本特点与原则，选择合适的定距、导料结构形式，参照单工序冲裁模具的凸、凹模零件结构设计及刃口尺寸计算，进行连续模刃口零件的结构设计及尺寸计算；了解连续模具生产中常使用的自动送料等设备机构。

理 论 知 识

在压力机一次行程中，可在模具的不同工位上同时完成不同的冲压工序的模具称为连续模（也常称为级进模）。在一副连续模上可对形状复杂的冲压件进行冲裁、弯曲、拉深成形等工序，生产率高，便于实现机械化和自动化，而且操作方便安全，适于大批量生产。连续模所完成的冲压工序均分布在坯料的送进方向上。为了控制每一工位的精确送料及稳定生产，连续模必须解决条料的准确定位与送料问题。

按照冲压工序的不同，连续模可分为连续冲裁模、连续弯曲模、连续拉深模和多工序复合的连续模，还有在多工位压力机上的多工位连续模。

设计连续模时主要应考虑以下几个问题：

1. 工序数的确定

1）应保证冲压件的精度要求和零件几何形状的正确性。要求零件精度较高的部位，尽量集中在一个工位一次冲压完成。在一个工位完成确有困难，需分解为两个工位时，最好放在两个相邻工位上。

2）对于复杂的型孔与外形分段冲切时，只要不受精度要求和模具周界尺寸的限制，应力求做到各段型孔以简单、规则、容易加工为基本原则。

3）对于在普通低速压力机上使用的连续模，为了使模具简单、实用、缩小模具体积、减少步距的积累误差，凡可合并的工位，且模具具有足够的强度时，不要轻易分解而增加工位。

4）多次拉深时，拉深系数的选取应以安全稳定为原则。

5）对于复杂弯曲件，凡能分为多次弯曲的零件，切不可强行一次弯曲成形。

2. 冲压工序安排的原则

1）对于纯冲裁连续模，原则上先冲孔，随后再冲切外形余料，最后再从条料上冲下完整零件。要保证条料的足够强度，以达到准确无误的送料。

2）对于冲裁弯曲连续模，应先冲孔和弯曲部分的外形余料，再进行弯曲，后冲靠近弯边的孔和侧面有孔位精度要求的侧壁孔，最后分离冲下零件。

3）对于冲裁拉深连续模，先安排切口工序，再进行拉深，最后从条料上冲下零件。

4）对于拉深弯曲连续模，先拉深，再冲切周边余料，后弯曲加工。

5）对于带有压印的冲压件，为了便于金属流动和减少压印力，要适当切除压印部位周边余料，再安排压印，最后再精确冲切余料。压印部位上有孔时，原则上压印后再冲孔。

6）对于有压印、弯曲的冲压件，原则上先压印，后冲切余料，再弯曲。

3. 空工位的设置原则

为了保证模具有足够的强度，确保模具的使用寿命，或为了便于模具设置特殊结构，可在连续模中增设空工位。设置空工位的基本原则如下：

1）用导正销作精确定距时，步距积累误差较小，对产品精度影响不大，可适当多设置空工位；反之，定距精度较差时，不应轻易增设空工位。

2）模具步距较大（一般大于18mm）时，不宜多设置空工位；当步距大于30mm时，更不能轻易设置多个空工位。

3）一般情况下，精度高、形状复杂的零件，应少设置空工位；反之，可适当增加空工位。

一、连续模的排样设计

排样设计是连续模设计的关键之一。排样图的优化与否，不仅关系到材料的利用率、工件的精度、模具制造的难易程度和使用寿命等，而且关系到模具各工位的协调与稳定。

冲压件在带料上的排样必须保证完成各冲压工序，准确送进，实现级进冲压和连续冲压；同时还应便于模具的加工、装配和维修。冲压件的形状是千变万化的，要设计出合理的排样图，必须对大量的参考资料进行学习研究，并积累实践经验，才能顺利地完成设计任务。

排样设计是在零件冲压工艺分析的基础之上进行的。确定排样图时，首先要根据冲压件图样计算出展开尺寸，然后进行各种方式的排样。在确定排样方式时，还必须对工件的冲压方向、变形次数、变形工艺类型、相应的变形程度及模具结构的可能性、模具加工工艺性、企业实际加工能力等进行综合分析判断。同时，全面考虑工件精度和能否顺利进行级进冲压生产后，从几种排样方式中选择一种最佳方案。完整的排样图应给出工位的布置、载体结构形式和相关尺寸等。

当带料排样图设计完成后，模具的工位数及各工位的内容，被冲制工件各工序的安排及先后顺序，工件的排列方式，模具的送料步距、条料的宽度和材料的利用率，导料方式，弹顶器的设置和导正销的安排，模具的基本结构等就可基本确定。所以排样设计是连续模设计的重要内容，是模具结构设计的依据之一，是连续模设计优劣的主要因素之一。

1. 排样设计遵循的原则

连续模的排样，除了遵守普通冲模的排样原则外，还应考虑如下几点：

1）先制作冲压件展开毛坯样板（3~5个），在图面上反复试排，待初步方案确定后，在排样图的开始端安排冲孔、切口、切废料等分离工位，再向另一端依次安排成形工位，最后安排工件和载体分离。在安排工位时，要尽量避免冲小半孔，以防凸模受力不均匀而折断。

2）第一工位一般安排冲孔和冲工艺导正孔。第二工位设置导正销对带料导正，在以后的工位中，视其工位数和易发生窜动的工位设置导正销，也可在以后的工位中每隔2~3个工位设置导正销。第三工位可根据冲压条料的定位精度，设置送料步距的误差检测装置。

3）当冲压件上孔的数量较多，且孔的位置太近时，可分布在不同工位上冲孔，但孔不能因后续成形工序的影响而变形。对有相对位置精度要求的多孔，应考虑同步冲出。因模具强度的限制不能同步冲出时，应采取措施保证它们的相对位置精度。复杂的型孔可分解为若干简单型孔分步冲出。

4）成形方向的选择（向上或向下）应有利于模具的设计和制造，有利于送料的顺畅。若成形方向与冲压方向不同，可采用斜滑块、杠杆和摆块等机构来转换成形方向。

5）为提高凹模镶块、卸料板和固定板的强度，保证各成形零件安装位置不发生干涉，可在排样中设置空工位，空工位的数量应根据模具结构的要求而定。

6）对于弯曲和拉深成形件，每一工位的变形程度不宜过大，变形程度较大的冲压件可分多次成形，这样既有利于保证质量，又有利于模具的调试修整。对精度要求较高的成形件，应设置整形工位。为避免 U 形弯曲件变形区材料的拉深变形，应考虑先弯曲 45°，再弯曲成 90°。

7）在连续模拉深排样中，可应用拉深前切口、切槽等技术，以利于材料的流动。

8）当局部有压筋时，一般应安排在冲孔前，防止由于压筋造成孔的变形。压凸包时，若凸包的中央有孔，为有利于材料的流动，可先冲一小孔，压凸后再冲到要求的孔径。

2. 载体和搭口的设计

搭边在连续模中有着特殊的作用，它将坯件传递到各工位进行冲裁和成形加工，并且使坯件在动态送料过程中保持稳定准确的定位。因此，在连续模的设计中把搭边称为载体。载体是运送坯件的物体，载体与坯件或坯件与坯件的连接部分称为搭口。

（1）载体　载体形式一般可分为以下几种：

1）单边载体。单边载体主要用于弯曲件。此方法在不参与成形的合适位置留出载体的搭口，采用切废料工艺将搭口留在载体上，最后切断搭口得到制件，它适用于料厚 $t \leqslant$ 0.4mm 的弯曲件的排样。如图 5-2 所示，在条料的一侧留出一定宽度的材料作为单边载体，并在适当的位置与工件连接。

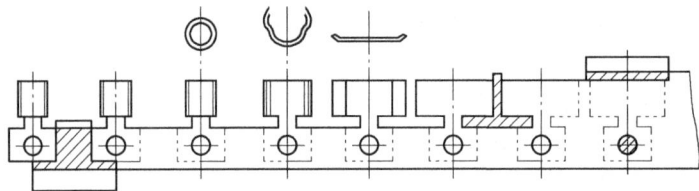

图 5-2　单边载体的应用

2）双边载体。双边载体实质是一种增大了条料两侧搭边的宽度，以供冲导正工艺孔需要的载体，一般可分为等宽双边载体和不等宽双边载体。双边载体增加边料可保证送料的刚度和精度，这种载体主要用于薄料和工件精度较高的场合，但材料的利用率有所降低。

3）中间载体。中间载体常用于一些对称弯曲成形件，利用材料不变形的区域与载体连接，成形结束后切除载体。中间载体可分为单中间载体和双中间载体。中间载体在成形过程中平衡性较好。

4）载体的其他形式。有时为了下一工序的需要，可在上述载体中采取以下工艺措施：

①加强载体。加强载体是载体的一种加强形式。在料厚 $t \leqslant 0.1$mm 的薄料冲压中，载体因刚性较差而变形造成送料失稳，使冲压件几何形状产生误差，为保证冲压精度，对载体局部采取的压筋、翻边等提高载体刚度的加强措施而形成的载体形式为加强载体。

②自动送料载体。有时为了自动送料的需要，可在载体的导正孔之间冲出与钩式自动送料装置匹配的长方孔，送料钩钩住该孔，拉动载体送进。

（2）搭口　搭口要有一定的强度，并且搭口的位置应便于载体与工件最终分离。在各分段冲裁的连接部位应平直或圆滑，以免出现毛刺，错位和尖角等。因此应考虑分断切除时的搭接方式。常见的搭接方式有以下三种：

1）搭接。利用零件展开后，在其折线的连接处进行分断，分解为若干个型孔分别切除，如图 5-3 所示。搭接量一般大于 $0.5t$（t 为材料厚度），若不受搭接型孔尺寸限制，搭接量可达（$1 \sim 2.5$）t，最小不能小于 $0.4t$。

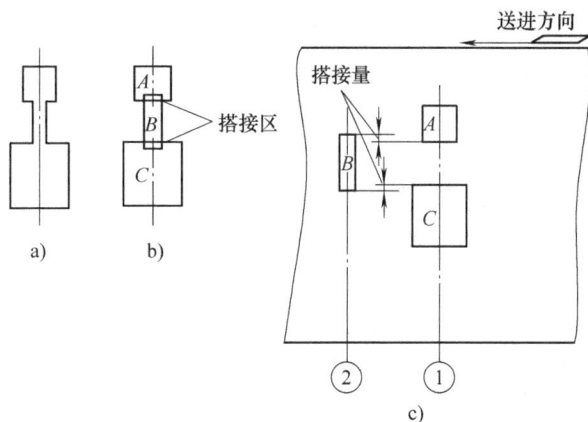

图 5-3 搭接

2）平接。平接是指在零件的直边上先切去一段，然后在另一工位再切去余下的一段，经过两次（或多次）冲切后，形成完整的平直直边的连接方式，如图 5-4 所示。采用这种连接方式可以提高材料利用率，但模具制造步距精度、凸模和凹模制造精度高，并且在直边的第一次冲切和第二次冲切的两个工位必须设置导正销导正。

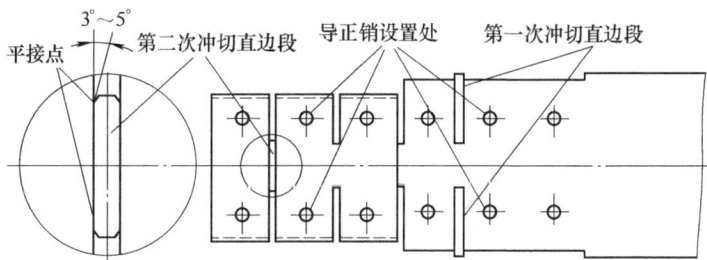

图 5-4 平接

3）切接。切接与平接相似，是指圆弧分段切除，即在前道工位先冲切一部分圆弧段，在后续工位再冲切出其余的圆弧部分，要求先后冲切出的圆弧连接光滑，如图 5-5 所示。

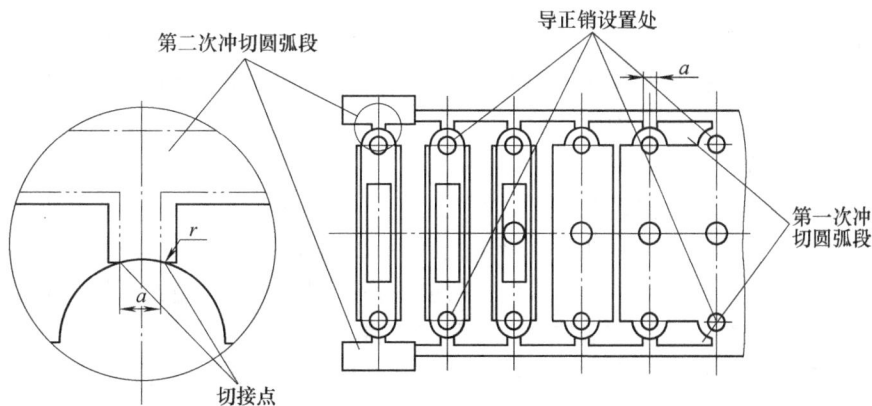

图 5-5 切接

3. 排样图中各冲压工位的设计要点

连续模的冲裁、弯曲和拉深等工序都有自身的成形特点，在级进模的排样设计中，其工位的设计必须与成形特点相适应。

(1) 连续模冲裁工位的设计要点

1) 在连续冲压中，冲裁工序常安排在前工序和最后工序。前工序主要完成切边（切出制件外形）和冲孔；最后工序安排切断或落料，将载体与工件分离。

2) 对于复杂形状的凸模和凹模，为简化凸模、凹模形状，便于凸模、凹模的制造和保证凸模、凹模的强度，可将复杂的制件分解成一些简单的几何形状，多增加一些冲裁工位。

3) 对于孔边距很小的工件，为防止落料时引起离工件边缘很近的孔产生变形，可将孔旁的外缘以冲孔方式先于内孔冲出，即冲外缘工位在前，冲内孔工位在后。对于有严格相对位置要求的局部内、外形，应考虑尽可能在同一工位上冲出，以保证工件的位置精度。

(2) 连续模弯曲工位的设计要点

1) 在有弯曲工位的连续模中，如果工件要求向不同方向弯曲，则会给连续加工造成困难。弯曲方向是向上还是向下，对于模具结构的设计要求是不同的。如果向上弯曲，则要求在下模中设计有冲压方向转换机构（如滑块、摆块）；若进行多次卷边或弯曲，这时必须考虑在模具上设置足够的空工位，以便给滑动模块留出活动的余地和安装空间。若向下弯曲，虽不存在弯曲方向的转换，但要考虑弯曲后送料顺畅。若有障碍，则必须设置抬料装置。

2) 在分解弯曲成形中，进行弯曲和卷边成形时，可以按工件的形状和精度要求将一个复杂和难以一次弯曲成形的形状分解为几个简单形状的弯曲，最终加工出零件形状。

3) 弯曲时坯料会出现滑移现象，如果对坯料进行弯曲和卷边，应防止成形过程中坯料的移位造成零件误差。采取的措施是先对坯料进行导正定位，当卸料板、坯料与凹模三者接触并压紧后，再作弯曲动作。

(3) 连续模拉深成形工位的设计要点　在进行连续拉深成形时，不像单工序拉深那样以散件形式单个送进坯料，它通过带料以载体、搭边和坯件连在一起的组件形式连续送进，级进拉深成形。但由于连续拉深时不能进行中间退火，故要求材料应具有较高的塑性。又由于连续拉深过程中工件间的相互制约，因此，每一工位拉深的变形程度不能太大。由于零件间留有较多的工艺废料，材料的利用率有所降低。

要保证连续拉深工位的布置满足成形的要求，应根据制件的尺寸及拉深所需要的次数等工艺参数，用简易临时模具试拉深，根据试拉深的工艺情况和成形过程的稳定性来进行工位数量和工艺参数的修正，插入中间工位或增加空工位等，反复试制到加工稳定为止。在结构设计上，还可根据成形过程的要求、工位的数量、模具的制造要求等组成单元式模具。连续拉深按材料变形区与条料分离情况，可分为无工艺切口和有工艺切口两种工艺方法。

无工艺切口的连续拉深即是在整体带料上进行拉深。由于相邻两个拉深工序件之间相互约束，材料在纵向流动较困难，变形程度大时就容易拉裂，所以每道工序的变形程度不可能较大，因而工位数较多。这种方法的优点是节省材料。

有工艺切口的连续拉深是在零件的相邻处切开一切口或切缝。相邻两工序件相互影响和约束较小，此时的拉深与单个毛坯的拉深相似。因此，每道工序的拉深系数可小些，即拉深次数可以较少，且模具比较简单，但毛坯材料消耗较多。这种拉深一般用于拉深较困难，即零件的相对厚度较小、凸缘相对直径较大和相对高度较大的拉深件。

（4）排样设计的检查　排样设计后必须认真检查，以改进设计，纠正错误。不同工件的排样，其检查重点和内容也不相同，一般的检查项目可归纳为以下几点：

1）材料利用率。检查是否为最佳利用率方案。

2）模具结构的适应性。级进模结构多为整体式、分段式或子模组拼式等，模具结构形式确定后应检查排样是否适应其要求。

3）有无不必要的空位。在满足凹模强度和装配位置要求的条件下，应尽量减少空工位。

4）工件尺寸精度能否保证。由于条料送料精度、定位精度和模具精度都会影响到制件关联尺寸的偏差，对于工件精度高的关联尺寸，应在同一工位上成形，否则应考虑保证工件精度的其他措施。如对工件平整度和垂直度有要求时，除在模具结构上要注意外，还应增加必要的工序（如整形、校平等）来保证。

5）进行弯曲、拉深等成形时，材料的流动会引起材料流动区的孔和外形产生变形，因此材料流动区的孔和外形的加工应安排在成形工序之后。

6）此外，还应从载体强度是否可靠，工件已成形部位对送料有无影响，毛刺方向是否有利于弯曲变形，弯曲件的弯曲线与材料纤维方向是否合理等方面进行分析、检查。

排样设计经检查无误后，应正式绘制排样图，并标注必要的尺寸和工位序号，进行必要的说明。

二、连续模常用定距方式

1. 步距

步距是指连续模中条料逐次送进时每次应向前移动的距离。连续模工位间的公差（称为步距公差）将直接影响冲压件的精度。步距公差小，冲压件精度高，但模具制造困难。应根据零件精度、复杂程度、材质、料厚、模具工位数、送料及定位方式适当确定级进模的步距公差。

2. 挡料销及导正销定距

采用连续模生产时，一般条料送进时先由临时挡料销定位，压力机完成一个行程（即一个工序）后，临时挡料销自动复位，条料继续向前送进一个步距，先由固定挡料销初步定位，再由导正销导正，保证条料的准确定位。固定挡料销及导正销定距方法如图 5-6 所示。

挡料销的结构与单工序冲裁中的固定挡料销相同。常使用导正销与侧刃配合定位的方式对条料进行导正定位，侧刃作定距和初定位，导正销作精定位。而条料的定位与送进步距的控制则靠导料板、导正销和送料机构来实现。在工位的安排上，一般导正孔在第一工位冲出，导正销设在第二工位，检测条料送进步距的误差检测凸模可设在第三工位。图 5-7 所示为凸模式导正销的结构形式。导正销工作段部分伸出卸料板压料面的长度不宜过长，以避免上模部分回程时条料带上去或由于条料窜动而卡在导正销上，影响正常送料。

导正销直径的计算公式为

$$D = d - 2a$$

式中　d——凸模直径；

$2a$——导正销与导正孔的双面间隙，其值可查表 5-1。

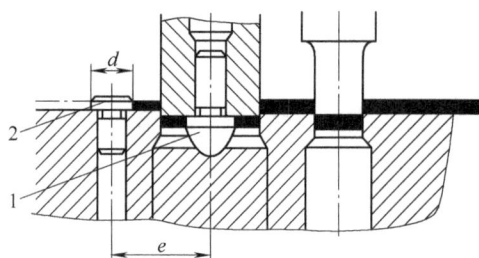

图 5-6　导正销与挡料销

1—导正销　2—挡料销

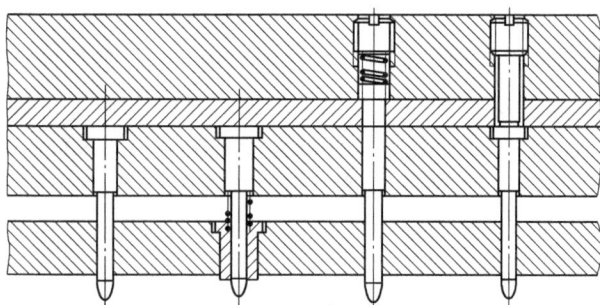

图 5-7　凸模式导正销的结构形式

表 5-1　导正销与导正孔的双面间隙 2a　　　　　　（单位：mm）

材料厚度 t	凸模直径 d						
	≥1.5 ~ 6	>6 ~ 10	>10 ~ 16	>16 ~ 24	>24 ~ 32	>32 ~ 42	42 ~ 50
≤1.5	0.04	0.06	0.06	0.08	0.09	0.10	0.12
>1.5 ~ 3	0.05	0.07	0.08	0.10	0.12	0.14	0.16
>3 ~ 5	0.06	0.08	0.10	0.12	0.16	0.18	0.20

导正销圆柱部分的高度 h 按材料厚度和冲孔直径确定，其值见表 5-2。

表 5-2　导正销圆柱部分的高度 h　　　　　　（单位：mm）

材料厚度 t	冲孔直径		
	>1.5 ~ 6	>10 ~ 25	>25 ~ 50
≤1.5	1	1.2	1.5
>1.5 ~ 3	0.6t	0.8t	t
>3 ~ 5	0.5t	0.6t	0.8t

3. 侧刃定距

侧刃定距的方法如图 5-8 所示。

（1）侧刃的用途

1）保证条料的精确送进，提高工件精度。

2）用于成批大量生产，提高生产率。

3）在冲压厚度为 0.5mm 以下的薄料时，用导正销定位易使孔缘折弯，且工件的对称度和同轴度要求高时则较多采用侧刃定距。

4）用于成形工件的冲裁，需切割条料的一边或两边时。

5）送进步距较小，采用其他定位较困难时。

（2）侧刃尺寸　侧刃的公称尺寸等于步距的公称尺寸，

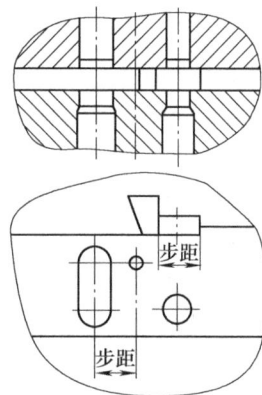

图 5-8　侧刃定距方法

其极限偏差值一般为 ±0.01mm。有导正销时，侧刃的公称尺寸等于步距的公称尺寸加 0.05 ~0.10mm；制造的极限偏差取负值，一般取 0.01~0.02mm。

（3）侧刃的形式　侧刃工作部分的形式如图 5-9 所示。图 5-9a 所示结构制造简单，由于制造误差和侧刃变钝，在冲料接缝处易产生毛刺，影响定位精度；图 5-9b、c 所示结构的侧刃虽制造困难，条料宽度增加，但可以避免上述缺点，定位准确；图 5-9d 所示结构为成形侧刃，主要根据工件要求决定。侧刃的固定形式与冲裁部分的凸模结构固定形式相同。

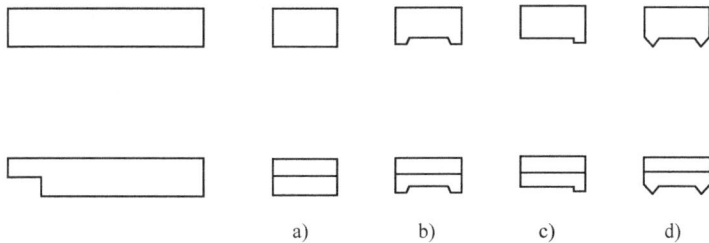

a)　　　　b)　　　　c)　　　　d)

图 5-9　侧刃工作部分的形式

三、导料装置

由于条料经过冲裁、弯曲、拉深等变形后，在条料厚度方向上会有不同高度的弯曲和凸起，为了顺利送进条料，必须将已经成形的条料托起，使凸起和弯曲部位离开凹模洞壁并略高于凹模工作表面。以上这项工作由导料系统来完成。完整的导料系统包括导料板、浮顶器（或浮动导料销）、承料板、侧压装置、除尘装置及安全检测装置等。

1. 带台阶导料板与浮顶器配合使用的导料装置

此种导料装置如图 5-10 所示。浮顶器有销式、套式和块式三种形式。由图 5-10 可知，套式浮顶器使导正销得到保护。浮顶器数量一般应设置为偶数且左右对称布置，在送料方向上间距不宜过大；条料较宽时，应在条料中间适当位置增加浮顶器。

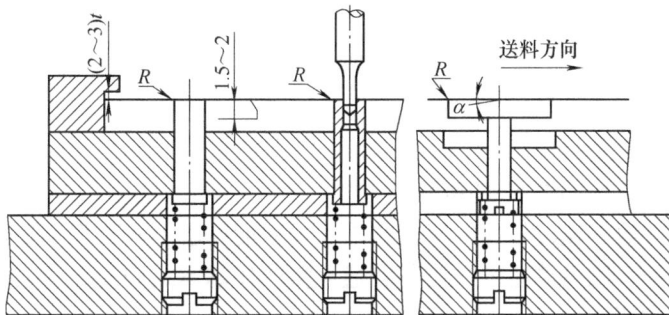

图 5-10　浮动顶料装置

2. 带浮动导轨的导料装置

实际生产中较常采用浮动导轨式导料装置，如图 5-11 所示。

四、凸、凹模设计

在连续模中，凸模和凹模的基本结构形式与单工序冲裁模类似，但在连续模中，凸模和凹模的种类一般比较多，截面形状也多种多样，功能主要有冲裁和成形，凸模的大小和长短各异，且很多是细小的凸模，其中有些凸模和凹模的结构形式也是连续模中特有的结构形式。

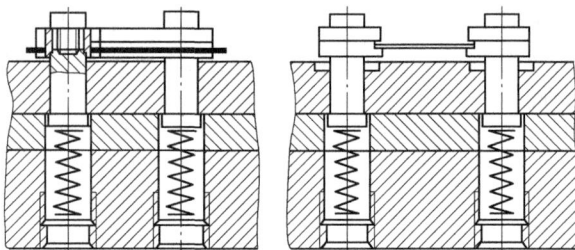

图 5-11　浮动导轨式导料装置

1. 细小凸模

对细小凸模应进行保护，且使其容易拆装。图 5-12a ~ j 所示为常见的细小凸模及其装配形式。

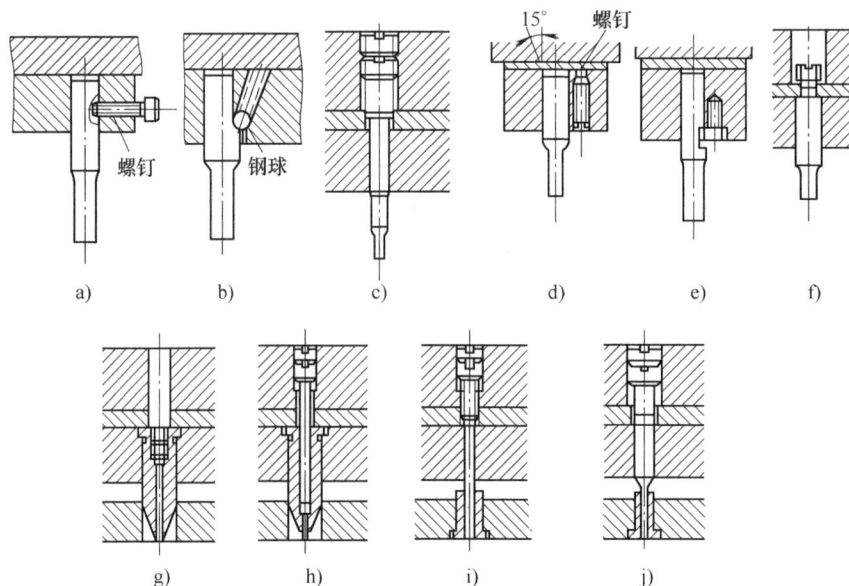

图 5-12　常见的细小凸模及其装配形式

2. 带顶出销的凸模结构

带顶出销的凸模结构如图 5-13 所示。在连续模中，凸模的固定方式等结构与单工序冲裁模中的凸模基本一致。连续模中除了工步较少或精度要求不高可采用整体式结构外，一般凹模采用镶拼式结构，凹模镶拼的原则与普通冲裁凹模基本相同。

五、自动送料装置

连续模的自动送料装置一般使用滚轮式送料装置（该装置已经形成了一种标准化的冲压自动化周边设备）、气动夹持式送料装置、钩式送料装置等。

1. 滚轮式送料装置

该装置适用于条料、卷料的自动送进，通用性强，结构种类多，可供多种压力机使用。利用辊轴单向周期性旋转及辊轴与卷料之间的摩擦力，以推式或拉式实现材料的送进。辊轴的间歇旋转通常是由压力机滑块的往复运动或曲轴的回转运动带动各种机械传动机构来实现的。滚轮送料机如图 5-14 所示，可进行多工序连续加工，针对不同的材料厚度和宽度，只需调整送料机去配合模具即可简单使用。在普通滚轮送料机的基础上现在又发展出了 CNC 滚轮送料机，如图 5-15 所示。

此外还有三合一整平送料机和同步送料机等多种系列、多种规格的自动送料装置。图 5-16 所示为某型号的三合一整平送料机，图 5-17 所示为某系列的同步送料机。

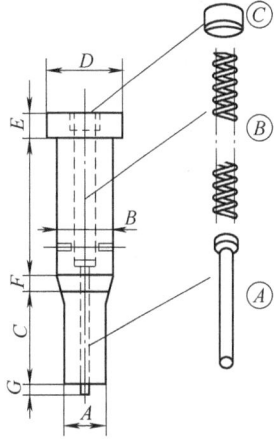

图 5-13　带顶出销的凸模结构

图 5-14　滚轮送料机

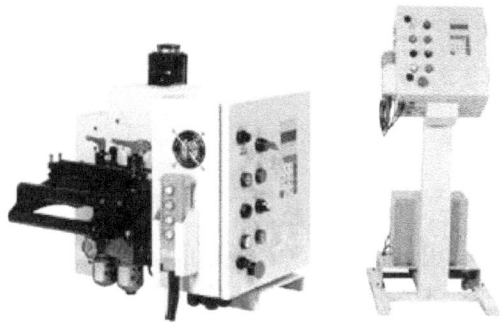

图 5-15　CNC 滚轮送料机

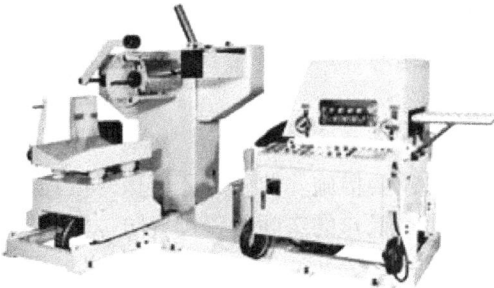

图 5-16　三合一整平送料机

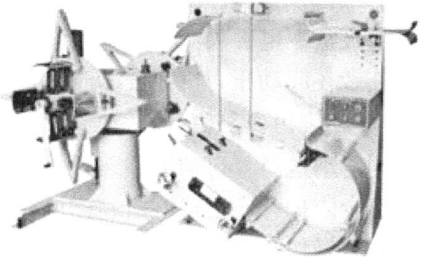

图 5-17　同步送料机

2. 气动夹持式送料装置

以压缩空气为动力，当压力机滑块下降时，由固定在滑块上的撞块撞击送料装置的导气阀，气动送料装置的主气缸推动送料夹紧机构的气缸和固定夹紧机构的气缸，使它们完成送料和定位工作。某型号的空气自动送料机如图 5-18 所示。

六、安全检测装置

安全检测装置的设置目的在于防止失误，以保护模具和压力机床免受损坏。安全检测装置的位置既可设置在模具内，也可设置在模具外。图 5-19 所示为利用导正销检测条料误送的机构示意图。当导正销 1 因送料失误不能进入条料的导正孔时，便随上模的下行被条料推动向上移动，同时推动接触销 2 使微动开关 3 闭合，而微动开关与压力机床的电磁离合器同步工作，因此电磁离合器脱开，压力机床的滑块停止运动。

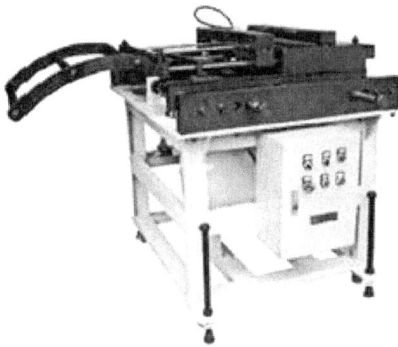

图 5-18　空气自动送料机

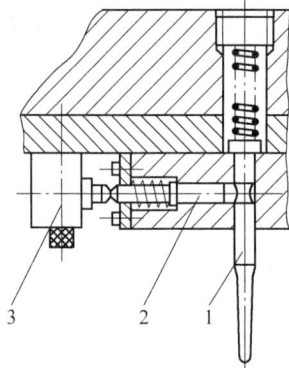

图 5-19　导正销检测机构示意图
1—浮动检测销（导正销）
2—接触销　3—微动开关

七、冲压安全技术

冲压加工是一种高效率的生产方式。冲压安全技术就是要根据冲压生产的特点，有效地控制、减少和消除各种不安全因素，充分发挥冲压生产的潜力。冲压安全技术主要包括操作安全措施、模具结构安全措施和设备安全措施等内容。

1. 操作安全措施

严格遵守操作规程，发挥操作者在冲压安全生产中的能动性，包括正确安装、调试模具；及时维护模具和冲压设备；认真检测安全装置的可靠性；坚持使用手用工具（弹性夹钳、真空吸盘、电磁吸盘等）；大型模具或多人同时操作时，严格采用多人双手按钮操作，保证操作者在起动压力机离合器时手臂完全离开危险区。

2. 模具结构安全措施

采用自动送料、自动取件装置是模具结构安全中的重要措施。此外，还应该对模具采取必要的安全防护和安全检测措施，可在模具上不影响生产操作的空间位置设置防护罩或扩大模具的安全操作空间。

设计模具结构时，设计人员应特别注重安全性方面的考虑，除了模具零件的强度、刚度等安全性，还应该注重模具生产的操作、送料、取件、废料处理等方面的安全性。

3. 设备安全措施

冲压设备的安全防护方式较多，主要是防止操作者违反规程或出现情况时发生人身、设备事故。

为了有效保护操作人员及提高设备操作的安全性，现在的冲压设备基本都安装了红外线自动安全控制装置。红外线具有不受其他光线干扰的特性，是冲压设备上使用最多的一种人身安全防护装置，通常安装在操作设备的两侧，一侧为红外线发光器，另一侧为红外线受光器。操作者身体某一部分进入危险区遮蔽光屏，红外线受光器会根据变化发出电信号，使冲压设备停止运行工作。

同时还在设备上做了一定的改进，如用防护罩把操作脚踏板罩住，防止异物击落在脚踏板上；或采用双手操作设备，使得操作者的双手离开危险区后才能按下按钮，进而操作冲压设备（双手操作按钮内侧的距离一般大于250mm）；进行单工序模具生产时，可使设备进行单次行程，防止发生连冲。在实际生产中，还需要定期、及时地检测模具工作状态，当模具内的废料未及时清除或出现异物、压力机内的微动开关等元器件的状态发生变化时，应控制压力机急停，防止发生危险事故。

项 目 实 施

一、成形工艺分析

1. 零件工艺性分析

卷收器齿片零件如图 5-1 所示，它是一款典型的复杂冲裁件产品。零件的外形轮廓是齿形的结构形状，最大轮廓直径为 $\phi64mm$，中心有 $\phi11^{+0.15}_{+0.05}mm$ 的孔，在中心孔的外围分别有均布的异形孔，且这些孔具有孔口边缘倒角的特征，同时零件对冲裁毛刺的方向有要求，未注公差尺寸按 IT14 级设置。

根据卷收器齿片零件的结构及尺寸特点分析，零件主要采用冲裁成形工艺及孔口边缘的倒角工艺。如果采用单工序模具结构形式，该零件的成形工序大致可划分为落料、冲孔（多道工序的冲孔工艺）、孔口边缘倒角成形，工序划分所对应的模具数量大约为 3~4 副模具。针对批量较大的卷收器齿片零件的生产，显然单工序模具不适合，故需要考虑连续冲压成形工艺及模具结构，连续模具生产率高，操作安全，且能达到零件精度的要求。

2. 排样

根据单工序模具划分的工艺分析，卷收器齿片连续成形工艺的排样图如图 5-20 所示，共设置 6 个工步。考虑条料的误差及导料、定距的结构需要，可采用双侧刃结构，每个步距采用两个导正销，连续成形工艺中第一个工序为冲侧刃、冲孔（导正销工艺孔、零件内部的异形孔），第二工序为孔口边缘倒角，第三工序为冲孔（零件中心的孔 $\phi11^{+0.15}_{+0.05}mm$），第四工序为空工步（由于不设空工位会使得模具结构不合理、强度不够等因素），第五工序为落料，第六工序为条料的切断（便于废料处理）。

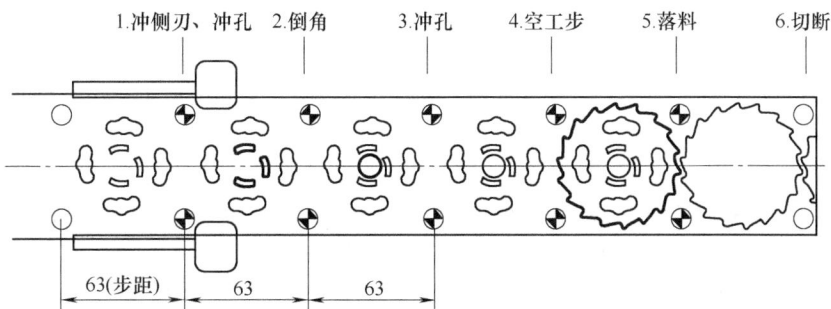

图 5-20　卷收器齿片排样图

3. 冲压力计算

根据排样结构，模具采用弹性卸料、浮动导料的结构形式。模具冲裁刃口总长度约为728mm（包括侧刃、冲孔、落料及刃口尺寸），冲裁力的相关计算如下：

冲裁力　　　　　　　$F = KtL\tau = 1.3 \times 1.5 \times 728 \times 471\mathrm{N} = 668.6\mathrm{kN}$

卸料力　　　　　　　$F_x = K_x F = 0.06 \times 668.6\mathrm{kN} = 40.1\mathrm{kN}$

在上述计算中，冲裁力的计算公式中的 L 值为刃口周长的总和；卸料力系数取较大值，以确保足够的卸料力和推件力，使模具正常工作。

4. 压力中心的确定

卷收器齿片零件虽然比较规则，但是由于采用的是连续成形工艺，所以其连续模具结构比较复杂，且模具尺寸较大，通常选择模具的几何中心作为压力中心。

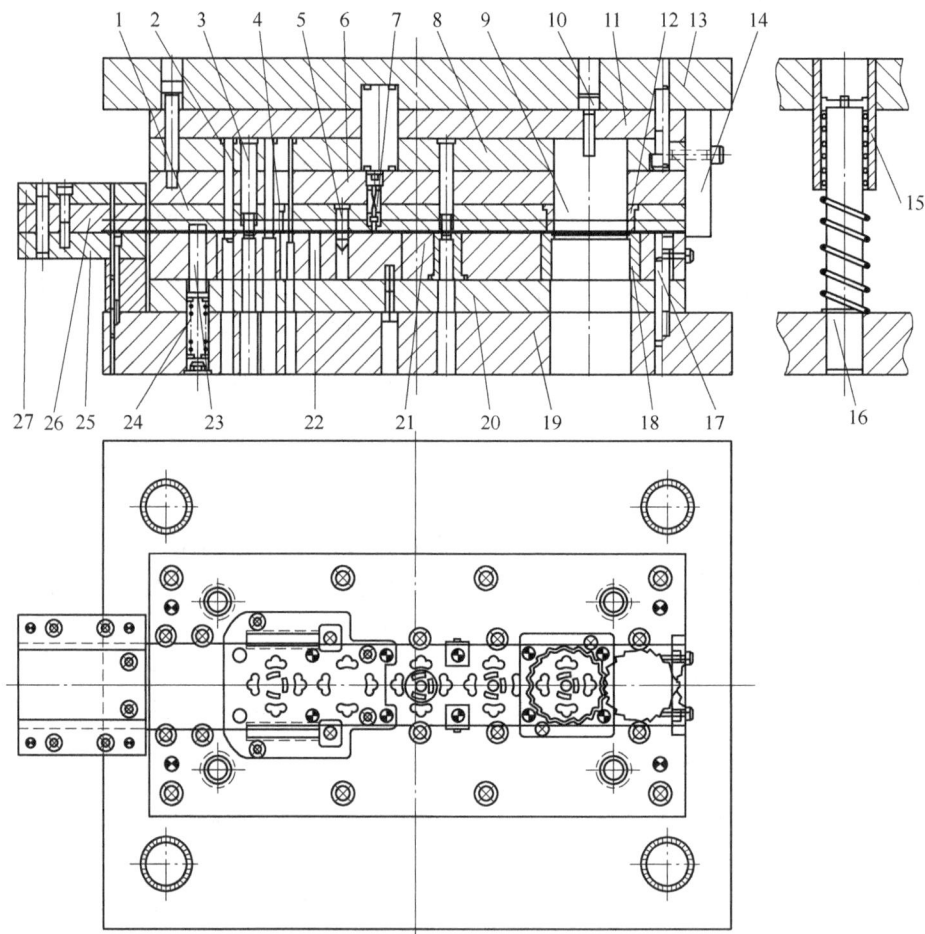

图 5-21　卷收器齿片连续模装配图

1—压料板　2、3—冲头　4、22—倒角冲头　5—导正销　6—卸料板　7—弹性顶销

8—上固定板　9—凸模　10—螺钉　11—上垫板　12—压料镶件　13—上模板

14—废料切刀　15—导套　16—导柱　17—销钉　18—凹模镶件　19—下模板

20—下垫板　21—凹模固定板　23—导料柱　24—矩形弹簧

25—导料垫块　26—挡块　27—盖板

5. 零件刃口尺寸的计算

由于配合加工的制造方法易于保证冲裁的刃口间隙，降低制造成本，简化模具装配工作，所以工作零件的刃口尺寸按照配合加工方法进行计算。以 $\phi 11^{+0.15}_{+0.05}$ mm 冲孔刃口尺寸为例，计算如下：

$\phi 11^{+0.15}_{+0.05}$ mm 对应凸模的尺寸为 $\phi (11 + 0.5 \times 0.2)^{0}_{-0.02}$ mm $= \phi 11.1^{0}_{-0.02}$ mm，刃口间隙为 0.12 ~ 0.18mm 的双面间隙。

二、模具设计

根据上述工艺分析，卷收器齿片连续模具结构总图如图 5-21 所示。模具采用四中间导柱非标准滚动模架，闭合高度为 265.5mm，选用设备为压力机 200T/SH = 380.5（表示 200t 的机床，最大闭合高度为 380.5mm）。

根据排样设计，卷收器齿片连续模具共设置 6 个工步，采用浮动导料（导料柱 23）的结构形式。上模的压料板 1 与卸料板 6 共同组成模具上模部分的卸料机构，即该模具的卸料机构由两块板零件组成，主要原因是由于上模结构空间的限制，导正销零件的尺寸比较细小，所以导正销直接设计安装在卸料板 6 上。连续模中导正销的作用是在凸、凹模零件工作前，以及卸料板压紧条料前对条料进行拨正导向，所以导正销的长度尺寸比较长，长度方向低于卸料板的下表面一定工作距离，所以在条料卸料后，条料仍然与导正销配合接触，这样容易导致厚度尺寸较小的条料（薄壁料）在导正销与下模浮动导料销的相反拉力作用下，使得工件与条料变形。根据这一工艺特点，在上模导正销的附近设置弹性顶销 7，通过弹性顶销对与导正销接触的条料进行向下的推料，从而达到相对导正销的卸料功能。由于弹性顶销的设计安装，上模需采用压料板与卸料板的整体卸料结构形式。

下模部分的凹模均采用镶拼式的结构形式，导料柱 23 由矩形弹簧 24 提供弹力而进行上下浮动，浮动导料柱既起到了粗定位导料的作用，又起到了卸料功能。

由于连续模具上的工序较多，所以相对于单工序或复合工序的模具结构来说要复杂些，但是模具结构设计的基本思路和要求都是相通的，相当于把多副单工序模具的模架组成一个整体，连续模具的模架、固定板、垫板、刃口成形零件等的结构设计要求及原则与单工序也是基本一致的。由于一般连续模具尺寸都比较大，结构相对比较复杂，所以连续模具的刃口零件（成形零件）等多采用镶拼式结构，这样既便于加工、拆装、更换，又节约了成本。

拓 展 项 目

镶铁零件连续成形与模具设计

1. 工艺分析

镶铁零件如图 5-22 所示，该零件为一个典型的翻孔零件，零件材料厚度 $t = 1.0$ mm，零件总高度为 4.3mm，翻孔内圆角半径为 0.5mm，零件外形为 20mm × 14mm 的腰形轮廓形状。镶铁零件材料为冷轧钢板（冲压用）SPCD，零件未注尺寸公差按 IT14 级设置，该零件为大批量生产。

根据镶铁零件的结构及尺寸精度，镶铁零件的连续成形工序可划分为冲孔（翻孔的预孔）、翻孔、落料。

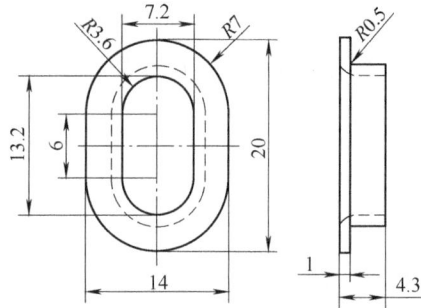

图 5-22　镶铁零件图

零件外形轮廓为腰形（较为规则），分析零件连续模排样结构时，需要考虑模具结构与材料利用率（成本）之间的关系。该零件如果采用单排直排将会产生较多废料，降低材料利用率，由于零件为大批量生产，所以考虑采用多排以提高材料利用率的零件排样结构。镶铁零件连续成形工艺排样如图 5-23 所示。

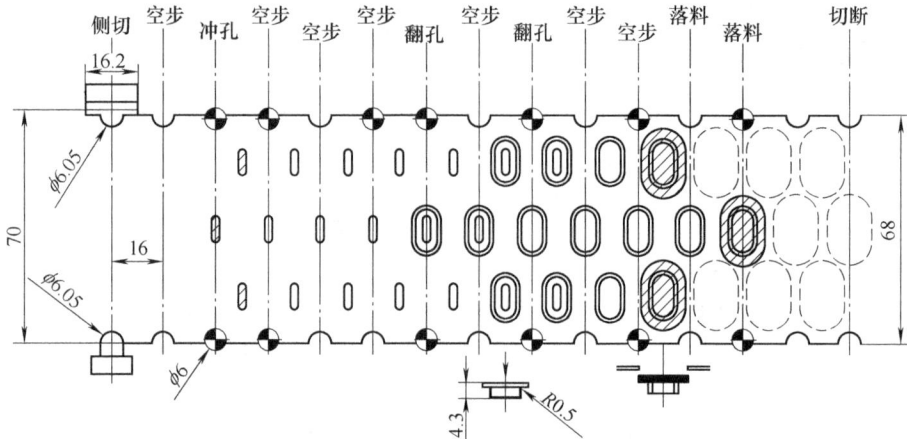

图 5-23　镶铁零件连续成形排样图

镶铁零件连续成形工艺排样采用了三排组合排样的结构形式，采用侧刃及侧面半圆孔导料的形式。由于零件排样为三排，考虑模具结构及强度的要求，在各工序之间设置了空工序（空步），最后工序为切断废料条料。

零件翻孔工艺的预孔尺寸按照项目四中的公式计算，翻孔工艺的预孔尺寸如图 5-24 所示。落料工艺的凸、凹模结构及刃口尺寸按照项目一的内容进行设计与计算。

2. 模具结构设计

根据上述工艺分析，镶铁零件连续模的结构设计如图 5-25 所示。根据零件排样设计，模具结构中依次为切侧刃、冲孔、空工位、翻孔、落料等工序，采用侧刃、浮动导料销 23 与导正销 5 结合的条料导料结构，由于导料销前端导料部位通常长出卸料板面，为防止卸料板 11 在卸料后使导料销与条料出现卡住等现象，故在卸料板中设置了活动卸料钉 6，由弹簧提供卸料力。

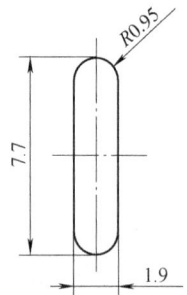

图 5-24　翻孔工艺的预孔尺寸图

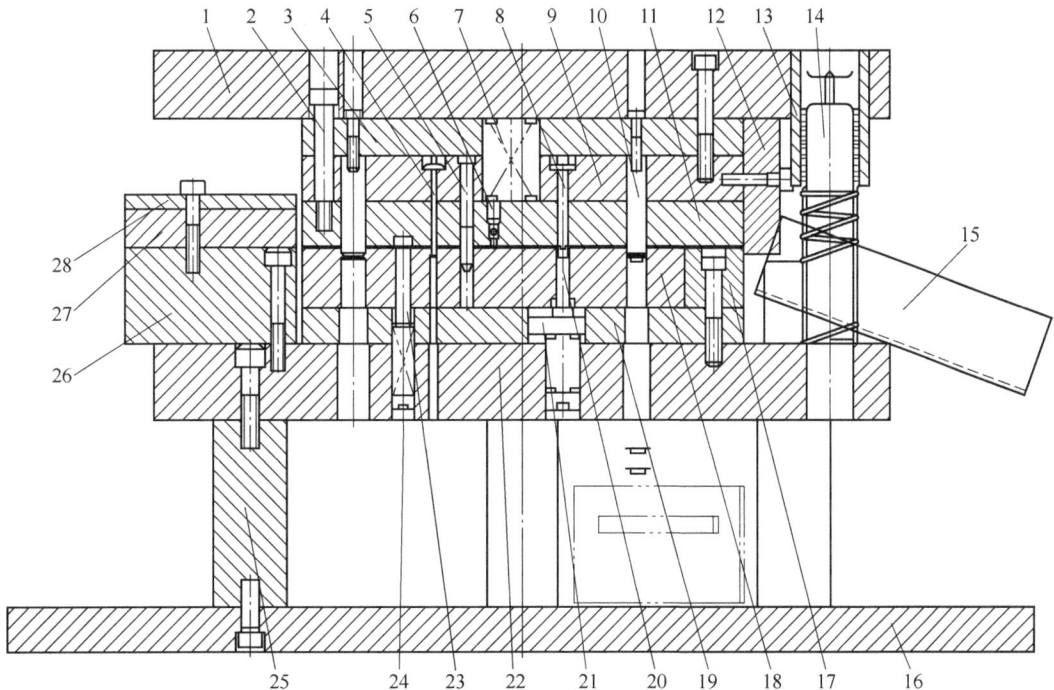

图 5-25　镶铁零件连续模具结构图

1—上模板　2—卸料螺钉　3—上垫板　4—冲孔凸模（翻孔预孔）　5—导正销
6—活动卸料钉　7—矩形弹簧　8—翻孔凸模　9—上固定板　10—落料凸模
11—卸料板　12—切断凸模　13—导套　14—导柱　15—排料架　16—下底板
17—切断凹模　18—凹模　19—下垫板　20—顶块　21、25—垫块
22—下模板　23—浮动导料销　24—螺塞
26—导料垫块　27—导料板　28—盖板

由于零件排样比较紧密，一些凹模刃口相距较近，所以凹模采用了较大镶块的结构形式，把相距较近的多个凹模刃口设计在一个较大的镶块上。零件翻孔后由于变形等原因，可能会贴紧在翻孔凹模壁上，阻碍条料向上浮动脱离凹模再向前送料，所以在翻孔凹模内设置了顶块 20，通过弹簧及垫块 21 向上卸料。由于浮动导料销同时具有卸料的作用，所以下模不需增设其他卸料结构（下模卸料主要为冲裁毛刺的卸料，卸料力较小）。

落料的镶铁零件由模具下放置的收料盒接收，定期收集零件；条料切断的废料通过排料架 15 排出模具与机床设备，进入专门的废料收集区，保证机床与模具生产时的清洁、安全。

拓 展 练 习

1. 简述冲压单工序成形工艺与连续成形工艺的特点，并比较二者的应用特点。
2. 分析冲压连续成形工艺中排样的基本方式及作用。
3. 简述连续模具结构中的导料、定距等条料导向定位装置的基本结构形式。
4. 分析图 5-26 所示的扣板零件的冲压成形工艺，试设计连续成形工艺的排样图，并设计连续模具的结构。

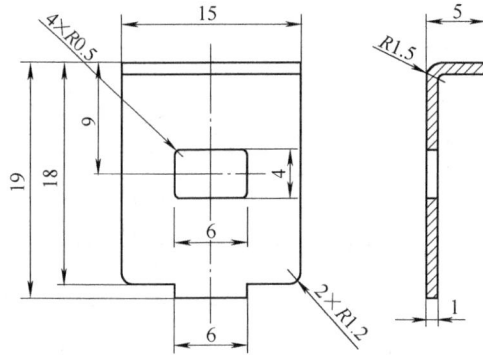

图 5-26　扣板零件图

项目六　大型模具与气动模具应用

项 目 目 标

1) 了解冲压成形工艺中大型零件（覆盖件）成形工艺的基本特点及应用。
2) 了解大型零件（覆盖件）模具结构设计的基本要求及方法。
3) 了解保利龙消失模的基本工艺特性。
4) 了解气动工作原理与气缸应用。
5) 能分析简单大型零件（覆盖件）的成形工艺及工序划分。
6) 能设计气动应用的简单模具。

项 目 分 析

1. 项目介绍

大型反射体零件如图6-1所示，材料为不锈钢片材（薄壁件），料厚 $t = (0.8 \pm 0.05)$ mm。零件外形为椭圆形状，具有典型的弧面空间立体零件，长短轴尺寸分别是842.3mm和587.5mm，零件最大高度尺寸为90.5mm，零件最大外形尺寸为参考尺寸，反射体圆弧型面上有4个8.8mm×8.8mm的方孔。反射体零件3D图如图6-2所示。

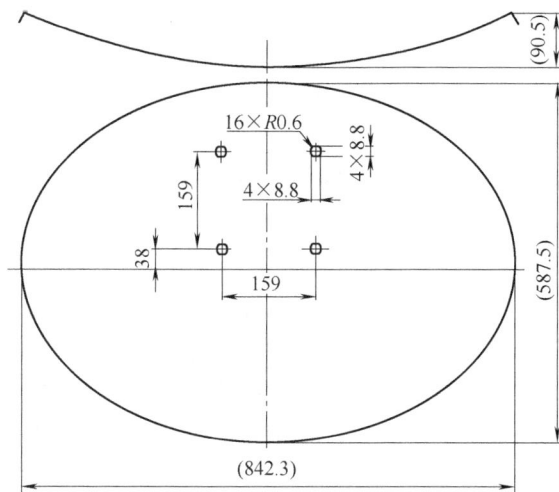

图6-1　反射体零件

图6-2　反射体零件3D图

2. 项目基本流程

通过反射体零件的成形工艺分析及模具设计，学习较为简单的大型零件（覆盖件）的成形工艺特点与成形工序划分，了解保利龙消失模具成形工艺特点，了解相关大型模具零件的消失模工艺的设计方法，掌握相关工艺对大型模具技术的应用，了解气动工作原理与气缸应用，了解模具技术中新技术、新工艺的应用，了解模具中综合技术的应用。

理 论 知 识

大型零件（覆盖件）的冲压成形工艺与中小型模具基本相同，只是在结构设计及加工工艺上更为复杂。一般大型模具中的大型零件不采用锻造成形的钢板材料，而多采用铸造工艺成形的铸件。

一、大型零件（覆盖件）成形工艺

大型零件（覆盖件）在汽车零部件中特别多见，例如汽车车身、门框、发动机盖罩、行李箱壳罩等零件。覆盖件和一般冲压件（中小型零件）相比，通常具有材料薄（多为薄壁件）、形状复杂、多为空间曲面、结构尺寸大以及表面质量要求较高等特点。由于大型零件（覆盖件）的冲压工艺、模具设计及模具制造工艺等方面具有一些独特的工艺特点，所以将大型零件（覆盖件）及其模具作为一类问题进行研究。

1. 大型零件（覆盖件）的工艺要求

大型零件（覆盖件）按作用和要求可以分为：外形件、内部件和骨架连接件。外形件与内部件的材料厚度一般为 0.6 ~ 2.0mm，采用普通钢板或 08、09Mn 钢板冲压而成。骨架连接件的一般材料厚度及尺寸较外形件和内部件大些，一般厚度为 1 ~ 3mm。

一般覆盖件的表面质量要求较高，特别是外形覆盖件。内部覆盖件的形状更复杂，如图 6-3 所示为汽车门内板零件。覆盖件通常是多个零件装配在一起使用的，装配时多用点焊或者螺钉联接，多个大型零件（覆盖件）装配时要求其零件的空间曲面必须一致，安装工位必须一致。

大型零件（覆盖件）的工艺性关键在于成形（拉延）工艺，拉延工艺性的质量主要取决于大型零件（覆盖件）的空间形状与结构。大型零件（覆盖件）一般都是一道工序拉延成形，为了实现或创造

图 6-3 汽车门内板零件

良好的拉延条件，有时会对零件进行工艺补充，然后在拉延之后将工艺补充部分切除。大型零件（覆盖件）的材料对零件的拉延成形有较大的影响，特别是材料的弹性对拉延件的尺寸精度影响较大，这也往往导致大型零件（覆盖件）的模具设计与制造相对比较复杂。实际生产中常进行冲压成形工艺有限元模拟分析辅助设计，以优化模具结构设计，同时模具的试模调试阶段也要做较多的修补整改工作。

2. 大型零件（覆盖件）的工艺分类

根据大型零件（覆盖件）的复杂程度与其自身的结构特点，对大型零件（覆盖件）进行工艺分类，主要考虑拉延工序的深度与形状的复杂性。零件自身特点一般是指大型零件（覆盖件）本身有无对称性或对称面的结构。常用大型零件（覆盖件）的工艺分类如下：

（1）对称一个平面的覆盖件 例如汽车零部件的散热器罩、前围板、后围板、发动机罩等，这类零件又有深度尺寸较小的、深度均匀的、深度尺寸相差较大的、形状复杂的等多种。

（2）不对称覆盖件 例如车门外板、翼子板等。主要有深度尺寸小且较平坦的、深度

尺寸均匀且形状比较复杂的、深度尺寸较大的几种。

（3）有凸缘面的大型零件（覆盖件）　例如车门内板。

（4）压弯成形的大型零件（覆盖件）

（5）可成双冲压的覆盖件

3. 大型零件（覆盖件）冲压成形基本工序

一般大型零件（覆盖件）的形状复杂、尺寸大，因此一般不能在一道工序中直接获得，通常需要多道工序才能完成。大型零件（覆盖件）的冲压基本工序有：落料、成形（拉延）、整形（校形）、切边（修边）、翻边、冲孔等。根据零件工艺的特点与精度保证，可以把一些工序进行合并，以减少工序数，降低成本，如落料拉深、切边冲孔、整形翻边、翻边冲孔等。

（1）落料工序　主要是为了获得后续工序的毛坯形状和尺寸。落料工序可以根据具体的情况决定工艺方案，有的落料工序即是利用剪板机下料，或是进行材料的切角等修剪工作，这样可以减少落料模具的工序与成本。实际应用中对于大型零件（覆盖件）往往不开设落料模具，因为复杂成形的零件外形落料尺寸无法正确获得，材料周边的流动变形较大，一般需要设置成形后切边等工序。

（2）成形（拉延）工序　成形（拉延）工序是大型零件（覆盖件）的关键工序，大型零件（覆盖件）的主要结构、形状是在这道工序成形的。

（3）整形工序　主要是将成形（拉延）工序中没有成形出来的形状结构成形出来，同时也可以对成形（拉延）工序中回弹等不到位的精度尺寸进行修正。整形工序的变形性质一般是胀形变形。

（4）切边（修边）工序　由于大型零件（覆盖件）的成形复杂，材料的流动变形没有规律，所以一般落料的外形毛坯尺寸都留有较大的尺寸余量（防止成形时局部材料不够），零件成形之后要对零件的外形进行精确的切边（修边）工序；同时在零件成形时往往会设置工艺补充部分，这些工艺补充只是成形（拉延）及拉深工序的需要，之后也要切除掉。

（5）翻边工序　主要是进行零件上的一些竖边、角等的成形，需根据具体结构分析，有时可以与其他工序合并，无法合并时只能单独开设翻边模具。

（6）冲孔工序　大型零件（覆盖件）往往有较多的安装孔、连接孔等各种尺寸及结构的孔，冲孔工序一般设置在成形（拉延）工序及其他工序之后，根据具体情况有时可以与切边（修边）工序合并。一般需要进行复杂成形的零件，其冲孔工序都设置在零件成形的最后几道工序，如果先冲孔，则成形（拉延）工序将导致孔位精度与孔本身的尺寸、形状发生变化，导致零件后续无法安装使用。

二、保利龙消失模工艺

1958 年，美国的 H. F. Shroyer 发明了用可发性泡沫塑料模样制造金属铸件的技术，最初所用的模样是采用聚苯乙烯（EPS）板材加工制成的，采用粘土砂造型，用来生产艺术品铸件。采用这种方法造型后泡沫塑料模样不必起出，而是在浇入液态金属后聚苯乙烯在高温下汽化，金属液占据模样空间，凝固后形成铸件。在此基础上，德国采用可以被磁化的铁丸来代替硅砂作为造型材料，用磁力场作为"粘结剂"，这就是所谓"磁型铸造"。1971 年，日本的 Nagano 发明了真空铸造法，受此启发，今天的消失模铸造在很多地方也采用抽真空的办法来固定型砂。随着研究的深入与技术的进步，现代消失模工艺已经发生了较大的变化，特别是材料的研究对相关技术的进步作用较大。

1. 消失模工艺特点

消失模铸造（又称实型铸造）是将与铸件尺寸、结构、形状一致的石蜡或泡沫模样粘结组合成模样组，刷涂耐火涂料并烘干后，埋在干石英砂中振动造型，在负压下浇注，使模样汽化（从开设的排气槽中排出），液体金属占据原石蜡或泡沫模样的空间位置，液体金属凝固冷却后形成铸件。这种铸造工艺在国外称为EPC，是目前国际上最先进的铸造工艺方法之一，被誉为铸造史上的一次"革命"，是一种绿色铸造方法。

消失模铸造与传统的砂型铸造相比较有较为显著的优点：

1）消失模铸造不需要分型和下芯，所以特别适用于几何形状复杂、传统铸造难以完成的箱体类、壳体类铸件等结构复杂的零件。

2）消失模铸造采用干砂埋模样，干砂可反复使用，工业垃圾少，成本显著降低。

3）消失模铸造没有飞边毛刺，相关清理的工作量可以大为减少。

4）消失模铸造可以用于多种材料的成形，不仅可以成形铸铁件、球铁件，还可以成形铸钢件，适用范围较广。

5）消失模铸造不仅适用于批量大的铸件，进行机械化操作，也适用于批量小的产品，手工拼接模样也较方便。

6）消失模铸造不仅适用于中小尺寸的铸件，更适用于大型铸件，例如机床床身、大口径管件、大型冲模件、模架、大型矿山设备配件等。

7）消失模的模样制作周期短、成本低，由于模样可以分成多块进行粘结组合，降低了整体造型的要求，对人员的技术水平要求不高。

消失模工艺也存在一些问题，消失模常见的工艺问题与防范措施主要有如下几方面：

（1）增碳　消失模容易产生增碳缺陷，增碳缺陷产生的原因主要是泡沫材料含有碳，浇注时泡沫燃烧分解出游离碳，碳侵入钢液所致。经过试验发现增碳有一定的规律性，即铸件表面增碳，而心部几乎不增碳，内浇口附近不增碳，而离内浇口越远，增碳越严重。采取相应的措施，可使铸件增碳基本控制在工艺要求范围内。

1）选择含碳量少的泡沫材料，目前消失模铸造用材料主要有EPS、STMMA、EPSMMA三种，其含碳量依次减少。其中EPS的特点是含碳量较大，但其汽化时的发气量较小，浇注时不易反喷，且其价格便宜，在铸铁件精度要求不高的零件上应用较多。EPSMMA的特点是含碳量少，但其汽化时的发气量较大，且容易造成反喷现象，而且材料价格较贵，一般在低合金钢上使用较多。STMMA则是兼顾两者的优点，具有发气量少、含碳低的优点，是消失模生产中应用较多的材料。

2）消失模模样的密度非常重要，只要表面光洁，密度低，可以降低增碳现象，同时汽化发气量较少。

3）利用离内浇口越远，增碳越严重的特点，在离内浇口最远端或在铸件的最高点设置冒口，使增碳污染严重的钢液进入冒口内，同时冒口还起到集渣、排气的作用。

（2）反喷　反喷是消失模铸造中常发生的现象，反喷严重时可能会危及操作人员的人身安全，必须予以重视，为减轻反喷现象，可采取如下措施。

1）泡沫模样密度要小，在保证泡沫表面质量，保证模样强度的前提下，泡沫应做得越轻越好，以减少浇注时的发气量。

2）泡沫模样上涂料前一定要烘干，每批泡沫模样应做出烘烤重量变化曲线图，只有在泡沫模样重量不再发生变化情况下方可上涂料。

　　3）浇注系统中特别是直浇道和横浇道不应上涂料，这样可以使浇注时产生的气体能快速充分地抽走，也节省了涂料。

　　4）在浇口杯处上面盖一个挡板，可把反喷上来的钢液挡住，使其不能飞溅出来，避免危及现场操作工人。

　　（3）塌箱　当一箱中串联铸件较多时，由于各模样同时汽化，造成真空度不够，容易造成塌箱。防止塌箱应注意以下两点：

　　1）保持砂箱内足够稳定的真空度。

　　2）控制好浇注温度，同时浇注速度尽量与模样的汽化速度一致，防止浇注过慢导致冷隔而浇不到，造成塌箱。

　　2. 保利龙泡沫材料

　　保利龙泡沫是由发泡塑胶制成的，具有缓冲、绝缘、隔热、隔声、防火、防振等作用与功能。通常市场装置鱼货、食品盒、电器产品的包装运输、建筑业防火材料、隔声（热）用材，以及众多产品的包装等多采用保利龙材料。保利龙泡沫材料也是一种优良的防振包装材料，价格低廉，应用广泛，具有隔热，隔声，质轻缓冲，容易成型等性能和特点。

　　一般保利龙泡沫表面需要涂刷涂料并进行烘干，使得材料具有一定的硬度和韧性，同时也使得材料具有一定的可加工性，保利龙泡沫模样可以粘结组合成模样组，同时也可以对涂刷涂料并进行烘干的材料进行数控铣等加工成形，这样可以广泛地应用于不同结构类型铸件的生产。保利龙泡沫模样如图6-4所示，不同结构形式的模样可以进行粘结组合，也可以加工成形。

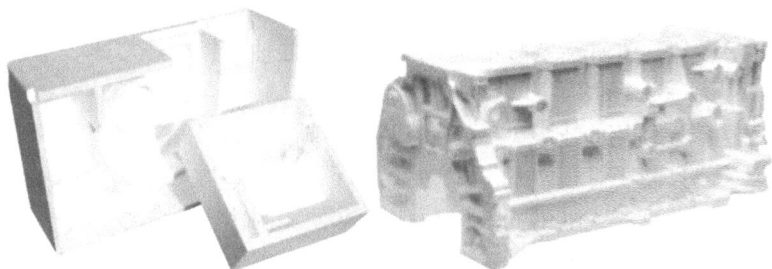

图6-4　保利龙泡沫模样

三、气动原理与气缸应用

　　1. 气动系统概述

　　气动系统属于流体动力系统，是通过压力油或者压缩空气来传递和控制能量的一种系统。在气动系统中，能量介质就是压缩空气，即把大气中的空气的体积压缩，从而得到具有一定压力的气体。

　　气动系统的用途非常广泛，不论是生活或是生产中几乎都有应用，随着模具技术的提高以及综合技术的应用，气动系统在模具的结构设计与生产中也被广泛应用。

　　气动系统通常由四个部分组成，主要有气源装置、执行机构、控制元件、辅助元件。气动系统的主要优点有以下几个方面。

（1）适用性 大多数企业车间的作业区都有压缩空气源（即空气压缩机），特别是模具制造企业，由于数控设备、钳工操作等工作需要，都配有移动式或固定式空气压缩机，这为其应用提供了良好的设备基础。

（2）设计与控制简单 使用气动系统时一般只需简单设计或者选用气动元件即可，不需要较深的专业知识，控制操作也比较简单。与液压系统相比，气动系统反应速度快，容易实现自动控制，条件方便，也容易与电气、液压结合实现多功能混合应用。

（3）经济、可靠 气动系统设备价格不高，气动元件寿命较长，维护费用也较低，空气又是取之不尽无成本的资源。

（4）安全、清洁 气动系统工作时可以设置行程开关、限位传感器等装置，所以气动系统操作安全；同时一般气动设备、气动元件等在使用中不会发热，使用时几乎没有危险性，气动系统工作时不产生任何的废物、废气等有害物质，所以气动系统环保、清洁。

2. 气缸

气动元件中包括执行元件和控制元件。执行元件是以压缩空气为动力源，将气体的压力能量转换为机械能量的装置，用来实现设计的功能动作。气动元件主要有气缸和气马达。气缸作直线运动。气马达作旋转运动。

根据冲压成形工艺的生产特点与冲压设备的结构形式，冲压模具工作时，相关的零件基本都是作直线运动，所以气缸可以在模具中有较好的应用空间。

（1）气缸的种类 气缸的种类主要有单作用气缸、双作用气缸、无杆气缸、增力气缸。可根据具体的应用要求选择不同形式的气缸。由于模具工作时主要的动力源是冲压设备，所以对气缸的功能要求不高，一般双作用气缸应用较多。

常用的双作用气缸如图6-5所示。气缸两个方向的运动都是通过气压传动实现的，气缸内部的两端都具有缓冲，并设有防尘环、密封圈等装置，气缸活塞杆的运动导向由气缸轴套控制。

（2）气缸的选择及使用要求 对于模具设计者来说，如果需要选用气缸，一般只需要对气缸的基本参数进行了解，掌握选择标准气缸的要求即可。气缸的安装一般比较方便，因为气缸的两端都设置有标准的螺钉安装孔。气缸的选择要点主要有以下几个方面。

图6-5 双作用气缸图

1）气缸输出力的大小。根据模具中的实际需要计算所需力的大小，然后乘以1.2～2的安全备用系数，再根据力的大小选择气缸内径尺寸。

2）气缸行程长度。根据模具需要的工作行程选择气缸活塞杆的运动行程，一般选择行程参数时需加长5～20mm。

3）活塞杆运动速度。气缸活塞杆的运动速度主要由气缸进、排气口及管内径尺寸大小决定，为了控制运动速度及活塞杆运动平缓，通常选择带有节流装置或有阻尼装置的气缸。

根据冲压模具的工作情况，也要注意气缸的使用条件，主要有工作环境稳定（如温度、压力）；活塞杆运动时一般不能承受偏载或径向负载；一般情况下不使用满行程；注意在气缸进气口进行润滑，保护气缸的寿命和精度。

项 目 实 施

反射体零件成形工艺与模具设计

1. 零件工艺性分析

反射体零件如图6-1所示，是一款与覆盖件类似的大型零件，零件具有较大的空间曲面，材料为薄壁件，弹性较大。根据零件的结构特点，零件成形工序可大致划分为落料、成形（拉延）、切边、冲孔几道工序。根据大型零件的结构工艺特点，如果反射体零件采用上述几道工序进行生产，各道工序之间零件的定位不可靠，且模具数量多，零件的模具成本是非常高的，所以需要将工序进行组合。

反射体零件的材质为不锈钢，其材料成形比较困难，回弹较大，加之零件尺寸较大，所以零件的圆弧型面及周边一圈的形状需要一次性成形才可保证零件的尺寸要求，零件成形的同时需要进行切边及4个方孔的冲孔。对于反射体这样的大型零件，通常不开设落料模具工序，直接采用大张的片材作为原材料。该反射体零件的生产，需要将零件的成形、冲孔、切边三道工序组合在同一副模具中，该要求大大提高了模具设计及加工制造的难度。根据大型反射体零件的结构尺寸特点，在模具结构设计中主要有如下几个问题：

①大型模具的模架及各主要大型零件的设计、制造。

②刃口零件及固定零件的结构设计。

③零件的弹性压料与卸料弹性元件的设置。

解决以上三个问题是实现大型反射体零件三位一体模具的设计与制造的关键。针对以上关键问题，结合零件的结构特点，反射体三位一体模具的模架、成形凸模、顶块、成形凹模等大型零件的主体部分采用保利龙消失模工艺铸造，模具的3D效果如图6-6所示。刃口采用镶拼组合的形式与铸件主体定位连接；弹性压料与卸料采用可调节控制的氮气弹簧系统，使各成形零件受力均匀稳定；同时采用独立导向件作为模架的导向零件。

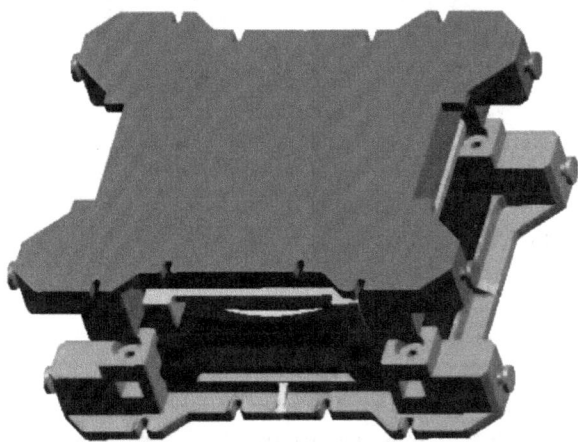

图6-6　反射体模具3D图

2. 模具结构设计

根据反射体零件的形状、尺寸结构特点分析，其三位一体模具的外形尺寸较大，特别是模架、凸模、凹模等大型零件，如果采用普通模具的钢板材料，不仅模具成本较高，而且模具的尺寸及重量庞大，不利于模具的安装调试与生产周转，所以模具的模架、凸模、凹模等大型零件采用保利龙消失模工艺进行毛坯（MoCr 铸铁）的生产。同时，通过专业消失模的铸造生产厂家定制模架、凸模、凹模等大型零件的毛坯件，可以使得模具的生产周期缩短，成本降低。

反射体模具结构如图 6-7 所示，根据模具的结构设计，采用普通机床配气压调节系统进行生产。模具合模之前氮气弹簧系统开始工作，使上压边圈拼块 11 和下压边圈拼块 12 将材料片材压紧；成形凸模 9 和成形凹模 16 进行零件型面的成形，在氮气弹簧系统的作用下，模具的上模部分继续向下运动，下顶块 18 在上模的作用下一起向下运动，成形凸模 9 不动，进行零件的切边和冲孔工艺；完成零件的成形、切边、冲孔工艺之后，上模向上运动，同时在氮气弹簧系统的作用下成形凸模 9 和成形凹模 16 不分开，进行废料的卸料工作。

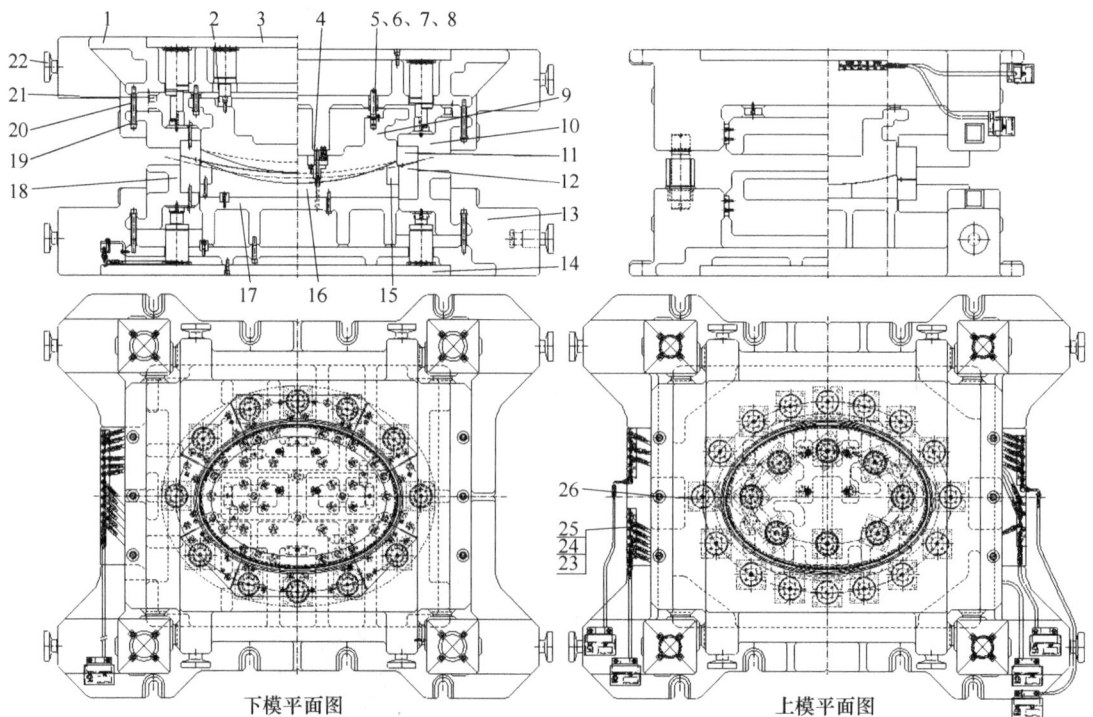

图 6-7　反射体模具结构

1—上模座　2—气簧垫块　3—气簧上安装板　4—成形套管　5—定位导柱、导套　6—导柱、导套定位螺钉
7—小导柱　8—小导套　9—成形凸模　10—上顶块　11—上压边圈拼块　12—下压边圈拼块　13—下模座
14—气簧下安装板　15—下模刃口拼块　16—成形凹模　17—下模安装板　18—下顶块　19—垫圈
20—套管　21—限位块　22—起吊柱　23—软管接头　24—端口接头　25—软管　26—氮气弹簧

3. 模具主要零件设计

（1）下模座零件　反射体模具中的大型零件基本都采用保利龙消失模铸造工艺生产毛

坯，然后根据图样要求进行局部加工，零件中有精度要求的局部在消失模工艺中需要留有加工余量。下模座零件（件13）的模型如图6-8所示。

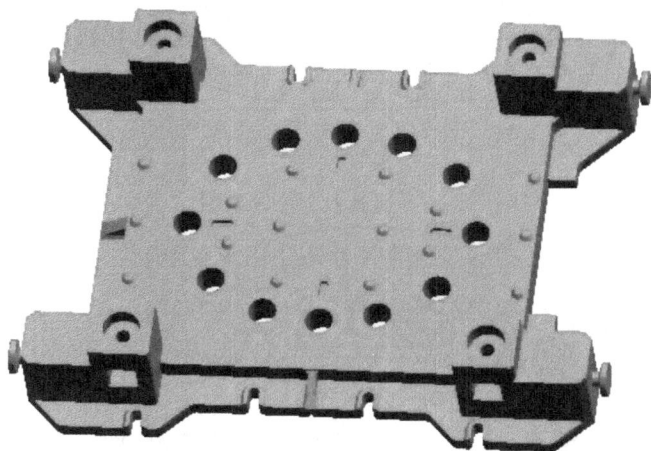

图6-8　下模座零件模型

（2）成形凸模零件　成形凸模零件（件9）也采用保利龙消失模铸造工艺生产毛坯（铸造工艺确保零件内部无气孔、砂眼等缺陷，同时去除铸造毛刺、飞边，铸造倒角C10），之后进行毛坯的机加工以达到零件的要求。成形凸模零件的3D模型如图6-9所示，零件结构尺寸如图6-10所示。铸造成形时比较容易设置零件的筋板、圆角等工艺，较钢板零件的毛坯相比重量减轻了，成本降低了，又保证了零件的精度。其他大型零件也采用保利龙泡沫消失模铸造工艺成形。

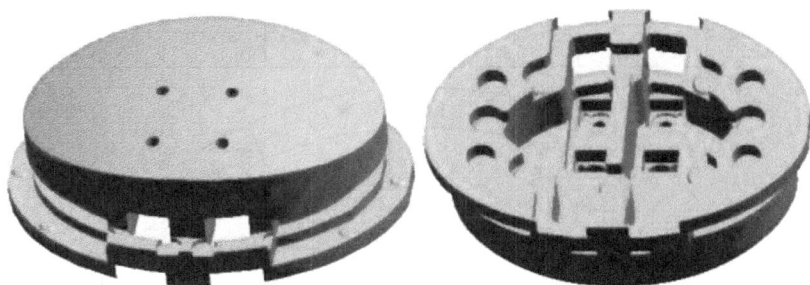

图6-9　成形凸模零件3D模型

（3）刃口零件　模具中切边刃口的形状是一个大型的封闭椭圆形状，其椭圆的尺寸较大，整体的刃口结构形式既浪费材料，加工工艺性也不好，所以采用拼块镶拼式的结构，将下模的切边刃口分成10个小的拼块，分别加工后，在下模的成形凹模上进行拼接（图6-11）并与成形凹模组装成一体，实现下模刃口的设计制造。上模刃口也按此方法进行设计制造。

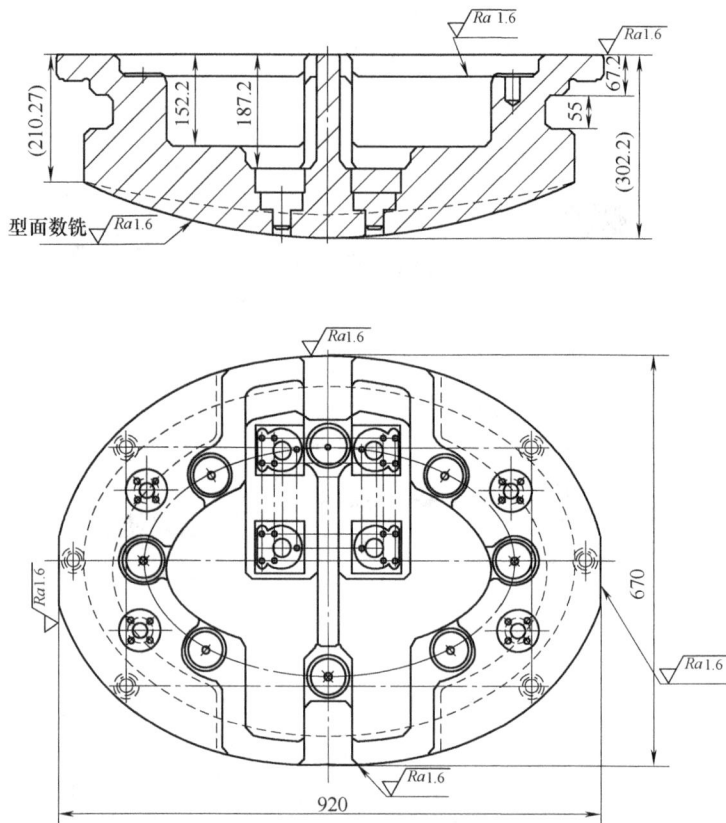

图 6-10　成形凸模零件结构尺寸

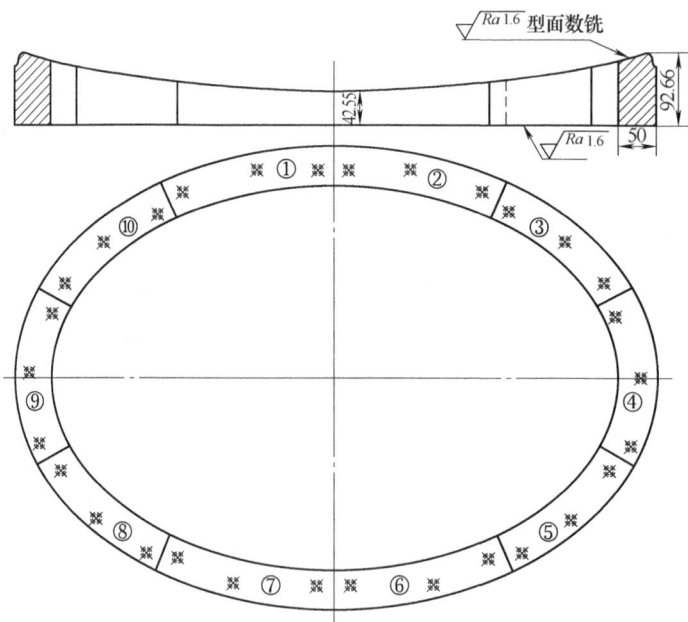

图 6-11　下模刃口拼块

4. 模具气动弹簧的应用

该反射体三位一体模具中，零件成形、冲孔、切边工序都需要对材料片体进行压料和卸料，这样就对机床设备有较高的要求。普通压力机或油压机一般只有一个滑块，不可能满足零件压料力和卸料力的需要。传统的冲裁模使用弹簧和橡胶作弹性元件来提供压料力和顶件力，它们的缺点是弹力不大，且弹簧和橡胶的弹压力均随行程增大而增大。普通弹簧的力与行程基本上呈较大斜率的线性关系，橡胶类元件的弹压力随行程呈非线性变化，弹力随着行程的增大急剧增大，并且要精确计算橡胶弹性特性很困难，之外还要解决橡胶被压缩时横向膨胀的问题，在模具设计中必须留出这部分空间。所以在零件压料和卸料结构设计中，使用氮气弹簧进行零件的压料和卸料，可以比较好地解决上述矛盾。氮气弹簧利用氮气作为工作介质，氮气压力一般在 15MPa 以下，可近似地认为是等温膨胀和压缩过程，一定质量的氮气在其状态变化过程中遵循气体状态方程玻意耳定律。对于氮气弹簧，可选择不同的初始工作压力以获得不同的弹压力，也可以选择不同的氮气弹簧质量体积，来获得不同斜率的弹压力特性曲线；氮气弹簧可以作为独立部件安装在模具中使用，也可以设计成一种氮气弹簧系统成为模具的一部分参加工作；氮气弹簧还可以在系统中很方便地实现弹压力恒定和延时动作。该反射体三位一体模具中使用了独立的内置式氮气弹簧，同时也使用了可调式的氮气弹簧系统作为模具的一部分，综合利用了氮气弹簧的优点进行零件的压料和卸料。通过调节阀开关可以控制氮气弹簧系统，使其推动模具的成形凸模、成形凹模、上下压边圈、顶块等零件完成成形、冲孔、切边等工艺。模具的上模氮气弹簧连接如图 6-12 所示。

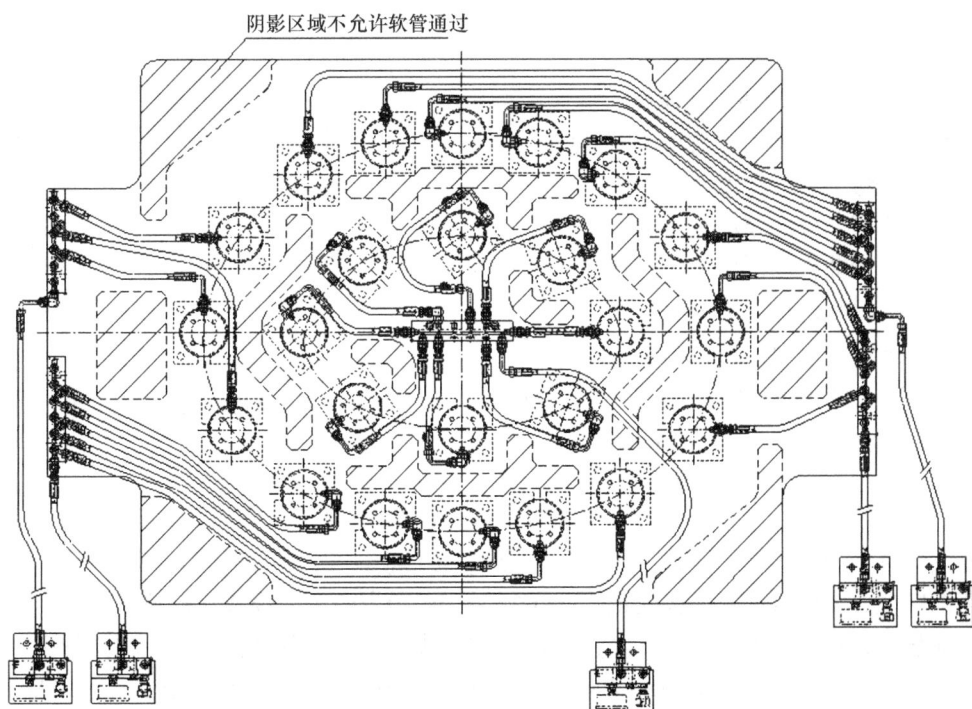

图 6-12　上模氮气弹簧连接图

拓 展 项 目

隔热罩铆合工艺与模具设计

1. 零件工艺分析

隔热罩铆合总成是由两个对称的隔热罩零件铆合成的一个部件产品，产品材料为防锈铝 LF21（新牌号为 3A21），$t = 1.0$mm。铆合之前，两个零件分别经过落料、成形等工序达到铆合总成生产的要求。隔热罩对称零件如图 6-13 所示，铆合总成零件如图 6-14 所示。

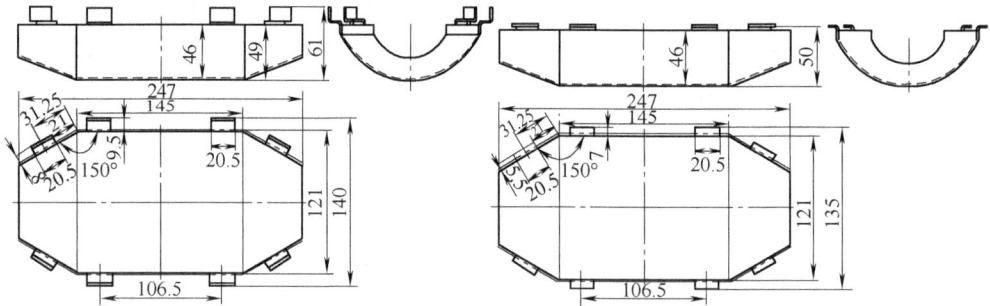

图 6-13　隔热罩对称零件

铆合模具主要是将两个零件按对应铆合口部位进行铆合。由于铆合时模具需要的操作空间及行程较大，需要较大的机床设备；零件产品的材质为铝，其所需要的弯曲力不大，这样相应设备的选用较为困难，有一定的矛盾。

选择什么规格的设备是隔热罩铆合模具的关键。隔热罩铆合弯曲力计算公式为

$$F_1 = 0.6KBt^2R_m/(r + t)$$

式中　F_1——自由弯曲时的弯曲力（N）；

　　　　B——弯曲件的宽度（mm）；

　　　　t——弯曲件的厚度（mm）；

　　　　r——弯曲件内圆角半径（mm）；

　　　　R_m——材料的抗拉强度（MPa）；

　　　　K——安全系数，一般取 1.3。

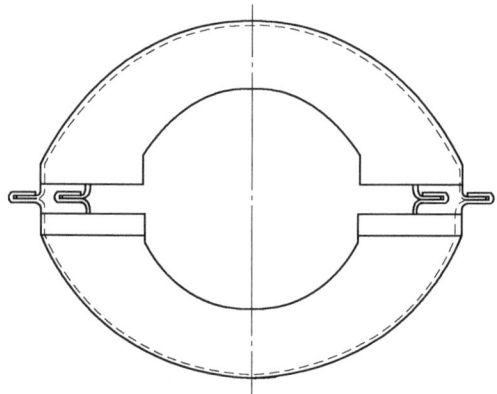

图 6-14　隔热罩铆合总成零件

计算时，安全系数 $K = 1.3$，$r = 1.5$mm，延伸率在 18% 左右时，$R_m = 120$MPa，则

$$F_1 = [0.6 \times 1.3 \times 20.5 \times 1 \times 120/(1.5 + 1)]N = 765.52N$$

则　　　　　　　　　　　　$F_总 = 765.52N \times 8 = 6124.16N$

根据计算弯曲力，零件生产时所需设备的冲压力应大于 650kgf（6500N），对应冲压设备机床的吨位，该铆合模具所需要的力小了很多，选择大的机床设备比较浪费。为了经济地利用机床设备，优化资源的使用，考虑使用气缸来代替冲压设备进行生产。根据计算零件所需的力选择两个型号为：QGS160 * 200B - MF1 的双作用气缸，单个气缸的力为 400kgf，两个气缸的合力为 800kgf，大于零件生产所需的力 650kgf，符合生产要求。

2. 模具结构设计

隔热罩铆合模具的结构设计如图 6-15 所示。零件生产时，先将铆合零件 1 的开口向上放在模具的下模上，利用零件上凸出的 8 个铆合部位，通过下固定板 11 两侧的定位块 9 及铆合镶套 10 对零件进行定位；之后再将铆合零件 2 按照装置总成铆合的要求开口向下放在铆合零件 1 的上面，同样利用零件上凸出的 8 个铆合部位与定位块 9 及铆合镶套 10 和铆合零件 1 进行铆合总成；零件正确安装之后，开动气缸的行程开关，使气缸带动模具的上模部分，使铆合冲头 6 进入铆合镶套 10 的铆合配合孔中进行零件的铆合生产；零件铆合后再次扳动气缸行程开关，将模具的上模部分抬起，使铆合冲头 6 离开铆合镶套 10，取出铆合的产品。

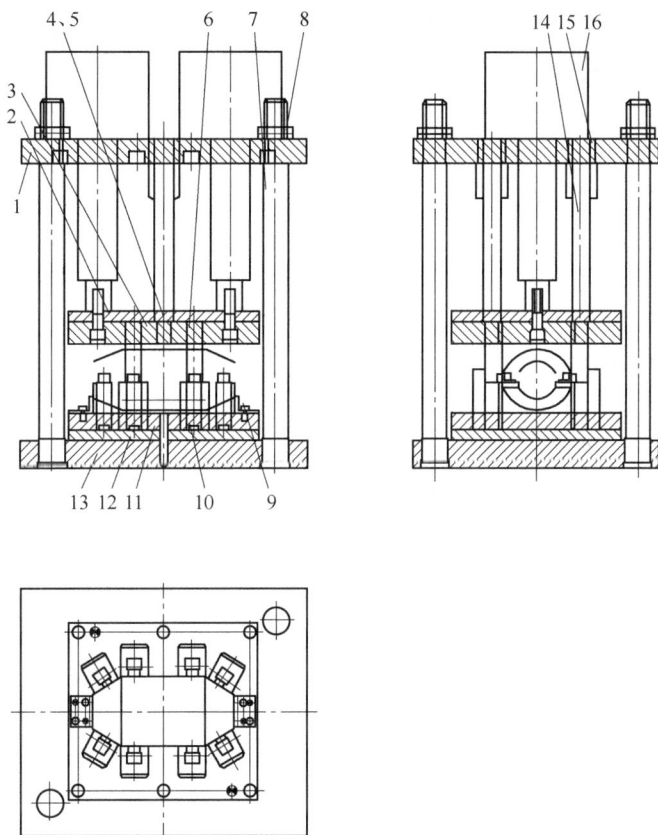

图 6-15　隔热罩铆合模具

1—支架上底板　2—上垫板　3—上固定板　4—螺钉　5—圆柱销　6—铆合冲头　7—支柱　8—螺母
9—定位块　10—铆合镶套　11—下固定板　12—下垫板　13—支架下底板　14—导柱　15—导套　16—气缸

气动系统（特别是气缸）在模具结构设计中经常用到，如支架零件的侧冲孔抽芯机构设计中，就很好地应用了气动系统与气缸工作的优势，支架零件 3D 图如图 6-16 所示。支架零件的两端开口处各有一个通孔及缺口，根据支架零件的结构工艺特点，其端部的冲孔与冲缺口工艺通常采用侧冲结构，支架零件壁厚为 1mm，心部是空的，端口部的结构尺寸如图 6-17 所示。进行冲孔与冲缺口工艺时，需要设计凹模型芯，不能采用无凹模的结构形式。

根据侧冲裁成形工艺与凹模型芯的结构形式，需要在支架零件端口冲裁时放入凹模型芯，冲裁结束时将凹模型芯抽出，并取出废料。根据结构工艺分析，可以在模具中应用气缸与凹模型芯连接，并配置气动节流阀开关等气动元件来控制抽芯的动作与频率，这样能良好地将模具工艺与气动系统结合起来实现高效率、自动化生产。

图 6-16　支架零件 3D 图

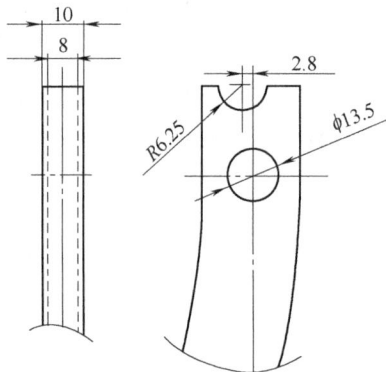

图 6-17　支架零件端口部结构尺寸

拓 展 练 习

1. 简述气动系统工作原理。
2. 简述气动系统的特点与模具应用的特点。
3. 简述大型模具零件保利龙消失模铸造工艺的特点。
4. 了解气、电、液等综合技术在模具工业中的应用。

附　　录

附录 A　常见中外钢号对照表

项目	中国	日本	德国	美国			英国	俄罗斯
	GB（YB）	JIS	DIN	ASTM	AISI	SAE	BS	ГОСТ
碳素工具钢	T7	SK7，SK6		W1-7				Y7
	T8	SK6，SK5		W1-71/2				Y8
	T9	SK4，SK5		W2-81/2，W1-81/2			WB1A	Y9
	T10	SK3，SK4		W2-91/2，W1-91/2			BW1B	Y10
	T11	SK3		W1-101/2				Y11
	T12	SK2		W1-111/2			BW1C	Y12
	T13	SK1		W2-13，W1-121/2				Y13
	T7A							Y7A
	T8A		C80W1（1.1525）（VDEh）					Y8A
	T9A							9YA
	T10A		C105W1（1.1545）（VDEh）					Y10A
	T11A							Y11A
	T12A							Y12A
	T13A							Y13A
碳素结构钢	08F			1006	1006	1006	040A04	08КЛ
	08	S09CK（S9CK）	C10（1.0301），CK10（1.1121）	1008	1008	1008	050A04	08
	10F			1010	1010	1010	040A10	10КЛ
	10	S10C	CK10（1.1121）	1010	1010	1010	040A10，050A10，060A10	10
	15F						040A15	15КЛ
	15	S15C，S15CK	C15（1.0401），CK15（1.1141）	1015	1015	1015	040A15，050A15，060A15	15

（续）

项目	中国	日本	德国	美国			英国	俄罗斯
	GB（YB）	JIS	DIN	ASTM	AISI	SAE	BS	ГОСТ
碳素结构钢	20F						040A20	20КЛ
	20	S20C，S20CK		1020	1020	1020	050A20，060A20	20
	40	S40C		1040，1039	1040，1039	1040，1039	060A40，080A40，080M40	40
	45	S45C	C45（1.0503），CK45（1.1191）	1045，1046	1045，1046	1045，1046	060A47，080A47，080M46	45
	50			1050，1053	1050，1053	1050，1053	080M50	50
合金工具钢	9SiCr		90CrSi5（1.2108）					9ХС
	8MnSi		C75W3（1.1750）					
	CrMn		145Cr5（1.2063）					ХГ
	CrW5	SKS1						ХВ5
	Cr2		100Cr6（1.2067），105Cr5（1.2060）	L3				Х
	9Cr2		85Cr7（1.2064）					9Х
	4CrW2Si	SKS41	35WCrV7（1.2541），45WCrV7（1.2542）	S1	S1		BS1	4ХВ2С
	5CrW2Si		45WCrV7（1.2542）				BS1	5ХВ2С
	6CrW2Si							6ХВ2С
	Cr12	SKD1	X210Cr12	D3	D3		BD3	Х12
	Cr12MoV	SKD11	X165CrMoV12	D2	D2		BD2，BD2A	Х12М
	9Mn2			O2	O2			
	9Mn2V		90MnV8	O2	O2			9Г2Ф
	CrWMn	SKS31	105WCr6					ХВГ
	9CrWMo	SKS3						9ХВГ
	5CrMnMo	SKT3	40CrMnMo7（1.2311）	6G（ASM）	6G			5ХГМ
	5CrNiMo	SKT4	55NiCrMoV6（1.2713）	6F2（ASM）	6F2			5ХГМ
	3Cr2W8V	SKD5	X30WCrV53（1.2567）	H21	H21	BH21		3Х2В8
	4SiCrV		38SiCrV8（1.2248）					4ХС
	4Cr5MoVSi	SKD6	X38CrMoV51（1.2343）	H11	H11		BH11	
		SKD61	X40CrMoV51（1.2344）	H13	H13		BH13	

（续）

项目	中国	日本	德国	美国			英国	俄罗斯
	GB（YB）	JIS	DIN	ASTM	AISI	SAE	BS	ГОСТ
弹簧钢	65Mn			1566		1566		65Г
	55Si2Mn	SUP6	55Si7（1.0904）	9255	9255	9255	250A53	55С2
	60Si2Mn	SUP7	65Si7（1.0906）	9260	9260	9260	250A58	60С2
	60Si2CrA		67SiCr5（1.7103）	9254		9254		60С2ХА
	50CrMn	SUP9	55Cr3（1.7176）				527A60	50ХГ
	50CrVA	SUP10	50CrV4（1.8159）	6150	6150	6150	735A50	50ХФА
轴承钢	GCr6		105Cr2	E50100		50100		ШХ6
	GCr9	SUJ1	105Cr4	E51100	51100	51100	534A99	ШХ9
	GCr15	SUJ2	100Cr6	E52100	52100	52100	534A99	ШХ15
	GCr9SiMn	SUJ3		A485-Gr1				
	GCr15SiMn		100CrMn6					ШХ15СГ
不锈钢	0Cr13	SUS405	X7Cr13（1.4000）		405		405S17	
	1Cr17	SUS430	X8Cr17（1.4016）		430		430S15	
	1Cr13	SUS403，SUS410	X15Cr13（1.4024），X10Cr13（1.4006）		403，410		403S17，410S21	
	3Cr13	SUS420J2					420S45	
	1Cr17Ni2	SUS431	X22CrNi17（1.4057）		431			
	0Cr18Ni9	SUS304	X5CrNi18 9（1.4301）		304		304S15	
	1Cr18Ni9	SUS302	X12CrNi18 8(1.4300)		302		302S25	

附录 B　常用标准模架及导向件

一、对角导柱模架

表 B-1　对角导柱模架　　　　　　　　　（单位：mm）

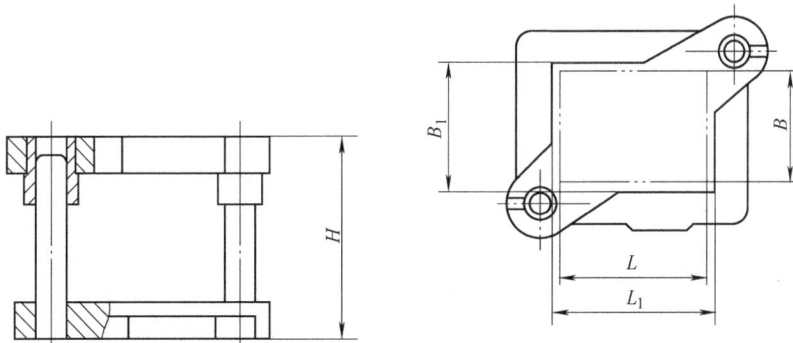

（续）

序号	凹模周界 L	凹模周界 B	闭合高度 H 最大	闭合高度 H 最小	导柱 直径	导柱 长度	导柱 直径	导柱 长度	孔中心距	模板厚度 上模座	模板厚度 下模座	L_1	B_1
0	60	50	99	117	16	90	16	90	100×80	20	25	70	60
1	80	60	109	127		100		100	120×100			90	70
2			119	137		110		110					
3	100	80	109	127	18	100	20	100		25	30		
4			119	137		110		110					
5			129	147		120		120	140×120			110	90
6			119	142		110		110		30	40		
7			139	162		130		130					
8	120	100	119	139		110		110		25	30		
9			129	149		120		120					
10			139	159	20	130	22	130	170×150			130	110
11			129	154		120		120		30	40		
12			148	174		140		140					
13	140	120	139	160		130		130		30	35		
14			159	180	22	150	25	150	190×170			150	130
15			150			140		140		35	45		
16			180	210		170		170					
17	170	140	139	160		130		130		30	35		
18			159	185	25	150	28	150	220×190			180	150
19			160	190						35	45		
20			180	210		170		170					
21	200	170	160	189		150		150		35	40		
22			180	209	28	170	32	170	260×230			210	180
23				217						40	50		
24			210	247		200		200					
25	240		170	199		160		160		35	45		
26			190	219	32	180	35	180	300×230			250	
27				227						40	55		
28			210	247		200		200					
29	280	200	190	222		180		180		40	50		
30			220	252	35	210	40	210	350×270			290	210
31			202	242		190		190		45	60		
32			232	272		220		220					
33	320	240	202	234		190		190		45	55		
34			232	264	40	220	45	220	390×310			330	250
35			212	260		190		190		50	65		
36			242	290		220		220					

二、后侧导柱模架

表 B-2　后侧导柱模架　　　　　　　　（单位：mm）

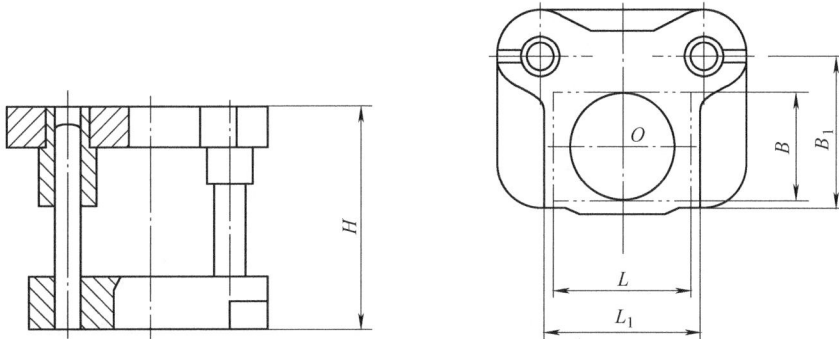

序号	凹模周界		闭合高度 H		导柱		孔中心距	模板厚度		L_1	B_1
	L	B	最小	最大	直径	长度		上模座	下模座		
0	60	50	99	117	16	90	70	20	25	70	75
1	80	60	109	127		100	90	25	30	90	85
2			119	137		110					
3	100	80	109	127	18	100	116			110	105
4			119	137		110					
5			129	147		120					
6			119	142		110		30	40		
7			139	162		130					
8	120	100	119	139	20	110	130	25	30	130	125
9			129	149		120					
10			139	159		130					
11			129	154		120		30	40		
12			149	174		140					
13	140	120	139	160	22	130	144		35	150	150
14			159	180		150					
15			150			140		35	45		
16			180	210		170					
17	170	140	139	160	25	130	180	30	35	180	170
18			159	185		150					
19			160	190		150		35	45		
20			180	210		170					
21	200	170	160	189	28	150	200		40	210	200
22			180	209		170					
23				217				40	50		
24			210	247		200					

（续）

序号	凹模周界 L	凹模周界 B	闭合高度H 最小	闭合高度H 最大	导柱 直径	导柱 长度	孔中心距	模板厚度 上模座	模板厚度 下模座	L_1	B_1
25	240	170	170	199	32	160	230	35	45	250	220
26			190	219		180					
27			190	227		180		40	55		
28			210	247		200					
29	280	200	190	222	35	180	370	40	50	290	235
30			220	252		210					
31			202	242		190		45	60		
32			232	272		220					
33	320	240	202	234	40	190	300	45	55	330	280
34			232	264		220					
35			212	260		190		50	65		
36			342	290		220					
37	400	360	245	290	45	230	390	50	60	410	400
38			275	320		260					

三、中间导柱模架

表 B-3　中间导柱模架　　　　　　　　　　　　　　（单位：mm）

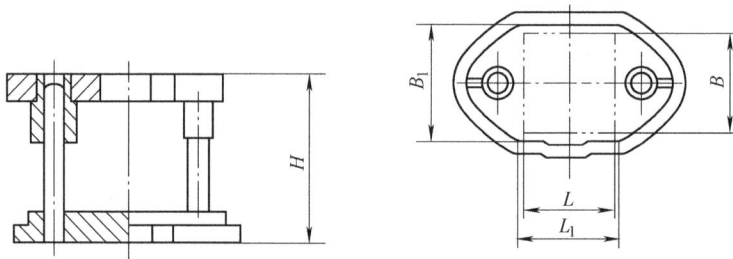

序号	凸模周界 L	凸模周界 B	闭合高度H 最小	闭合高度H 最大	导柱 直径	导柱 长度	导柱 直径	导柱 长度	孔中心距	模板厚度 上模座	模板厚度 下模座	L_1	B_1
0	60	50	99	117	16	90	16	90	100	20	25	70	60
1	80	60	109	127		100		100	120			90	70
2			110	137		110		110					
3	100	80	109	127	18	100	20	100	140	25	30	110	90
4			119	137		110		110					
5			129	147		120		120					
6			119	142		110		110		30	40		
7			139	162		130		130					

（续）

序号	凸模周界		闭合高度 H		导柱				孔中心距	模板厚度		L_1	B_1
	L	B	最小	最大	直径	长度	直径	长度		上模座	下模座		
8			119	139		110		110					
9			129	149		120		120		25	30		
10	120	100	139	159	20	130	22	130	170			130	110
11			129	154		120		120		30	40		
12			149	174		140		140					
13			139	160		130		130		30	35		
14	140	120	159	180	22	150	25	150	190			150	130
15			150			140		140		35	45		
16			180	210		170		170					
17			139	160		130		130		30	35		
18	170	140	159	185	25	150	28	150	220			180	150
19			160	190						35	45		
20			180	210		170		170					
21			160	189		150		150		35	40		
22	200		180	209	28	170	32	170	260			210	
23				217						40	50		
24		170	210	247		200		200					180
25			170	199		160		160		35	45		
26	240		190	219	32	180	35	180	300			250	
27				227						40	55		
28			210	247		200		200					
29			190	222		180		180		40	50		
30	280	200	220	252	35	210	40	210	350			290	210
31			202	242		190		190		45	60		
32			232	272		220		220					
33			202	234		190		190		45	55		
34	320	240	232	264	40	220	45	220	390			330	250
35			212	260		190		190		50	65		
36			242	290		220		220					
37	400	315	245	290	45	230	50	230	475	55	65	410	325
38			275	315		260		260					
39	500	400	260	300	50	240	55	240	580	55	65	510	410
40			290	325		270		270					

四、SG300-134/SG300-136 滚动导向部件

表 B-4   SG300-134/SG300-136 滚动导向部件   （单位：mm）

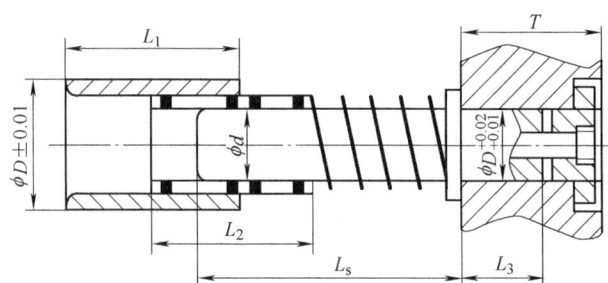

SG300-134 导柱可拆卸滚动导向部件

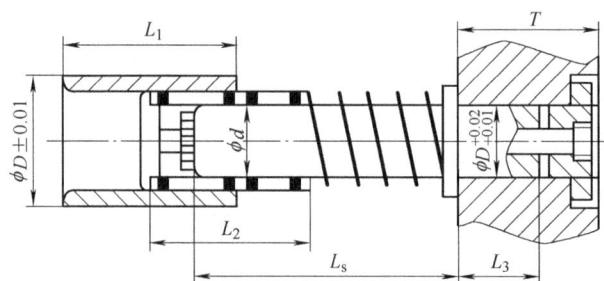

SG300-136 脱卸式导柱可拆卸滚动导向部件

d（h5）	D	L_1	L_2	L_3	T	L_S
20	37	60	58	23	35	80 ~ 150
22	40					80 ~ 180
25	44	75	73	27	40	90 ~ 180
28	48		75			
30	54	75, 85	76, 84	27, 32	40, 50	110 ~ 220
32		85	84	32	50	
36	58					
40	68	95	92			130 ~ 250
45	74	105	105	37	55	150 ~ 300
50	78					
69	90					

五、SG300-135/SG300-137 滚动导向部件

表 B-5　SG300-135/SG300-137 滚动导向部件　　　（单位：mm）

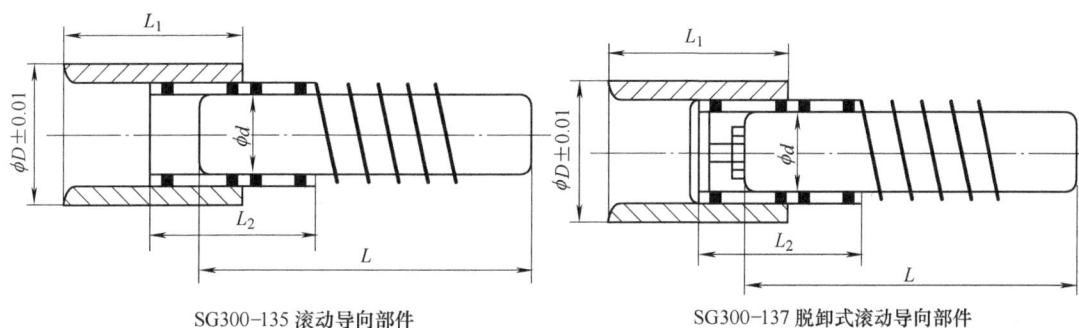

SG300-135 滚动导向部件　　　　　　　SG300-137 脱卸式滚动导向部件

d (h5)	D	L_1	L_2	L
20	37	60	58	80～180
22	40			
25	44	75	76	90～220
28	48			
30	54	75, 85	76, 84	100～250
32		85	84	
36	58			
40	68	95	92	130～280
45	74	106	104	150～320
50	78			
60	90			

六、SG300-138/SG300-139 滚动导向部件

表 B-6　SG300-138/SG300-139 滚动导向部件　　　（单位：mm）

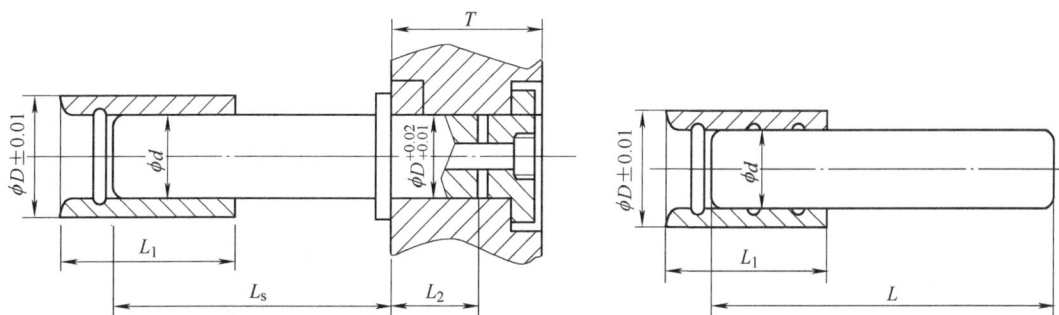

SG300-138 导柱可拆卸滚动导向部件　　　　　　SG300-139 滑动导向部件

（续）

d（h5）	D	T	L_1	L_2	L	L_S
20	32	35	60	23	80～180	80～150
22	35					80～180
25	38	40	67	27	90～220	90～180
28	42					
32	45	50	75	32	100～250	110～220
35	50					
40	55	55	85	37	130～280	130～250
45	63					
50	68		95		150～320	150～300
55	74					

七、可拆卸导柱

表 B-7　可拆卸导柱　　　　　　　　　　　　　　（单位：mm）

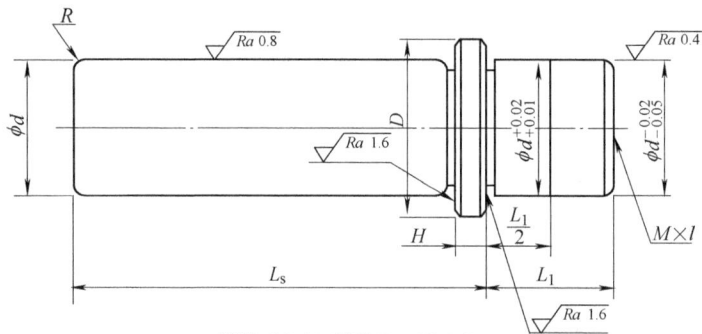

材料：GCr15，硬度60～64HRC

d	H5	D	H	$M \times l$	L_1	L_s
20		29	5		23	80～150
22	0 −0.009	32		M6×15		80～180
25		35	6		27	90～180
28		38				
30		42			27，32	
32		44	8	M8×20	32	110～220
35	0 −0.011	46				
38		54				130～250
40		59				
45		64	10	M10×25	37	
50	0 −0.013	72				150～300

八、A 型导柱

表 B-8　A 型导柱　　　　　　　　　　　　　　　　（单位：mm）

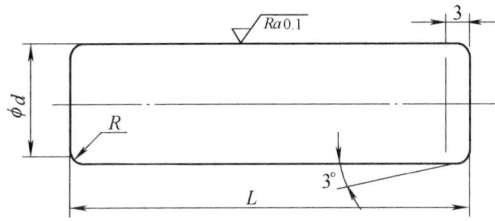

材料: 20钢(滑动导柱)、GCr15(滚动导柱)
硬度: 58～62 HRC (滑动导柱)、60～66 HRC (滚动导柱)

公称尺寸	d		L
	极限偏差		
	h5	h6	
16	0	0	90～100
18	−0.008	−0.011	90～130
20			90～140
22	0	0	100～170
25	−0.009	−0.013	100～180
28			130～200
32			110～200
35	0	0	160～220
40	−0.011	−0.016	140～230
45			140～260
50			160～270
55	0	0	180～270
	−0.013	−0.017	

九、A 型导套

表 B-9　A 型导套　　　　　　　　　　　　　　　　（单位：mm）

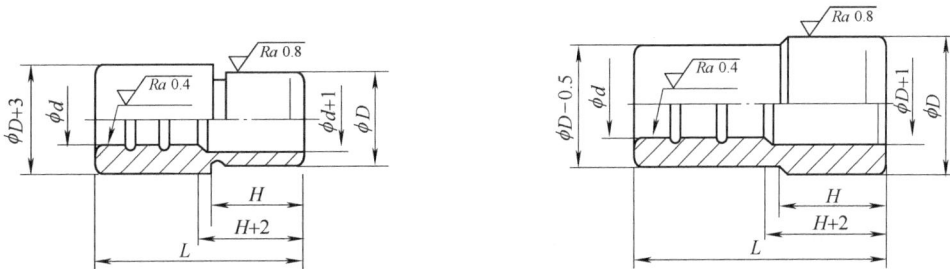

材料:20钢，硬度:58～62HRC

（续）

公称尺寸	d		D （r6）		L （H）	
	H6	H7				
16	+0.011	+0.018	26	0	55 （17）, 60 （18）	
18	0	0	28	−0.013	60 （18）, 65 （22）, 70 （27）	
20			32		65 （22）, 70 （22）, 70 （27）, 75 （27）	
22	+0.013	+0.021	35		70 （22）, 75 （27）, 80 （28）, 85 （32）	
25	0	0	38	0	75 （27）, 85 （27）, 85 （32）, 90 （32）	
28			42	−0.016	85 （27）, 90 （32）, 95 （32）, 105 （37）	
32			45		95 （32）, 100 （32）, 105 （37）, 110 （37）	
35	+0.016	+0.025	50		100 （32）, 100 （43）, 110 （37）, 125 （42）	
40	0	0	55		110 （37）, 125 （42）, 135 （47）	
45			60	0	125 （42）, 135 （47）, 140 （53）	
50			65	−0.019	135 （47）, 140 （53）, 150 （52）, 170 （62）	
55	+0.019 0	+0.030 0	70		150 （52）, 170 （62）	

十、B 型小导柱

表 B-10　B 型小导柱 　　　　　　　　　　　　（单位：mm）

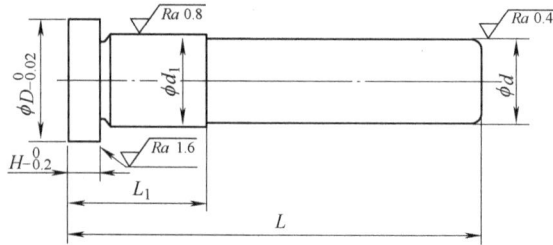

材料: T10A, 硬度: 58~62HRC

d （h6）		d_1 （m6）		D	H	L_1	L
10	0 −0.009	10	+0.015 +0.006	13		14	30 ~ 50
12		12		15	3	16	40 ~ 55
14	0 −0.011	14	+0.018 +0.007	17		18	45 ~ 60
16		16		19		20	50 ~ 70
18		18		22		22	55 ~ 70
20	0 −0.013	20	+0.021 +0.008	24	5	25	60 ~ 80

十一、B 型导套

表 B-11　B 型导套　　　　　　　　　　　（单位：mm）

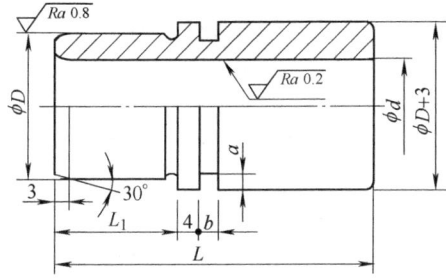

材料：GCr15，硬度 60 ~64HRC

导柱直径	d		D （m5）		a	b	L_1	L
20	26		40		3	5	28	80 ~ 100
22	28		42	+0.020				
25	31		45	+0.009			33	
28	36		50				38	80 ~ 120
32	40	装配过盈量	55				43	
35	43	0.01 ~ 0.02	58		3.5	6		100 ~ 140
40	48		64	+0.024			48	120 ~ 160
45	53		69	+0.001				
50	58		78				58	140 ~ 180
60	68		88					

参 考 文 献

[1]   赵孟栋. 冷冲模设计 [M]. 北京：机械工业出版社，2004.
[2]   翁其金. 冷冲压技术 [M]. 北京：机械工业出版社，2000.
[3]   高鸿庭. 冷冲模设计及制造 [M]. 北京：机械工业出版社，2001.
[4]   刘建超. 冲压模具设计与制造 [M]. 北京：高等教育出版社，2004.
[5]   成虹. 冲压工艺与模具设计 [M]. 2 版. 北京：高等教育出版社，2006.
[6]   丁松聚. 冷冲模设计 [M]. 北京：机械工业出版社，2001.
[7]   陈孝康. 实用模具技术手册 [M]. 北京：中国轻工业出版社，2001.
[8]   杨炎全. 模具设计与制造基础 [M]. 北京：北京师范大学出版社，2005.
[9]   夏巨谌. 中国模具设计大典 [M]. 南昌：江西科学技术出版社，2003.
[10]   韩森和. 冷冲压工艺及模具设计与制造 [M]. 北京：高等教育出版社，2006.
[11]   陈剑鹤. 冷冲压工艺与模具设计 [M]. 北京：机械工业出版社，2008.
[12]   杨关全，匡余华. 冷冲压工艺与模具设计 [M]. 大连：大连理工大学出版社，2009.
[13]   汤忠义. 模具设计与制造基础 [M]. 长沙：中南大学出版社，2006.
[14]   杨玉英. 实用冲压工艺及模具设计手册 [M]. 北京：机械工业出版社，2005.
[15]   李德群，唐志玉. 中国模具工程大典：第 3 卷 [M]. 北京：电子工业出版社，2007.
[16]   许发樾. 实用模具设计与制造手册 [M]. 北京：机械工业出版社，2001.
[17]   陈剑鹤. 模具设计基础 [M]. 北京：机械工业出版社，2003.
[18]   王树勋，苏树珊. 模具实用技术设计综合手册 [M]. 广州：华南理工大学出版社，2003.
[19]   黄乃愉，万仁芳，潘宪曾. 中国模具设计大典 [M]. 南昌：江西科学技术出版社，2003.
[20]   许发樾. 模具机构设计 [M]. 北京：机械工业出版社，2004.
[21]   冯炳尧，韩泰荣，蒋文森. 模具设计与制造简明手册 [M]. 北京：机械工业出版社，2008.
[22]   袁小江. 模具制造工艺 [M]. 北京：机械工业出版社，2011.